Inhalt

W0187174

1 Ist unsere Erde ein Ökosystem?

3 Welche Umweltfaktoren können wir im Wald untersuchen?

Organismen in ihrer Umwelt

Lebewesen und Umweltfaktoren sind Teile eines Systems und stehen in vielfältiger Beziehung zueinander. Wie funktioniert das Zusammenleben der Lebewesen? Beeinflussen sie sich gegenseitig und spielt dabei auch die Umwelt eine Rolle?

2 Die Haselmaus ernährt sich von Samen, Knospen, Früchten und Insekten. Sie ist dämmerungsaktiv, d. h., sie geht nachts auf Nahrungssuche. Welche Faktoren wirken auf eine Haselmaus ein?

4 Wie verändert der Mensch seine Umwelt?

5 Lebensräume werden durch charakteristische Merkmale geprägt. Welche Lebensräume kannst du auf dem Foto erkennen?

7 Manche Pflanzen- und Tierarten kommen erst seit kurzer Zeit bei uns vor. Wer sind diese Neubürger und was versteht man darunter?

6 Orchideen brauchen ganz bestimmte Bedingungen, um zu gedeihen. Welche Faktoren beeinflussen das Vorkommen der Lebewesen?

Entdeckungstour durch das Ökosystem

Jeder ist schon einmal in einem Wald gewesen und weiß, wie es dort aussieht. Eine Exkursion ist aber viel spannender als ein „Sonntagsspaziergang"! Denn im Wald gibt es viel zu entdecken, was man auf den ersten Blick nicht sieht. Allerdings solltet ihr im Vorfeld gründlich planen, was ihr im Wald erkunden wollt.
Wie kann man dabei vorgehen? Was kann man im Wald alles untersuchen?

1 Schülerin und Schüler bei Untersuchungen im Wald

Methode *Eine Exkursion vorbereiten und planen*

Bei einer Exkursion steht das Untersuchungsziel oder eine bestimmte Fragestellung im Mittelpunkt. Vorher müssen daher verschiedene Fragen geklärt werden. Was können wir untersuchen? Welche Methoden können wir anwenden? Und welches Material brauchen wir dafür? Wie können wir die Arbeit aufteilen? Wie präsentieren wir unsere Ergebnisse den anderen? Eine gute Vorbereitung ist Voraussetzung für den Erfolg der Exkursion. Wie ihr dabei vorgeht, erfahrt ihr im Folgenden.

1 Vorbereitung:
Bei der Vorbereitung einer Exkursion solltet ihr sowohl Maßnahmen zur eigenen Sicherheit als auch die Belange des Naturschutzes berücksichtigen. Erkundigt euch, ob es im Untersuchungsgebiet geschützte Bereiche gibt. Geschützte Pflanzen dürfen nicht gepflückt werden. Auskunft darüber gibt die „Rote Liste" der geschützten Tier- und Pflanzenarten.

2 Was kann untersucht werden?
Überlegt genau, was ihr während der Exkursion sammeln, beobachten oder untersuchen wollt. Für einen besseren Überblick legt ihr eure Überlegungen in Form einer Mindmap an. ↑3 Schlagwörter können auch auf Karten geschrieben, mit Magneten an der Tafel angebracht und nach Belieben verschoben und umstrukturiert werden. Am Ende sollte deutlich zu erkennen sein, was im Untersuchungsgebiet zu erwarten ist und welche Tätigkeiten ihr dort durchführen wollt.

3 Erstellen eines Arbeitsplans:
Ein Arbeitsplan erleichtert den Informationsaustausch und die Materialbereitstellung. Bildet kleine Arbeitsgruppen, die sich jeweils mit einer bestimmten Teiluntersuchung befassen, zum Beispiel mit der Erfassung der vorkommenden Pflanzen (Vegetationsaufnahme, ↑S. 13).

Exkursion in den Nationalpark Hainich *15. 06. 2012*
8.30 – 10.30 Uhr

Arbeitsplan Gruppe 1: Umgebungsskizze
Kathi, Conny, Meike und Micha

Aufgabenbeschreibung: Zeichnen einer beschrifteten Umgebungsskizze (Beachten der Himmelsrichtung, Lage, markante Punkte, Relief, Hanglage)

Material: Karte, Kompass, Zeichenmaterial, Digitalkamera, Maßband (30 m)

2 Beispiel für einen Arbeitsplan

Methode

Eine Exkursion vorbereiten und planen

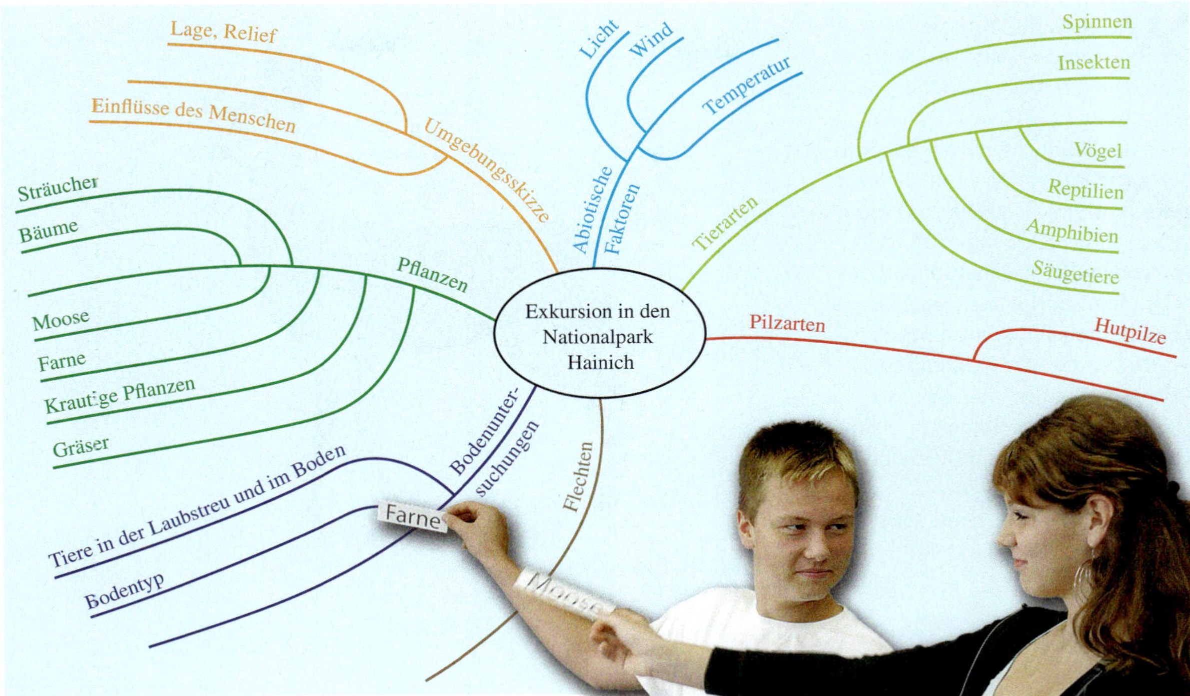

3 Mindmap für eine Exkursion

Jede Gruppe sollte das für die jeweilige Untersuchung notwendige Arbeitsmaterial auflisten und besorgen. Sie sollte sich über die notwendigen Untersuchungsmethoden, die geeignete Gruppengröße und die benötigte Zeit informieren. Aus all diesen Informationen wird dann ein ausführlicher Arbeitsplan erstellt. ↑2

4 Arbeit für die Homepage der Schule

4 Auswertung und Dokumentation:
Hierfür könnt ihr eure Ergebnisse auf einem Poster oder in einem Portfolio zusammen mit Fotos und Zeichnungen zusammenstellen. Wenn ihr eure Präsentationen digitalisiert, könnt ihr sie zum Beispiel auf der Internetseite eurer Schule darstellen. ↑4 Denkbar ist auch eine Ausstellung im Rahmen eines Schulfests oder Elternsprechtags.

Ökologie – vom Leben in Beziehung

Wenn du das Bild rechts betrachtest, wirst du bestimmt stutzig werden und denken: „Moment mal, da fehlt doch was!“ Stimmt. Der Grafiker hat das Reh aus einem digitalen Foto ausgeschnitten und es auf eine weiße Fläche gestellt. Jetzt steht das Reh „im leeren Raum“ – es hat keine Umwelt mehr. Das wirkt ausgesprochen unnatürlich. Diese Spielerei veranschaulicht etwas, das so selbstverständlich ist, dass wir selten darüber nachdenken: Kein Lebewesen kann ohne Umwelt überleben.
Aber wie ist das Reh auf seine Umwelt angewiesen?

1 Kann ein Reh so leben?

Beobachten Untersuchen Experimentieren

Umweltfaktoren, die auf ein Lebewesen wirken

1 Umweltcollage

Untersuche, was du selbst zum Leben brauchst und was ein Reh braucht. Vergleiche und überlege, was Umwelt eigentlich heißt.
Klebe ein Foto von dir in die Mitte eines leeren DIN-A3-Blattes. Beschreibe deine eigene Umwelt mit Texten und Bildern.
Überlege zunächst, unter welchen klimatischen Bedingungen du lebst. In welchem Temperaturbereich kannst du existieren? Stelle dar, welche Stoffe du aus der Umwelt aufnimmst und welche du an sie abgibst.
Finde heraus, welche Lebewesen zu deiner Umwelt gehören. Beschreibe genau, welche Beziehungen du zu den Pflanzen und Tieren hast. Überlege, ob auch Mikroorganismen wie Grippeviren ein Teil deiner Umwelt sind.
Welche Bedeutung haben andere Menschen? Stelle die Beziehungen zwischen ihnen und dir dar. Menschen entnehmen der Umwelt viel mehr Stoffe, als sie zum Essen, Trinken und Atmen brauchen, u. a. für Wohnung, Kleidung und Transport. Füge Beispiele in dein Bild ein.

2 Kann ein Reh so leben?

2 Die Umwelt des Rehes

Fertige eine Umweltcollage für das Reh an. Gehe dabei schrittweise vor wie in Aufgabe 1.
Betrachte Bild ↑2. Ergänze gegebenenfalls Faktoren der Umwelt, die für das Reh von Bedeutung sind, in deiner Collage.
Vergleiche die Collagen für Tier und Mensch. Welche Ansprüche an die Umwelt sind beiden gemeinsam? Gelten sie auch für Pflanzen? Worin bestehen die wesentlichen Unterschiede?

GRUNDLAGEN: Ökologie als Wissenschaft von der Umwelt

Ökologie ist die Wissenschaft von den Wechselbeziehungen zwischen Organismen untereinander und ihrer Umwelt. Dabei ist mit Umwelt nicht einfach die Umgebung gemeint, sondern der Begriff umfasst alle direkten und indirekten Beziehungen des Organismus zur Welt.

Abiotische und biotische Umweltfaktoren Umweltfaktoren wirken auf den Organismus ein. Gehen diese von anderen Lebewesen aus, nennt man sie biotische Faktoren (griech. *bios:* Leben). Einflüsse der unbelebten Umwelt heißen abiotische Faktoren. Der Ort, an dem ein Lebewesen lebt, wird vor allem durch Klima und Bodenart geprägt. ↑3A In der Natur trifft man bestimmte Arten immer in einem bestimmten Lebensraum, weil sie mit den vorherrschenden abiotischen Umweltfaktoren gut zurechtkommen. Zu den biotischen Umweltfaktoren gehören Nahrung, Feinde, Konkurrenten, aber auch Krankheitserreger. ↑3B

Ökosystem Pflanzen, Tiere, Pilze und Mikroorganismen bilden in ihrem Lebensraum eine Lebensgemeinschaft. Diese Vergesellschaftung von Lebewesen bezeichnet man als Biozönose. Die Organismen kommen in einem bestimmten Lebensraum, dem Biotop, vor. Lebensraum (Biotop) und Lebensgemeinschaft (Biozönose) stellen eine Einheit dar, die man als Ökosystem bezeichnet (z. B. Fichtenwald, Teich, Feld, Wattenmeer).

Schon gewusst?

Der Ökologiebegriff
Der Begriff Ökologie stammt von den griechischen Wörtern *oikos:* Haus, Haushalt, Platz zum Leben und *logos:* Lehre.
ERNST HAECKEL (1834–1919) verstand unter Ökologie die Lehre vom Haushalt der Natur.

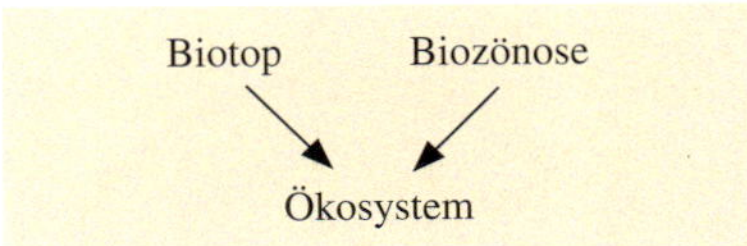

4 Ein Ökosystem setzt sich aus Biotop und Biozönose zusammen.

3 Beispiele für abiotische (A) und biotische (B) Umweltfaktoren, die auf das Waldveilchen einwirken

Kurz und knapp **Die Ökologie untersucht die Wechselbeziehungen zwischen Lebewesen untereinander und zu ihrer Umwelt. Die Umwelt eines Lebewesens umfasst biotische und abiotische Umweltfaktoren. Ökosysteme sind Einheiten aus Lebensräumen (Biotopen) und den Lebensgemeinschaften (Biozönosen).**

Arbeitsaufträge

1 Viele Umweltfaktoren wirken auf ein Lebewesen. Einer oder mehrere sind aber besonders wichtig. Überlege am Beispiel einer Zimmerpflanze.

2 Informiere dich über das Waldveilchen. Übertrage die Schaubilder in dein Heft. ↑3A, 3B Ergänze weitere wichtige Umweltfaktoren.

Methode

Untersuchung abiotischer Faktoren

Pflanzen und Tiere in einem Ökosystem werden wesentlich durch die abiotischen Umweltfaktoren bestimmt. Die Messung der abiotischen Faktoren erlaubt viele Rückschlüsse auf die Lebensbedingungen der Tiere und Pflanzen.
Kennt man die abiotischen Faktoren, lassen sich daraus auch Aussagen über die vermuteten Arten ableiten. Wenn sich dann die tatsächlich entdeckten Pflanzen und Tiere von den vermuteten Lebewesen unterscheiden, könnte dies ein Hinweis auf eine Störung des Ökosystems sein.

Führt alle Messungen möglichst am gleichen Ort durch. Lest die Werte erst dann von den Geräten ab, wenn sie sich nicht mehr verändern. Notiert auch die Uhrzeit der Messungen.

2 Hygrometer

1 Temperatur
Dazu solltet ihr ein Minimax-Thermometer benutzen. ↑1
Es zeigt nicht nur die augenblickliche Temperatur an, sondern auch den niedrigsten und den höchsten Wert im Beobachtungszeitraum. Die Minimaltemperatur lest ihr am unteren Ende des linken Säulenstücks, die Maximaltemperatur entsprechend am unteren Ende des rechten Säulenstücks ab.

2 Luftfeuchtigkeit
Bestimmt die Luftfeuchtigkeit mit einem Hygrometer. ↑2

1 Minimax-Thermometer

3 Lichtstärke
Diese bestimmt ihr mit einem Luxmeter. Achtet darauf, dass ihr beim Ablesen keinen Schatten auf das Gerät werft.

4 Windstärke
Hierzu könnt ihr einen Windmesser benutzen oder aber die Windstärke nach der Beaufort-Skala schätzen. ↑Tabelle

Beaufort-Skala

Beobachtung	Windgeschwindigkeit
Blätter völlig ruhig	0 – 1,7 m/s
Blätter/dünne Zweige zeitweise bewegt	1,8 – 3,3 m/s
Blätter/dünne Zweige immer bewegt	3,4 – 5,2 m/s
Kleine Bäume schwanken	5,3 – 7,4 m/s
Stärkere Äste bewegen sich	7,5 – 9,8 m/s

Arbeitsaufträge

1 Messt Lichtstärke, Temperatur und Windgeschwindigkeit innerhalb und außerhalb eines Waldes zur gleichen Zeit. Das Minimax-Thermometer solltet ihr schon am Vortag aufstellen, damit ihr die tiefste Nachttemperatur ablesen könnt.
Welche Unterschiede stellt ihr fest? Versucht eine Erklärung dafür zu finden.

2 Führt Messungen über einen Tag verteilt durch und erstellt Diagramme zum Tagesverlauf der abiotischen Faktoren.

3 Bestimmt die gleichen abiotischen Faktoren in einem Buchenmischwald und in Kiefernwald oder Fichtenforst. Versucht eine Erklärung für die Unterschiede zu finden.

Vegetationsaufnahme

Bei einer Vegetationsaufnahme erfasst man die in einem Ökosystem vorkommenden Pflanzenarten. Ihr könnt diese Methode zum Beispiel auch auf einer Wiese anwenden. Wenn ihr ein Waldstück untersuchen wollt, dann wählt eine Fläche, die nicht zu dicht bestanden ist, sodass ihr bequem, und möglichst ohne die Krautschicht zu zertreten, darin herumgehen könnt. Versucht so wenig Pflanzen wie möglich zu beschädigen und verhaltet euch ruhig, um die versteckt lebenden Tiere nicht zu stören.

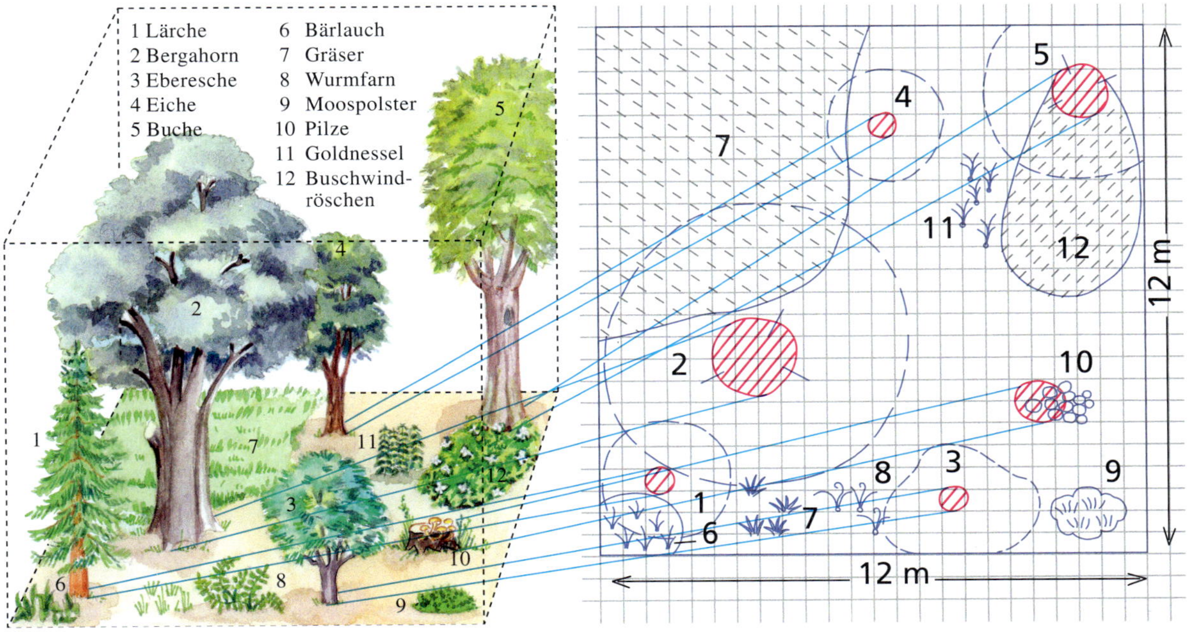

3 Räumliches Bild der Waldvegetation und Skizze einer Vegetationsaufnahme

Ihr benötigt folgende Materialien:

Maßband oder Zollstock, Notizblock mit Bleistift und wasserfestem Filzstift, Lineal, Millimeterpapier oder kariertes Papier, Schreibunterlage, Pflanzenbestimmungsbuch, Klebeband, Plastiktüten.

1 Messt zunächst eine möglichst einheitliche quadratische Fläche zwischen 10 m × 10 m und 20 m × 20 m aus und steckt sie ab.

2 Tragt auf Karopapier maßstabsgetreu die Fläche ein (z. B. 1 m = 2 cm auf dem Papier).

3 Nun werden die Stämme der Bäume und Sträucher als Punkte eingetragen, und zwar im Verhältnis ihres Durchmessers.

4 Bestimmt nun ungefähr den Kronendurchmesser und -umfang der Gehölze und zeichnet ihn maßstabsgetreu als Kreis um den Stamm. Für unterschiedliche Stockwerke werden verschiedene Signaturen verwendet.

5 Jedes eingetragene Gehölz wird mit einer Nummer versehen. Eure Proben von den Gehölzen, wie Zweige oder Blätter, die ihr zur Bestimmung benötigt, erhalten jeweils die gleiche Nummer.

6 Tragt die Kräuter und Gräser der Krautschicht usw. mit unterschiedlichen Schraffuren ein, soweit ihr sie bestimmen bzw. unterscheiden könnt. Die so erhaltene Skizze vermittelt euch den Eindruck, als würde man den Wald aus der Vogelperspektive betrachten. So könnt ihr die Flächenbedeckung der einzelnen Bäume, Kräuter und Schichten abschätzen.

Möglichkeiten für weitere Untersuchungen:

- Bestimmt an denselben Stellen die abiotischen Faktoren. Stellt einen Zusammenhang zwischen den Umweltfaktoren und den gefundenen Pflanzen her.
- Zum Vergleich könnt ihr eine zweite Fläche in einem anderen Waldtyp oder am Waldrand untersuchen.

Angepasstheit der Organismen an ihren Lebensraum

Jeder kennt die schmackhaften Heidelbeeren. Die Pflanze wächst in lichten Nadelwäldern sowie in Heide- und Moorgebieten. Man kann sie sowohl in nassen als auch mäßig trockenen Biotopen antreffen. In Bezug auf den abiotischen Umweltfaktor pH-Wert des Bodens ist die Pflanze allerdings wählerisch.
Bei welchem Boden-pH-Wert kommt sie vor? Wo wachsen Brennnesseln?

1 Die Heidelbeere liebt sauren Boden, die Brennnessel ist ein Stickstoffanzeiger.

GRUNDLAGEN: Angepasstheit der Organismen an ihren Lebensraum

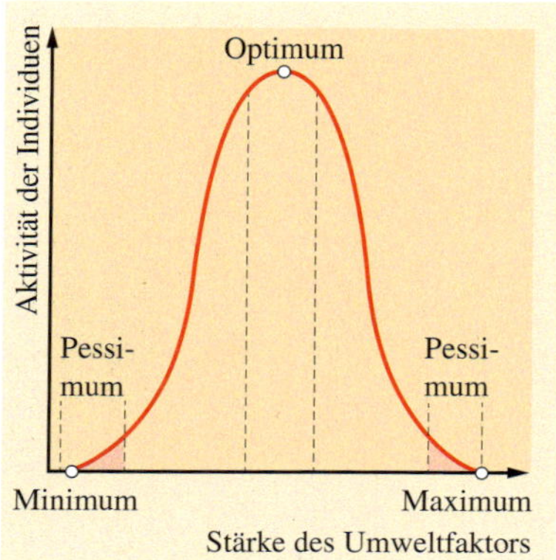

2 Toleranzbereichskurve

Toleranzbereich Viele Lebewesen kommen nur beim Vorhandensein von bestimmten Umweltfaktoren in einem Biotop vor. Die Spanne innerhalb der Ausprägung eines Umweltfaktors, in der ein Lebewesen seine Lebensprozesse aufrechterhalten kann, bezeichnet man als Toleranzbereich. Im Toleranzbereich lassen sich zwei Pessima unterscheiden. Ein Pessimum umfasst den Wirkungsbereich eines Umweltfaktors, in dem das Lebewesen noch existieren, sich aber nicht fortpflanzen kann. ↑2 Das Minimum ist die unterste Grenze, wo ein Lebewesen seine Lebensprozesse aufrechterhalten kann. Das Maximum ist die oberste Grenze des Toleranzbereichs, wo das Lebewesen noch existiert. Manche Lebewesen leben nur unter ganz bestimmten Bedingungen. Die Bachforelle kommt nur in sauerstoffreichen Gewässern vor. Die Wiesenschlüsselblume ↑3 und viele einheimische Orchideen wie der Frauenschuh ↑2, S. 20 und die Fliegenragwurz ↑4, S. 45 wachsen bevorzugt auf kalkreichen Böden. Lebewesen mit

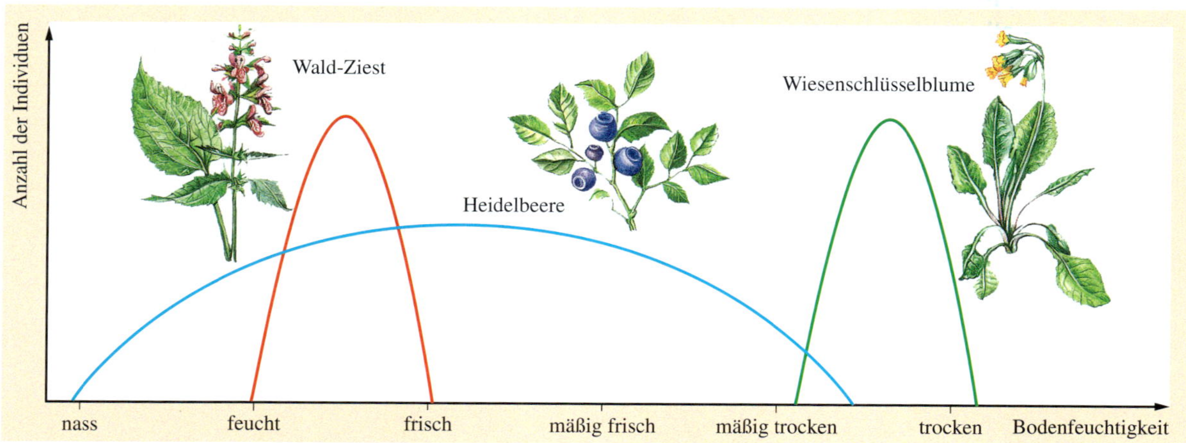

3 Toleranzbereich verschiedener Pflanzen in Bezug auf die Bodenfeuchte

einem geringen Toleranzbereich gegenüber einem Umweltfaktor nutzt man als Bioindikatoren oder Zeigerarten. So ist z. B. der Wald-Ziest ein Bioindikator für feuchte und frische Böden. ↑3 Auch Tiere sind Bioindikatoren. So zeigen die Rote Zuckmückenlarve und der Schlammröhrenwurm (Tubifex) stark verschmutzte Gewässer der Güteklasse 3–4 an. ↑5

Ökologische Nische Tiere und Pflanzen in einem Ökosystem weisen eine bestimmte Lebensweise auf und haben spezielle Bedürfnisse, die sie von anderen Lebewesenarten unterscheiden. Alle Aspekte und Bedürfnisse, die zu einer charakteristischen Lebensweise einer Art gehören, fasst man zum Begriff ökologische Nische zusammen. In einem Ökosystem können nur deshalb so viele Arten nebeneinander leben, weil sie unterschiedliche Nischen besetzen. Dadurch wird z. B. Konkurrenz um Nahrung und Brutplatz vermieden. So kommen die waldbewohnenden Taubenarten (Ringel- und Hohltaube) in einem Biotop vor. Sie unterscheiden sich aber in ihrer Nistplatzwahl bzw. ihrer Ernährungsweise. Die Hohltaube ernährt sich von Eicheln, Bucheckern und Getreidekörnern und nistet in Baumhöhlen, die oftmals vom Schwarzspecht gezimmert wurden. Die Ringeltaube bevorzugt Früchte und Samen als Nahrung und nistet in Baumkronen. ↑6

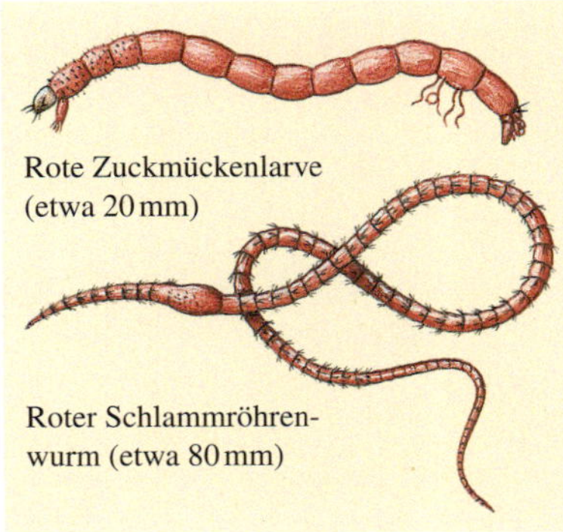

5 Bioindikatoren verschmutzter Gewässer

Beispiele für Zeigerarten in Wäldern und Wiesen

Umweltfaktor	Arten
Hoher Stickstoffgehalt	Lerchensporn, Bärenklau, große Brennnessel
Niedriger Stickstoffgehalt	Wald-Wachtelweizen, Trollblume, Hornklee
Hoher Säuregrad (saure Reaktion)	Wald-Wachtelweizen, Schlängel-Schmiele, Preiselbeere, Schneidiges Wollgras, Heidelbeere
Geringer Säuregrad (basische Reaktion)	Lerchensporn, Leberblümchen, Aufrechte Trespe, Wiesenschlüsselblume

4 Beispiele für Zeigerarten

6 Hohl- (oben) und Ringeltaube (unten)

Kurz und knapp **Lebewesen stellen unterschiedliche Ansprüche an Umweltfaktoren. Die Spanne in Bezug auf einen Umweltfaktor, in der ein Organismus alle Lebensprozesse aufrechterhalten kann, bezeichnet man als Toleranzbereich. Lebewesen mit einem geringen Toleranzbereich gegenüber einem Umweltfaktor bezeichnet man als Bioindikatoren. Die ökologische Nische eines Lebewesens wird durch alle biotischen und abiotischen Umweltfaktoren, die zum Leben benötigt werden, charakterisiert.**

Arbeitsaufträge

1 Erläutere die Begriffe Toleranzbereich und ökologische Nische.

2 Der Begriff Nische bezeichnet in unserer Alltagssprache einen Ort. Auf die ökologische Nische trifft das aber nicht zu. Begründe und überlege dir eine treffende Bezeichnung.

3 Sind folgende Organismen Bioindikatoren: Heidekraut, Knäuelgras, Wiesenschlüsselblume, Weißklee, Steinfliegenlarve? Begründe. Nutze ggf. Fachliteratur bzw. das Internet.

Neubürger in heimischer Flora und Fauna

Neubürger oder Neobiota sind Tiere und Pflanzen, die in neue Lebensräume gelangen und sich dort ansiedeln. Neubürger erfüllen folgende Kriterien:
- Die Art wurde direkt oder indirekt durch den Menschen in andere Lebensräume gebracht.
- Die Einbürgerung geschah nach 1492.
- Die Populationen erhalten sich über mindestens drei Generationen ohne menschliche Hilfe.

1 Die Bestände der Chinesischen Wollhandkrabbe in deutschen Flüssen sind in den letzten Jahren explosionsartig angestiegen.

In Deutschland sind mittlerweile über 2500 Neobiota heimisch. Diese Tier- und Pflanzenarten können einheimische Arten gefährden oder verdrängen, heimische Ökosysteme verändern, wirtschaftlichen Schaden anrichten oder die Gesundheit des Menschen gefährden.

Ambrosia artemisiifolia, das Beifußblättrige Traubenkraut, stammt aus Nordamerika. Seit einigen Jahren breitet sich die Pflanze vor allem über Samen in Vogelfutter auch in Deutschland aus. Die Pollenkörner sind sehr klein und gelangen bis tief in die Lunge. Die Pflanze ruft besonders schwere allergische Reaktionen wie Asthma hervor.

2 Das Beifußblättrige Traubenkraut besiedelt in Europa offene Böden an Baustellen, Brachen oder Weg- und Straßenrändern.

Waschbären stammen ursprünglich aus Nordamerika. Im Jahre 1934 wurden zwei aus einer Pelztierfarm stammende Waschbärpaare am nordhessischen Edersee ausgewildert. Voraussetzung dafür war das Vorhandensein von genügend Nahrung in freier Wildbahn (Käfer, Würmer, Waldbeeren und Mäuse). Heute leben zwischen 100 000 und einer Million Waschbären in Deutschland. Dabei dringen sie verstärkt in städtische Siedlungsgebiete vor. Hier finden sie neben den günstigen klimatischen Bedingungen geeignete Schlupfwinkel als Übernachtungsplätze, vor allem aber ein großes Nahrungsangebot.

4 In der Stadt plündern Waschbären Mülltonnen ebenso gern wie Obstgärten. Sie sehen zwar niedlich aus, können aber Tollwut und Parasiten übertragen!

3 Der Ochsenfrosch wurde am Oberrhein ausgesetzt. Er verdrängt einheimische Lurcharten.

Als blinde Passagiere kommen sie an Bord. Seeschiffe nehmen bei Leerfahrten Ballastwasser auf, um das Schiff zu stabilisieren und seetauglich zu erhalten. Mit dem Meerwasser werden ungewollt Tiere und Pflanzen an weit entfernte Orte gebracht und gelangen beim Be- und Entladen in die Hafengewässer. Das größte mit Ballastwasser verschleppte Tier ist die Chinesische Wollhandkrabbe *(Eriocheir sinensis)*. ↑1 Sie kam Anfang des 20. Jahrhunderts nach Europa. Der Krebs jagt Süßwasserfische und gräbt Gänge in Deiche und Uferbefestigungen.

Arbeitsaufträge

1 Auf diesen Seiten findest du Tiere und Pflanzen, die ursprünglich nicht in Deutschland heimisch waren.
- a Fasse zusammen, was du über Neobiota erfahren hast. Erstelle dazu eine Mindmap.
- b Beschreibe die Probleme, die die Wollhandkrabbe, die Ambrosia-Pflanze und der Waschbär verursachen.
- c Informiere dich über die natürlichen Lebensräume der drei Arten.
- d Nenne mögliche Eigenschaften, die es Tieren und Pflanzen erleichtern, sich als Neubürger in Ökosystemen anzusiedeln.

2 Suche im Lexikon oder im Internet nach weiteren Neophyten und Neozoen in Deutschland. Welchen Einfluss haben sie auf den Naturhaushalt? Erstelle Steckbriefe.

3 Sollten Neubürger bekämpft werden? Bedenke, dass auch Kartoffel und Tomate keine einheimischen Pflanzen sind. Halte deine Überlegungen in einem kurzen Text fest. Diskutiert die Argumente in der Klasse.

Merkmale von Ökosystemen

Ökosysteme können sehr unterschiedlich sein. Zu ihnen zählen Meere, Flüsse und Seen. Die NASA hat mit der Ecosphere ein aquatisches Modellökosystem geschaffen, das problemlos in einer Hand Platz hat und trotzdem alle Anforderungen an ein Ökosystem erfüllt.
Was sind die Kennzeichen eines Ökosystems?

1 Die Ecosphere – ein Ökosystem

Beobachten Untersuchen Experimentieren

Merkmale von Ökosystemen

Ökosysteme sind gekennzeichnet durch die Wechselwirkungen zwischen Lebensräumen (Biotopen) und den in ihnen gegebenen abiotischen Faktoren sowie den dort vorkommenden Lebewesen (Biozönose).

2 Fluss

3 Feuchtwiese

4 Kiefernforst

5 Rapsfeld

1 Diskutiere, inwiefern folgende Eigenschaften auf alle abgebildeten Ökosysteme zutreffen: räumliche Begrenzung, Abhängigkeit von äußeren Umwelteinflüssen, Abhängigkeit von den Jahreszeiten, Vorkommen von angepassten Pflanzen und Tieren, Nahrungsbeziehungen zwischen den Lebewesen, Veränderung des Aufbaus mit der Zeit.

2 Wähle eines der hier dargestellten Ökosysteme. Gib dafür jeweils ein konkretes Beispiel zu den in Aufgabe 1 genannten Eigenschaften. Stimmt euch untereinander ab, damit in der Klasse jedes Ökosystem vertreten ist.

3 Präsentiert und diskutiert Gemeinsamkeiten und Unterschiede der Ökosysteme in der Klasse.

GRUNDLAGEN: Merkmale eines Ökosystems

Systemgedanke Ein biologisches System besteht aus einzelnen Bestandteilen, zwischen denen es vielfältige Beziehungen und Wechselwirkungen gibt. Jeder einzelne Teil erfüllt im Gesamtgefüge wichtige Aufgaben: Sein Ausfall hätte eine Störung des Systems zur Folge. Ein System steht auch immer im Austausch mit der Umwelt, zum Beispiel auf stofflicher oder energetischer Ebene, und ist Veränderungen unterworfen.
In einem Ökosystem betrachten wir die abiotischen Umweltfaktoren, die die unbelebte Natur beschreiben, und die biotischen Umweltfaktoren, die auf die Wechselwirkungen der dort lebenden Organismen zurückzuführen sind.

Weitere Merkmale Ökosysteme sind räumlich und zeitlich strukturiert. In ihnen ist ein Stoffkreislauf und Energiefluss zu beobachten. Sie verändern sich im Laufe der Zeit. Diesen Vorgang bezeichnet man als Sukzession. Ökosysteme erhalten durch Selbstregulation eine gewisse Stabilität. Nach einiger Zeit stellt sich ein biologisches Gleichgewicht ein.

Modell eines Ökosystems Die von der NASA entwickelte Ecosphere ist ein Modell, das die oben genannten Eigenschaften verdeutlicht. ↑1 Besonders schön lassen sich die Selbstregulation und die Wechselwirkungen zwischen den Elementen zeigen. Im Innern des abgeschlossenen Gefäßes befinden sich Algen, Garnelen, Meerwasser und Luft in einem ausgeglichenen Verhältnis, sodass dieses Miniaturaquarium nicht gepflegt werden muss. Allerdings benötigen die Algen Licht von außen, um zu wachsen und den Garnelen als Nahrungsgrundlage zu dienen. Die Stoffwechselprodukte der Garnelen fördern zudem das Wachstum der Algen. Der Kreislauf ist damit geschlossen. Dieses Modellökosystem kann etwa zwei Jahre lang aufrechterhalten werden.

Kurz und knapp **Ökosysteme weisen bestimmte Merkmale auf, z. B. die räumliche und zeitliche Strukturiertheit, den Stoff- und Energiefluss, die Veränderung sowie Stabilität und das biologische Gleichgewicht. Der Systemgedanke erlaubt, die Umwelt als System mit komplexen Zusammenhängen zu erfassen.**

Schon gewusst?

Biosphäre
Sie ist die Gesamtheit der mit Lebewesen besiedelten Schichten der Erde. Sie umfasst die Lufthülle (Atmosphäre), die Wasserhülle (Hydrosphäre) und die Gesteinshülle (Lithosphäre) sowie die Pedosphäre. Die Pedosphäre ist Teil der Gesteinshülle, die durch Verwitterung bzw. den Einfluss von Organismen umgewandelt wird.

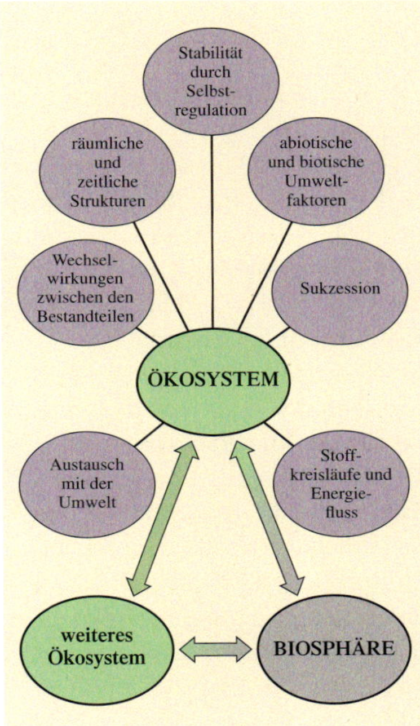

6 Schema eines Ökosystems

Arbeitsaufträge

7 Welche Ökosysteme kannst du erkennen?

1 Ökosysteme
a Was für Ökosysteme kannst du in Bild ↑7 erkennen?
b Nenne biotische und abiotische Faktoren, die Einfluss auf diese Ökosysteme haben.
c Wende die in Bild ↑6 dargestellten Merkmale von Ökosystemen auf das Beispiel an.

2 Nenne Gründe dafür, dass die Ecosphere meist nach zwei Jahren zerstört wird.

3 Vergleiche die Ecosphere mit einem naturnahen Ökosystem.

Überblick

Ökologie
Die Ökologie ist ein Wissenschaftsgebiet der Biologie, welches die Wechselwirkungen der Lebewesen untereinander und zu ihrer Umwelt untersucht. Die Umwelt der Lebewesen beinhaltet biotische und abiotische Umweltfaktoren. Abiotische Umweltfaktoren sind beispielsweise die Lufttemperatur, der pH-Wert des Bodens und der Wind. Biotische Wechselwirkungen sind z. B. Parasiten an einem Lebewesen, die Konkurrenz um Nahrung oder einen Geschlechtspartner.

Ökosysteme und ihre Eigenschaften
Unter einem Ökosystem versteht man ein Wirkungsgefüge zwischen den Lebewesen untereinander und zu ihrer abiotischen Umwelt. Man kann natürliche (z. B. tropischer Regenwald), ↑1 naturnahe (z. B. Mischwald) und stark menschlich beeinflusste Ökosysteme (z. B. Feld, Stadt) unterscheiden. Alle Ökosysteme weisen bestimmte Merkmale auf. Dies sind u. a. der Systemcharakter, die räumliche und zeitliche Strukturiertheit, Stoff- und Energiekreisläufe sowie die Entwicklung (Sukzession). In natürlichen und naturnahen Ökosystemen herrschen größtenteils ein biologisches Gleichgewicht sowie eine gewisse Stabilität.

1 Rodung im Regenwald

Systemgedanke
Ein System funktioniert durch die Wechselwirkung der zum System gehörenden Bestandteile. Jeder Bestandteil hat eine bestimmte Funktion. Sie stabilisieren und regulieren sich gegenseitig.

Toleranzbereich
Die Spanne innerhalb der Ausprägung eines Umweltfaktors, in der ein Lebewesen seine Lebensprozesse aufrechterhalten kann, bezeichnet man als Toleranzbereich. Der Toleranzbereich ist genetisch bedingt. Es lassen sich ein Minimum, Optimum und Maximum unterscheiden. ↑4

2 Der Frauenschuh kommt häufig auf kalkreichen Böden vor.

3 Das aus Asien stammende Drüsige Springkraut

Bioindikator
Lebewesen, die einen kleinen Toleranzbereich gegenüber einem Umweltfaktor aufweisen, nutzt man als Bioindikator oder Zeigerorganismus. So sind beispielsweise die große Brennnessel ein Stickstoffzeiger und die Wiesenschlüsselblume Kalkzeiger. ↑2

Ökologische Nische
Alle Aspekte und Bedürfnisse, die zur Lebensweise einer Art gehören, fasst man zur ökologischen Nische zusammen. Nur durch die unterschiedliche Nischenbesetzung können so viele Lebewesenarten nebeneinander existieren.

Neubürger
Darunter versteht man Tiere und Pflanzen, die durch den Menschen absichtlich oder versehentlich in neue Lebensräume gelangten, wo sie ursprünglich nicht heimisch waren. Dazu gehören u. a. der Waschbär, der Marderhund und das Drüsige Springkraut. ↑3

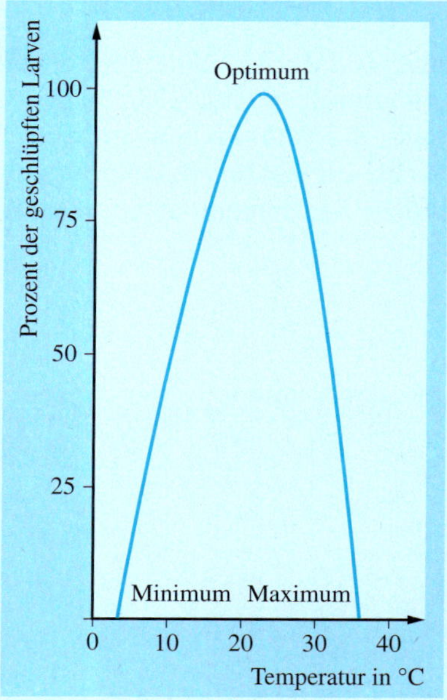

4 Toleranzbereich von Kiefernspinnerlarven gegenüber der Temperatur

Alles klar?

1 Betrachte Bild ↑5. Nenne weitere biotische und abiotische Umweltfaktoren, die auf ein Eichhörnchen einwirken.

2 Ökosysteme sind vielgestaltig.

a Was ist ein Ökosystem?

b Ist ein Warmwasseraquarium ein Ökosystem? ↑6 Begründe.

c Ökosysteme lassen sich in natürliche, naturnahe und stark vom Menschen beeinflusste Ökosysteme einteilen. Ordne Beispiele zu.

d Nenne Kennzeichen, die auf alle Ökosysteme zutreffen.

3 Toleranzbereich

a Was verstehst du unter dem Toleranzbereich?

b Was verstehst du unter einem Bioindikator oder Zeigerorganismus?

c Nenne zwei Bioindikatoren und ihre Umweltfaktoren, die sie anzeigen.

4 Erläutere den Begriff biologisches Gleichgewicht an einem selbst gewählten Beispiel.

5 Erstelle eine viergliedrige Nahrungskette in einem selbst gewählten Ökosystem.

6 Ökologische Nische

a Erläutere den Begriff „ökologische Nische".

b Erstelle entsprechend Bild ↑7 einen Steckbrief über die Kohlmeise und begründe, ob beide Meisenarten in einem Lebensraum vorkommen können.

7 Tierische und pflanzliche Neubürger (Neobiota)

a Was verstehst du unter diesem Begriff?

b Nenne jeweils zwei pflanzliche und tierische Neubürger.

c Erläutere an Beispielen, wie die Neubürger in unsere Umwelt gelangten.

d Begründe, warum die Neubürger eine Gefahr für die einheimische Flora und Fauna sind.

5 Umweltfaktoren, die auf ein Eichhörnchen einwirken

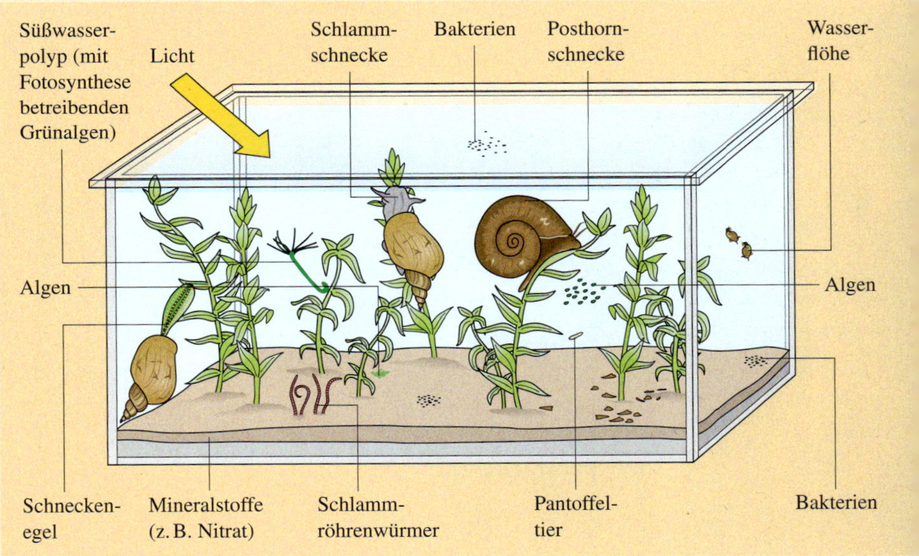

6 Aquarium

Blaumeise

Gewicht: *9–12 Gramm*
Nahrung im Sommer: *Insekten, Spinnen*
Nahrung im Winter: *Beeren, Samen*
Ort der Nahrungssuche: *Strauch- und Baumzweige*
Nestbau: *in Baumhöhlen, Größe des Einfluglochs mindestens 26–28 mm*

7 Steckbrief der Blaumeise

Ökosystem Wald

Im Wald gehen Tiere, Pflanzen, Pilze und Mikroorganismen vielfältige Wechselwirkungen mit ihrem Lebensraum, dem Biotop, ein und bilden ein Ökosystem. Stoff-, Energie- und Nahrungskreisläufe prägen das Ökosystem Wald. Der Mensch nutzt den Wald auf unterschiedlichste Weise. In vielen Regionen der Erde ist der Wald durch Rodungen bedroht. Auf diese Weise ist zum Beispiel der tropische Regenwald gefährdet. Was können wir zur Erhaltung der Wälder tun?

1 Welche Nahrungsbeziehungen bestehen zwischen Lebewesen im Wald?

2 Welche Merkmale kennzeichnen einen Wald?

3 Der Totengräber ernährt sich von Aas. Welche wichtige Funktion erfüllt er damit?

4 Was ist der Unterschied zwischen einem Wald und einem Forst?

7 Nutzt mir der Wald etwas?

6 Wie ernähren sich Pflanzen?

8 Was ist ein Naturpark?

5 Ökosysteme verändern sich.
Was haben Orchideen damit zu tun?

9 Der Feuersalamander lebt bevorzugt in feuchten Laubwäldern. Welche Tiere leben noch im Wald?

10 Jedes Jahr fallen Unmengen von Laub zu Boden. Wo bleibt denn das alles?

Der Wald ist ein Ökosystem

Der größte zusammenhängende Rotbuchenbestand Deutschlands befindet sich im Thüringer Nationalpark Hainich.
Was verstehst du unter einem Wald und welche Faktoren wirken in ihm? Welche Bedeutung besitzt der Wald?

1 Nationalpark Hainich

Beobachten Untersuchen Experimentieren

Was macht einen Wald aus?

An einem Sommertag ist es wesentlich angenehmer, sich im Wald aufzuhalten als auf einem Acker. Untersucht selbst, wie sich die beiden Lebensräume ökologisch unterscheiden.

Material: Luxmeter, Anemometer, Hygrometer, Thermometer, Ferngläser, Lupen, Pinzetten, Sammelgefäße (z. B. Schraubgläser), Klebeetiketten, Bestimmungsbücher, Schreibzeug

2 Exkursion in den Wald

Durchführung: Führt an einem Sommertag eine Exkursion durch und untersucht in Gruppenarbeit jeweils mindestens zwei Stellen im Wald und auf dem Feld. Geht dabei jeweils so vor:

– Messt die abiotischen Umweltfaktoren Lichtintensität, Windgeschwindigkeit, Luftfeuchtigkeit und Lufttemperatur. Die Messungen sollten gleichzeitig erfolgen.
– Erfasst die Pflanzen, die ihr auf einer etwa 5 m · 5 m großen Fläche findet, teilt sie in Lebensformtypen ein (Bäume, Sträucher, Kräuter) und bestimmt sie so genau wie möglich.
– Notiert, welche Vögel und Säugetiere ihr hört oder seht. Sammelt kleinere Tiere und vermerkt auf Etiketten, wo genau ihr sie gefunden habt, damit ihr sie wieder an den Fundort zurücksetzen könnt. Bestimmt sie so genau wie möglich.

Auswertung: Vergleicht die Messungen und Ergebnisse der Untersuchungsstellen für den Wald und für das Feld miteinander. Sind die Messwerte ähnlich? Gibt es Überschneidungen bei den gefundenen Pflanzen- und Tierarten?
Vergleicht anschließend die Lebensräume miteinander. Welche abiotischen Faktoren sind kennzeichnend? Gibt es typische Pflanzen- und Tierarten? Versucht nun die Frage zu beantworten, was einen Wald ausmacht.

GRUNDLAGEN: Was den Wald kennzeichnet

Lebensbedingungen im Wald Wer an einem Sommertag in den Wald geht, der merkt sofort: Der Wald erzeugt ein eigenes Innenklima. In seinem Innern ist es tagsüber kühler, nachts jedoch wärmer als auf dem Feld. Die Luft ist feuchter und die Windgeschwindigkeit sehr viel geringer. Für die Pflanzen im Wald ist der Faktor Licht entscheidend. Im Sommer erreichen nur zwei Prozent der ursprünglichen Lichtmenge den Waldboden.
Etwa 4000 Pflanzen- und 7000 Tierarten Mitteleuropas kommen nur in Wäldern vor. Der Schwarzspecht ist auf große, alte Bäume angewiesen, außerhalb des Waldes trifft man ihn deshalb nie an. Auch vielen Feuchtlufttieren wie Nacktschnecken, Lurchen und Moostierchen bietet der Wald sehr gute Lebensbedingungen. Wälder zeichnen sich also durch ganz bestimmte abiotische Faktoren und durch typische Lebensgemeinschaften aus. Dies macht Wälder zu Ökosystemen.

3 Buchenwald

Wald ist nicht gleich Wald Die abiotischen Faktoren Boden, Wasser, Licht und Wärme bestimmen das Erscheinungsbild des Waldes. Je nachdem, welche Bedingungen an einem Standort herrschen, gedeihen dort unterschiedliche Pflanzenarten. Buchen sind unter natürlichen Bedingungen die häufigsten Laubbäume in Deutschland. ↑3 Eichenwälder wachsen auf Böden, die für Buchen zu nass oder zu trocken sind. Fichtenwälder kommen natürlicherweise nur im Gebirge vor – wie etwa im Harz –, weil Fichten viel Wasser und flachgründige Böden brauchen. ↑4 Entlang von Bächen und Flüssen wie Elbe und Leine finden sich noch ausgedehnte Auwälder. ↑5 Auf den nassen, oft überfluteten Böden wachsen Weiden, Erlen und Pappeln. Auwälder sind die artenreichsten Wälder Deutschlands.

4 Fichtenwald

Waldwirtschaft Heute werden fast alle Wälder mehr oder weniger intensiv bewirtschaftet. Man wählt die Baumarten oft nach dem Verkaufswert des Holzes aus. In einem Wirtschaftswald findet man jüngere Bäume und andere Baumarten als in einem naturbelassenen Urwald.

Kurz und knapp **Wälder sind Ökosysteme, die sich durch ganz bestimmte abiotische Umweltfaktoren und daran angepasste Lebensgemeinschaften auszeichnen. Je nach Klima und Bodenbeschaffenheit bilden sich in verschiedenen Regionen unterschiedliche Waldtypen aus. Die meisten Wälder werden heute bewirtschaftet. Sie entsprechen nicht mehr ihrem Urzustand.**

5 Auwald

Arbeitsaufträge

1 Sammle Informationen über die Lebensweise folgender Arten: Schwarzspecht, Waldmeister, Hirschkäfer, Steinpilz. Begründe, warum diese Arten nur im Wald leben können.

2 „Der Wald erzeugt sein eigenes Klima." Überlege, was an dieser Aussage wahr ist und was nicht stimmt.

3 Ökologen, die einen Wald untersuchen, bestimmen Tiere und Pflanzen häufig im Labor. Begründe, warum sie entnommene Tiere anschließend genau am Fundort wieder aussetzen.

GRUNDLAGEN: Der Wald – ein vielfältiger Lebensraum

Schichtung des Waldes In natürlich gewachsenen Mischwäldern sind nicht alle Bäume gleich hoch. Der Wald lässt sich in seinem Innern in verschiedene Schichtungen (Stockwerke) gliedern. ↑1 Eine solche Unterteilung ist sinnvoll, da in jeder Schicht andere Lebensbedingungen herrschen. So sind die Blätter in den höchsten Baumkronen Wind und Sonne voll ausgesetzt, während es in der Krautschicht fast windstill und dunkel ist.

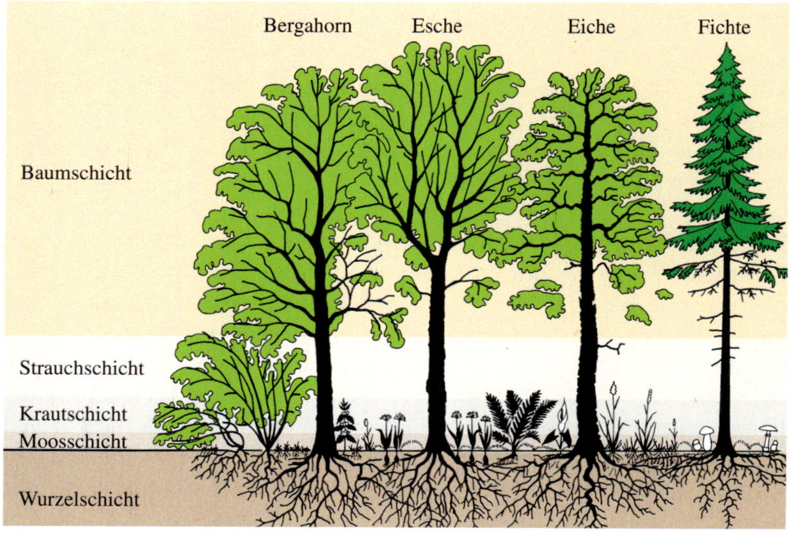

1 In natürlich gewachsenen Mischwäldern lassen sich verschiedene Schichtungen erkennen.

2 Ein Wald im Verlauf der Jahreszeiten

Zeitliche Aspektfolge im Wald Wälder verändern sich auch im Laufe der Jahreszeiten. Da sich diese Veränderungen immer wiederholen, bezeichnet man diesen Prozess als zeitliche Aspektfolge. Ein Wald sieht im Herbst anders aus als im Frühling und bietet Lebewesen damit auch unterschiedliche Lebensbedingungen. ↑2

Vielfalt der Spezialisten Wenn zwei Tierarten dieselbe Nahrung bevorzugen, machen sie sich gegenseitig Konkurrenz. Den Tieren steht weniger Nahrung zur Verfügung, wenn beide Arten gemeinsam vorkommen. Diese Konkurrenzsituation kann dadurch aufgelöst werden, dass eine Art die andere völlig verdrängt. Dies passiert oft. Seit im 19. Jahrhundert das nordamerikanische Grauhörnchen nach England eingeführt wurde, ist das europäische Eichhörnchen aus Wäldern und Parks fast verschwunden.
Konkurrenz kann aber auch dadurch vermieden werden, dass sich Arten im Lauf der Evolution unterschiedlich spezialisieren. Der Eichelbohrer ist ein Rüsselkäfer, dessen Larven in Eicheln leben. ↑3, 4 Der Eichenblattroller ist ebenfalls ein Rüsselkäfer. Das Weibchen wickelt seine Eier aber in Blattstücke ein, indem es ein Blatt abschneidet und aufrollt. Beide Arten findet man also auf derselben Pflanze. Aber durch ihre unterschiedliche Spezialisierung entsteht kaum Konkurrenz.

3 Der Eichelbohrer hat seine Spuren hinterlassen.

4 Eichelbohrer

Ökologische Nische Die ökologische Nische eines Lebewesens wird durch alle biotischen und abiotischen Umweltfaktoren, die zum Leben benötigt werden, charakterisiert. Keine andere Art stellt die gleichen Ansprüche an den Lebensraum wie eine andere Art, jede Art ist auf eine Lebensweise spezialisiert. Diese ökologische Nische umfasst Nahrung und Lebensraum, aber auch die Art der Fortpflanzung oder die Aktivitätszeiten. Konkurrenz zwischen Mäuse fressenden Beutegreifern wird beispielsweise dadurch vermieden, dass unterschiedliche Tageszeiten zur Jagd genutzt werden. Taggreifvögel, wie der Mäusebussard, gehen am Tag auf Nahrungssuche. Dagegen nutzt der Waldkauz, ein Nachtgreifvogel, die Abend- und Nachtstunden, um Beute zu jagen.

Konkurrenz Die Organismen innerhalb und zwischen verschiedenen Lebewesenarten stehen im Ökosystem Wald in unterschiedlicher Konkurrenz zueinander. So konkurrieren die Lebewesen u. a. um Nahrung und Lebensraum. Dabei nutzen die Organismen das Prinzip der Konkurrenzvermeidung. ↑5

Kurz und knapp **Ein naturnaher Mischwald ist zeitlich und räumlich reich gegliedert. Daher können im Wald eine Vielzahl von Tier- und Pflanzenarten leben. Konkurrenz wird vermieden, indem jede Art ihre ökologische Nische besetzt.**

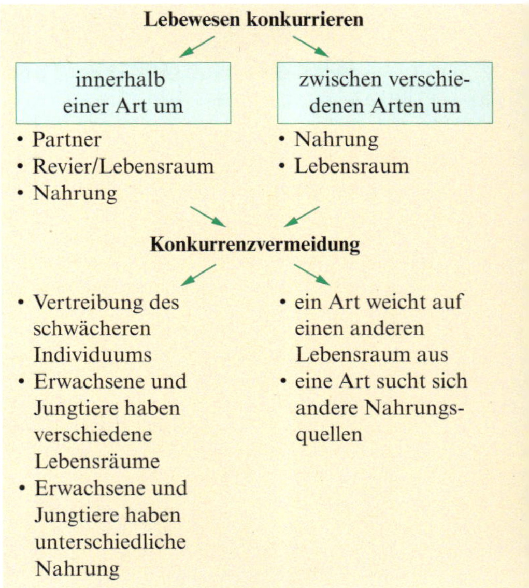

5 Formen von Konkurrenz und Konkurrenzvermeidung

Arbeitsaufträge

1 Was unterscheidet ein Stockwerk im Wald von einem Stockwerk im Hochhaus?

2 Der Buchenkeimling zählt zur Krautschicht. Später ist die Buche so groß, dass man sie zur Strauchschicht rechnet. Erst nach Jahren gehört die Jungbuche zur Baumschicht. Welche unterschiedlichen Lebensbedingungen erfährt die Buche dabei?

3 Zwei Uhrmacher haben ihr Geschäft in derselben kleinen Straße. Beide verdienen trotzdem gut, denn der eine verkauft hauptsächlich Armbanduhren und Schmuck, der andere bietet ein großes Sortiment an Wanduhren und einen guten Reparaturservice an. Erkläre, welcher Zusammenhang zwischen diesem Beispiel und dem Begriff „ökologische Nische" besteht.

4 Der Begriff Nische bezeichnet in unserer Alltagssprache einen Ort. Auf die ökologische Nische trifft das aber nicht zu. Begründe. Überlege dir eine treffende Bezeichnung.

Steckbrief Häufige Laub- und Nadelbäume unserer Wälder

1 Rotbuche
Sommergrüner Laubbaum bis 30 m Wuchshöhe; Blätter eiförmig, mit welligem Blattrand; männliche Blüten in hängenden Büscheln, weibliche Blüten zu zweit in einer Hülle; Früchte dreikantige Nüsse in stacheligem, holzigem Fruchtbecher; Borke glänzend, hellgrau, glatt und dünn

2 Spitzahorn
Sommergrüner Laubbaum bis 25 m Wuchshöhe; Blätter handtellergroß, handförmig geteilt, am Rand größere und kleinere Spitzen, Buchten dazwischen gerundet; Blüten gelbgrüne Rispen, vor dem Laub; Früchte (Nussfrüchte) mit 2 Flügeln, Flügel stumpfwinklig bis waagerecht abstehend; Borke braun bis schwarz

3 Winterlinde
Sommergrüner Laubbaum bis 30 m Wuchshöhe, Blätter angedeutet herzförmig mit Zipfelspitze, am Rand gezähnt, auf der Blattunterseite in den Winkeln der Nerven braune Haarbüschel; Blüten gelblich; Früchte (Nussfrüchte) erbsengroß, eiförmig, zu 4–10 hängend an kurzem, abgeknicktem Stiel an der Mittelrippe eines länglichen schmalen Blattes

4 Hainbuche
Sommergrüner Laubbaum bis 25 m Wuchshöhe; Blätter auch nach der Entfaltung mit ziehharmonikaartigen Knickfalten; Blüten männliche und weibliche Kätzchen; Früchte dreilappig geflügelte Nüsschen; Borke anfangs glatt, grau, bei älteren Bäumen wulstig

Steckbrief Häufige Laub- und Nadelbäume unserer Wälder

5 Waldkiefer
Immergrüner Nadelbaum bis 30 m Wuchshöhe; Nadeln paarweise am Zweig, bis 8 cm lang, spitz; männlicher Blütenstand (Zapfen) an der Spitze von Maitrieben; Zapfen hängend; Borke grau bis graubraun mit tiefen schwärzlichen Furchen

6 Europäische Lärche
Sommergrüner Nadelbaum bis 40 m Wuchshöhe; Nadeln weich, dünn, nicht stechend, in Büscheln, im Herbst abfallend; männliche Blüten (Kätzchen) gelb, weibliche Blüten (Zäpfchen) rot; Zapfen klein, eiförmig, aufrecht; Borke gelbbraun, grau, tief rissig

7 Weißtanne
Immergrüner Nadelbaum bis 50 m Wuchshöhe; Nadeln sitzen mit einem scheibenförmigen Ansatz einzeln in einer Ebene am Zweig, spitz; männlicher Blütenstand; Zapfen fingerförmig, aufrecht stehend, reife Samenschuppen werden einzeln abgeworfen, am Ende bleibt eine Spindel übrig; Borke weißgrau, glatt, bei alten Bäumen aufgeplatzt, rau

8 Gemeine Eibe
Immergrüner Nadelbaum bis 12 m Wuchshöhe; Nadeln ledrig, oberseits schwarzgrün, unterseits hellgrün; getrenntgeschlechtig, männlicher Blütenstand kugelig, gelblich; weiblicher Blütenstand unscheinbar; Samen blauschwarz mit auffallend rotem Samenmantel; Borke dünn, rotbraun
Achtung: Alle Pflanzenteile der Eibe sind giftig!

Nahrungsbeziehungen und Stoffkreisläufe im Wald

In der Dämmerung durchstreifen Rehe den lichten Wald. Hier finden sie ihre Nahrung: Gras, Kräuter, Pilze, junge Pflanzentriebe und Baumrinde. Grüne Pflanzen bilden die wichtigste Nahrungsgrundlage, aus der sie genügend Energie zum Leben herausziehen können. Jungtiere wachsen und entwickeln sich in ausreichender Zahl.
Wie jedoch gelangt die für Tiere nutzbare Energie in die Pflanzen?

1 Ein Rehrudel auf einer Waldlichtung

Beobachten Untersuchen Experimentieren

Manche Tierarten fressen nur bestimmte Pflanzen

1 Auf (Fraß-)Spurensuche

Wenn du eine Pflanze genau untersuchst, wirst du an vielen Blättern Spuren von Tieren finden, die daran gefressen haben. Fressen Tiere wahllos an verschiedenen Pflanzen oder sind sie auf bestimmte Arten spezialisiert?

Material: kleine Behälter, Lupe, Schreibzeug

Durchführung: Sucht im Wald, im Park oder auf dem Schulgelände nach Pflanzen mit Fraßspuren. Wenn ihr Fraßspuren findet, bestimmt zuerst die betroffene Pflanzenart. Sucht dann nach dem Tier, von dem die Spur stammt. Setzt es zusammen mit einem Stück der Futterpflanze in einen Behälter und beschriftet ihn (Fundort, Futterpflanze). Bringt die Tiere nach dem Auswerten an den Fundort zurück.

Auswertung: Tragt die Proben in der Klasse zusammen. Sortiert sie nach Pflanzenarten, -gattungen und -familien. Bestimmt die Tiere so weit wie möglich.
Gibt es Tiere, die nur an bestimmten, an allen oder vielen verschiedenen Pflanzen fressen? Bevorzugen Tiere an derselben Pflanze unterschiedliche Pflanzenteile? An welchen Pflanzen kommen besonders viele Tiere oder Arten vor?

2 Schneckenzoo

Die Vorlieben von Schnecken für bestimmte Pflanzenarten lassen sich im Klassenzimmer gut untersuchen.

Material: 2 große Glasgefäße, Glasscheiben, Gurkenscheiben, Salatblätter, verschiedene selbst gesammelte Pflanzen, Blumenspritzen

Durchführung: Sammelt mindestens zwei verschiedene Schneckenarten (z. B. Hain-Bänderschnecke und Spanische Wegschnecke). Lasst die Tiere einen Tag hungern. Setzt sie dann einzeln auf eine große Glasscheibe oder auf den Tisch und besprüht sie mit Wasser, damit sie ihr Haus verlassen. Legt eine Gurkenscheibe, ein Salatblatt und die Blätter der gesuchten Pflanzen jeweils im Abstand von ca. 15 cm im Kreis um die Schnecke herum. Beobachtet, auf welche Nahrung sich die Schnecke zubewegt und was sie frisst. Legt die nicht gefressenen Pflanzen über Nacht in die Glasgefäße und untersucht, ob die Schnecken dann davon gefressen haben.

Auswertung: Stellt eine Liste mit Pflanzen auf, die eine Schneckenart frisst oder meidet, und macht Aussagen über ihre Vorlieben. Unterscheiden sich die verschiedenen Schneckenarten?

GRUNDLAGEN: Nahrungsbeziehungen

Bevorzugte Nahrung Jede Tierart im Wald ist auf eine bestimmte Ernährungsweise spezialisiert. Von den über 800 Blattlausarten in Deutschland saugen die meisten nur an wenigen Pflanzenarten, weil sie nur bestimmte Pflanzeninhaltsstoffe vertragen. Fleischfresser bevorzugen Beutetiere, die für sie leicht zu finden und zu überwältigen, dabei aber möglichst nahrhaft sind. So erbeutet der Waldkauz hauptsächlich Mäuse, weil diese klein, sehr häufig und wie er selbst nachtaktiv sind. Andere Tiere wie die Spanische Wegschnecke sind flexibler. Sie frisst verschiedene Pflanzen, Pilze, Aas, sogar tote Artgenossen.

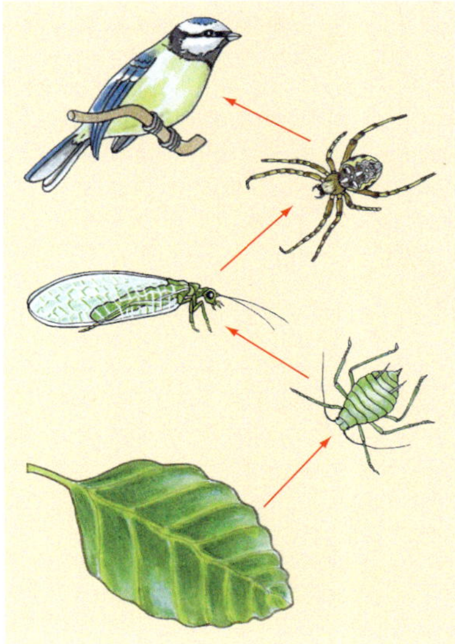

2 Beispiel einer Nahrungskette im Wald

Nahrungskette und Nahrungsnetz Eine Meise frisst eine Kreuzspinne, die zuvor eine Florfliege erbeutete, welche eben noch einige Blattläuse verspeist hatte, die Saft aus einem Buchenblatt saugten. In diesem Beispiel sind alle genannten Arten durch Nahrungsbeziehungen verknüpft. Man kann sie in einer Nahrungskette anordnen. ↑2
Die Nahrungsbeziehungen im Wald sind komplizierter, weil sich die wenigsten Tiere nur von einer einzigen Art ernähren. Blaumeisen fressen verschiedene Insekten- und Spinnenarten. Gleichzeitig fallen sie nicht nur Baummardern, sondern auch Habichten und Eichhörnchen zum Opfer. So lassen sich Nahrungsketten zu Nahrungsnetzen verknüpfen. ↑3

Kurz und knapp **Tiere und Pflanzen einer Lebensgemeinschaft sind über Nahrungsbeziehungen verbunden. Dabei dient eine Art der anderen als Nahrung. Diese Beziehung lässt sich als Nahrungskette darstellen. Da sich die meisten Tiere von mehr als einer Art ernähren, ergeben sich Beziehungsnetze, in denen Nahrungsketten zu Nahrungsnetzen verknüpft sind.**

3 Mit diesen Lebewesen kann man ein Nahrungsnetz „knüpfen“.

Arbeitsaufträge

1 Blaumeisen erbeuten Insekten. Welche Veränderungen erwartest du für das Nahrungsnetz Laubwald, wenn die Zahl der Blaumeisen sinkt?
Schreibe auf, wer im Nahrungsnetz davon betroffen ist, und begründe.

2 Zeichne Bild ↑3 in dein Heft und verbinde die Tiere und Pflanzen durch Pfeile zu einem Nahrungsnetz. Nimm Sachbücher zu Hilfe.

GRUNDLAGEN: Stoffkreislauf im Ökosystem

Basiskonzept

System
Ein System besteht aus verschiedenen Teilen, die miteinander in Verbindung stehen. So sind die Lebewesen im Wald u. a. durch vielfältige Nahrungsbeziehungen miteinander verknüpft.

Grüne Pflanzen sind Produzenten und nutzen die Sonnenenergie Jedes Tier im Wald hat ein anderes Nahrungsspektrum. Wenn man aber beliebige Nahrungsketten vergleicht, findet man Gemeinsamkeiten. Auffallend ist der gemeinsame Ursprung. Denn alle Nahrungsketten beginnen mit einer Pflanzenart. Nur grüne Pflanzen können mithilfe der Fotosynthese Nährstoffe selbst aufbauen. ↑S. 39 Hierfür nutzen sie die Energie des Sonnenlichts. Tiere sind darauf angewiesen, energiereiche Nährstoffe mit der Nahrung aufzunehmen. Letztlich ernähren sich also alle Tiere von Sonnenenergie, die in den Blättern der grünen Pflanzen zu Nährstoffen umgewandelt wurde. Daher werden die Pflanzen als Produzenten bezeichnet.

Tiere als Konsumenten Weil Tiere energiereiche Nährstoffe mit der Nahrung aufnehmen müssen, bezeichnet man sie als Konsumenten. Pflanzenfresser wie die Eichengallwespe werden als Konsumenten 1. Ordnung bezeichnet. Fleischfresser wie der Wolf, die sich von Pflanzenfressern (Rehen und Hirschen) ernähren, sind entsprechend Konsumenten 2. Ordnung. Diese Zuordnung zu Ernährungsebenen ist aber nicht in jedem Fall eindeutig. Das Eichhörnchen beispielsweise frisst hauptsächlich Samen und Nüsse (1. Ordnung), verschmäht aber auch Eier und Jungvögel nicht (2. und höhere Ordnung).

Nahrungspyramide Die beherrschende Lebensform im Ökosystem Wald sind die Pflanzen. Sie sind am zahlreichsten und stellen die größte Biomasse. ↑1 Pflanzenfresser wie Blattläuse sind zwar klein, aber sehr häufig. Ihre Biomasse ist trotzdem viel kleiner als die der Pflanzen. Große Fleisch-

Art	Biomasse in g/ha
Buche	313 000 000
Erdmaus	4 600
Fuchs	150
Wolf	7

1 Biomasse im Wald

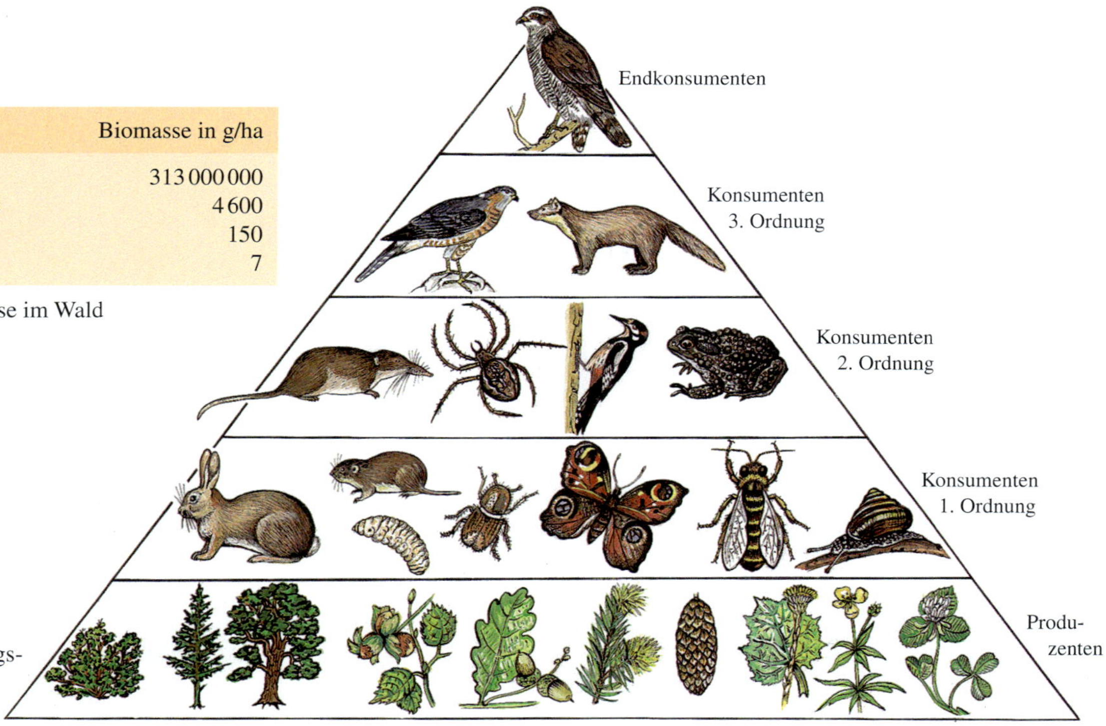

2 Nahrungspyramide im Wald

fresser wie der Wolf sind so selten, dass ihre Biomasse kaum ins Gewicht fällt. Warum ist das so? Um dies zu beantworten, muss man den Weg der Nahrung beim Fressen verfolgen: Nicht alles kann verdaut werden. Energiereiche Nährstoffe verlassen den Körper über Kot und Urin. Von den aufgenommenen Nährstoffen wird der größte Teil zur Aufrechterhaltung der Lebensfunktionen umgesetzt. Nur wenig Energie kann für das Wachstum investiert werden. Die Biomasse nimmt daher von einer Ernährungsebene zur nächsten ab. Stapelt man die Ernährungsebenen übereinander, erhält man eine Nahrungspyramide. ↑2

Destruenten und der Kreislauf der Stoffe Wenn Tiere und Pflanzen im Wald sterben, werden ihre Überreste von Tieren, Pilzen, Mikroorganismen und Bakterien abgebaut. Man fasst diese Arten als Destruenten zusammen. Dabei kann man unterscheiden zwischen größeren Bodenlebewesen, deren Kot immer noch viel organische Substanz enthält, und Mineralisierern. Mineralisierer sind Bakterien und Pilze, die das organische Material zu Kohlenstoffdioxid, Wasser und Mineralstoffen abbauen. In dieser Form können diese Stoffe wieder von Pflanzen aufgenommen werden. Pflanzen nutzen auch das Kohlenstoffdioxid, das von den Konsumenten ausgeatmet wird. Somit entsteht ein Stoffkreislauf. ↑3

3 Kreislauf von Kohlenstoffdioxid und Sauerstoff

Biologisches Gleichgewicht In naturnahen Ökosystemen leben Produzenten, Konsumenten und Destruenten in einem bestimmten Zahlenverhältnis. Die Existenz einer Art wird von keiner anderen bedroht: Wenn sich das Rotkehlchen kurzzeitig stark vermehrt, steigt auch die Zahl seiner Fressfeinde. Nimmt die Zahl der Rotkehlchen dann ab, fehlen ausreichend Beutetiere und die Zahl der Räuber nimmt ebenfalls ab. So bleibt die Anzahl von Räubern und Beutetieren auf Dauer immer etwa gleich. Es besteht ein biologisches Gleichgewicht. ↑4 Diese Selbstregulation, also die Fähigkeit, auf Störgrößen (z. B. Schädlingsvermehrung) zu reagieren, ist in artenreichen und natürlichen Ökosystemen ausgeprägter als in artenarmen. Damit wird in diesen Ökosystemen trotz ständiger Schwankungen eine relative Stabilität erreicht.

4 Nahrungsbeziehung: Das Räuber-Beute-Verhältnis steht im biologischen Gleichgewicht.

Kurz und knapp **Im Ökosystem sind Pflanzen als Produzenten dazu in der Lage, energiereiche Nährstoffe aufzubauen. Tiere müssen als Konsumenten diese Nährstoffe mit der Nahrung aufnehmen. Destruenten mineralisieren tote organische Substanzen. Diese anorganischen Stoffe können dann wieder von Pflanzen aufgenommen werden. So ermöglichen Destruenten den Kreislauf der Stoffe im Ökosystem.**

Arbeitsaufträge

1 Untersuche den Inhalt deines Kühlschranks. Stelle Nahrungsketten auf, die mit dir als Konsumenten enden. Vergleiche sie miteinander. Was fällt dir auf?

2 Könnte man sagen, dass sich alle Tiere von Sonnenenergie ernähren? Diskutiere diese Aussage.

3 Vergleiche Tabelle ↑1 und Bild ↑2. Weshalb ergibt sich in Bild ↑2 eine Pyramide? Anders gefragt: Welche Größe wird durch die Fläche jeder Ernährungsebene symbolisiert?

4 Könnte es theoretisch auch Ökosysteme ohne Konsumenten oder Destruenten geben? Begründe deine Entscheidung.

Das Blatt – Ort der Fotosynthese

In den meisten Fällen sind die Laubblätter von Pflanzen grün. Warum sind Blätter eigentlich grün? Und warum ändern sie im Herbst ihre Farbe?

1 Laubblätter der Kastanie im Herbst

Beobachten Untersuchen Experimentieren

Chromatografie von Blattfarbstoffen

Die Zellen des Laubblattes enthalten Chloroplasten. Dort liegt der grüne Farbstoff Chlorophyll. Im Herbst wird das grüne Chlorophyll abgebaut. Nun kommen die anderen Farbstoffe, die ebenfalls im Blatt enthalten sind, zum Vorschein. Sie färben die Blätter rot und gelb. Diese Blattfarbstoffe kann man sichtbar machen, indem man eine Blattfarbstofflösung herstellt und sie durch eine sogenannte Chromatografie auftrennt. Stelle zunächst eine Blattfarbstofflösung her. ↑3

Material: Mörser mit Pistill, Trichter, Faltenfilter, Filterpapier (rund), Erlenmeyerkolben, Schere, Laubblätter, Seesand, Kalk, Aceton *(Achtung: feuergefährlich!)*, Petrischale, Spatel, Brennspiritus *(Vorsicht: Schutzbrille tragen!)*, Kapillare, Föhn ↑2

2 Versuchsmaterial

3 Chromatografie von Blattfarbstoffen

Durchführung: Schneide einige grüne Laubblätter klein und zerreibe sie in einem Mörser mit etwas Seesand, einer Spatelspitze Kalk und Aceton. Filtriere die entstandene grüne Lösung. ↑3

Schneide nun in ein Filterpapier ein Loch und trage vorsichtig mit der Kapillare die Blattfarbstofflösung kreisförmig um das Loch auf. Nachdem das Papier getrocknet ist, wiederhole das Auftragen. Schneide ein Stück Filterpapier in Viertel, rolle ein Viertel ein und stecke die Rolle durch das Loch. Fülle etwas Brennspiritus in die Petrischale und lege das Filterpapier so auf, dass die Rolle gerade eintaucht. Beende den Versuch, wenn die Flüssigkeit den Rand des Filterpapiers fast erreicht hat.

Beobachtung und Auswertung: Protokolliere die Beobachtung und versuche sie zu erklären.

Methode

Herstellen und Mikroskopieren von Blattschnitten

Die folgenden Anleitungen helfen dir dabei, den Aufbau eines Blattes selbst zu erforschen.

Flächenschnitt eines Blattes anfertigen

1 Material: Bleistift, Rasierklinge, Pinzette, Objektträger, Deckgläschen, Pipette, Präpariernadel, Mikroskop, Wasser, Blätter von Christrose, Pfingstrose, Linde oder Buche

2 Durchführung: Gib mit der Pipette einen Tropfen Wasser auf einen Objektträger.
Wickle die Blattoberseite um einen Bleistift. ↑4
Schneide die nun außen liegende Blattunterseite mit der Rasierklinge etwas schräg dünn ein. Fasse die Schnittkante mit der Pinzette und reiße ein kleines Stück Gewebe ab.
Gib das Gewebestück in den Wassertropfen auf dem Objektträger.
Setze das Deckgläschen auf einer Seite auf dem Objektträger auf und lass es mithilfe der Präpariernadel auf das Präparat sinken.
Nun kannst du das Präparat unter dem Mikroskop betrachten.
Fertige auf dieselbe Weise ein Präparat der Blattoberseite an und mikroskopiere es.

3 Auswertung: Zeichne jeweils einen kleinen charakteristischen Ausschnitt der Präparate. Beschrifte deine Zeichnungen.

Querschnitt eines Blattes anfertigen

1 Material: Rasierklinge, Pinzette, Objektträger, Deckgläschen, Pipette, Polystyrolblock, Mikroskop, Wasser, Blätter von Christrose, Pfingstrose, Linde oder Buche

2 Durchführung: Gib mit der Pipette einen Tropfen Wasser auf einen Objektträger.
Schneide den Polystyrolblock ein und klemme zwischen die Schnittflächen ein Blattstück. ↑5
Presse die Schnittflächen mit Daumen und Zeigefinger zusammen.
Erzeuge mithilfe der Rasierklinge zunächst eine glatte Oberfläche.
Setze die Rasierklinge auf der Oberfläche des Polystyrolblocks an. Ziehe die Klinge langsam schräg nach oben. Du erhältst einen Schnitt, der immer dünner wird.
Gib das Gewebestück mit der Pinzette in den Wassertropfen auf dem Objektträger.
Setze das Deckgläschen auf einer Seite auf dem Objektträger auf und lass es mithilfe der Präpariernadel auf das Präparat sinken. ↑4
Betrachte das Präparat unter dem Mikroskop. Wähle dafür die dünnen Bereiche des Schnittes.

3 Auswertung: Zeichne den Blattquerschnitt, am besten 3–5 Zellen pro Gewebe. Bei der Beschriftung der Zeichnung hilft dir Bild ↑4, S. 36.

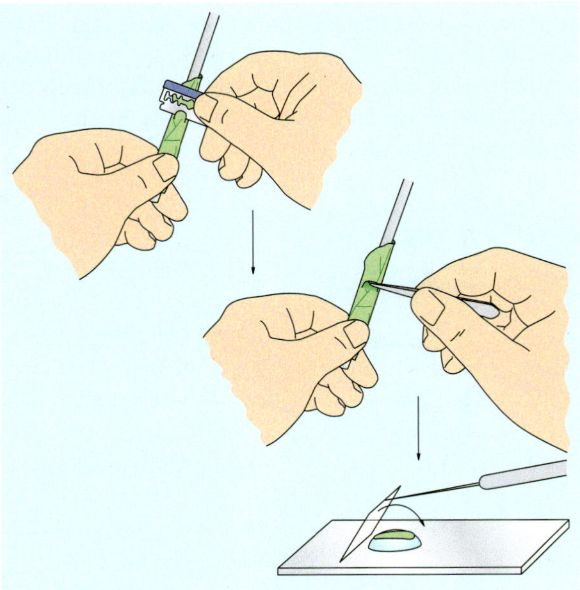

4 Präparation des Flächenschnitts eines Blattes

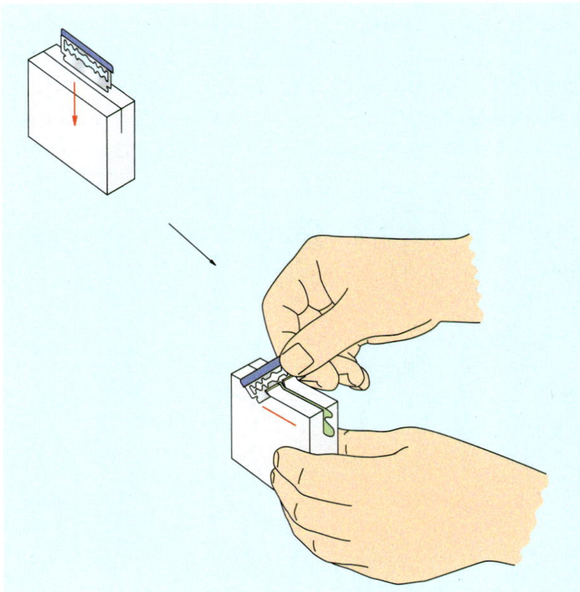

5 Präparation des Querschnitts eines Blattes

GRUNDLAGEN: Bau und Funktion des Laubblattes

Äußerer Bau Laubblätter bestehen aus der Blattspreite, dem Blattstiel und dem Blattgrund. ↑1 In den Blattspreiten fallen oft die Blattadern auf. Wie mit einem Netz ist das Blatt von „Adern“ durchzogen, die ihm Festigkeit geben und als Stofftransportbahnen dienen. Das sind die Leitbündel, die aus der Sprossachse in das Blatt ziehen.

Funktion der Laubblätter Pflanzen bilden im Licht aus Wasser und Kohlenstoffdioxid den Nährstoff Traubenzucker (Glukose). Dazu ist der grüne Farbstoff Chlorophyll nötig. Laubblätter sind die Hauptorgane für die Stoffbildung. Dabei nehmen sie Kohlenstoffdioxid aus der Luft auf und geben Sauerstoff an die Luft ab. Sie verdunsten außerdem große Mengen an Wasser und bewirken, dass stets neues Wasser mit gelösten Nährsalzen aus dem Erdboden aufgenommen werden kann.

Innerer Bau Die länglichen Zellen der Palisadenschicht enthalten besonders viele Chloroplasten. In den Chloroplasten befindet sich der grüne Farbstoff Chlorophyll, mit dessen Hilfe Glukose gebildet wird. Sie liegen dicht unter der oberen Epidermis, so können sie viel Licht aufnehmen. Die große Anzahl von Blättern, die bei Bäumen und Sträuchern über ein weitverzweigtes Geäst verteilt sind, sorgt für eine große Oberfläche, die von der Sonne beschienen werden kann.
Unter der Palisadenschicht bilden meist kugelige Zellen die lockere Schwammschicht. ↑2 Durch die Zellzwischenräume gelangt Luft in alle Teile der Blätter. In den Gefäßen der Leitbündel werden Wasser und gelöste Nährsalze, in den Siebröhren Wasser und gelöster Zucker geleitet.
Die obere und untere Epidermis haben eine oft wachsartige Schutzschicht, die Kutikula. In der unteren Epidermis befinden sich die Spaltöffnungen, die sich mithilfe von zwei Schließzellen öffnen und schließen können. ↑3, 4
Auf diese Weise kann Wasser aus der Pflanze verdunsten. Außerdem findet hier der Gasaustausch statt, das heißt die Aufnahme von Kohlenstoffdioxid und die Abgabe von Sauerstoff. Dies ist notwendig zur Erfüllung der Hauptfunktion der grünen Blätter für die ganze Pflanze, der Bildung von Nährstoffen unter Einwirkung von Licht.

1 Äußerer Bau von Laubblättern

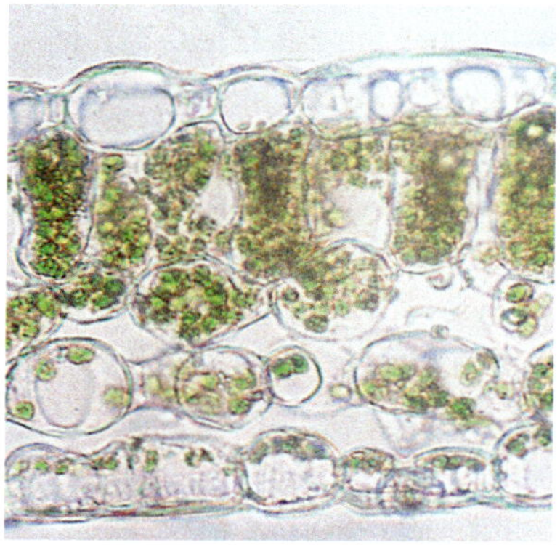

2 Blattquerschnitt (lichtmikroskopische Aufnahme)

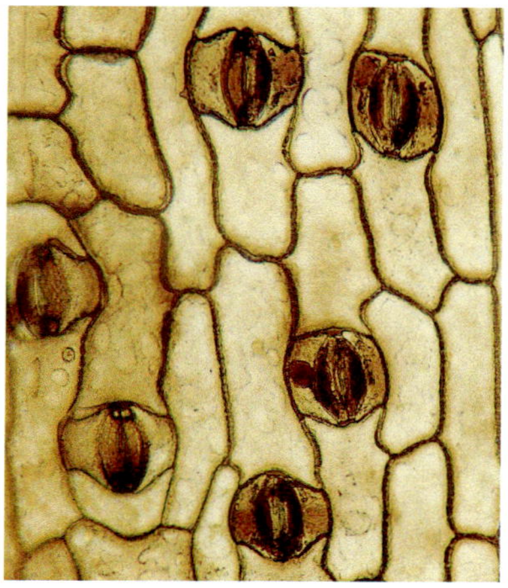

3 Spaltöffnungen

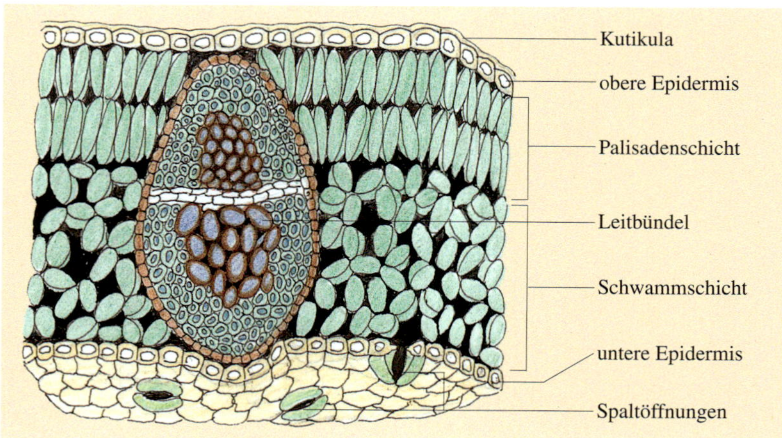

4 Der innere Bau eines Laubblattes

GRUNDLAGEN: Stoffaustausch und Stofftransport in den Laubblättern

Kohlenstoffdioxid und Sauerstoff Mit der Luft gelangt Kohlenstoffdioxid durch die Spaltöffnungen in die Zellzwischenräume. Da bei der Glukosebildung in den grünen Blattzellen Kohlenstoffdioxid verbraucht wird, sind innerhalb der Zellen weniger Kohlenstoffdioxidteilchen vorhanden als außerhalb. Kohlenstoffdioxid diffundiert daher bei der Fotosynthese aus den Zellzwischenräumen in die Zelle.
Gleichzeitig wird bei der Fotosynthese Sauerstoff frei. In der Zelle sind mehr Sauerstoffteilchen enthalten als außerhalb. Deshalb diffundiert Sauerstoff aus den Zellen in die Zellzwischenräume und gelangt durch die Spaltöffnungen in die Außenluft. ↑5

Wasser Durch die Spaltöffnungen wird auch Wasserdampf an die Umwelt abgegeben. Der dabei entstehende Sog ist eine wesentliche Ursache für den ständigen Wasserstrom in der Pflanze, von den Wurzelhaaren über die Gefäße der Leitbündel bis zu den Blättern. Diese Erscheinung wird als Transpirationssog bezeichnet.
An heißen, trockenen Tagen sinkt der Wassergehalt in den Schließzellen und die Spaltöffnungen schließen sich. Die Pflanze kann so die Wasserabgabe regulieren.

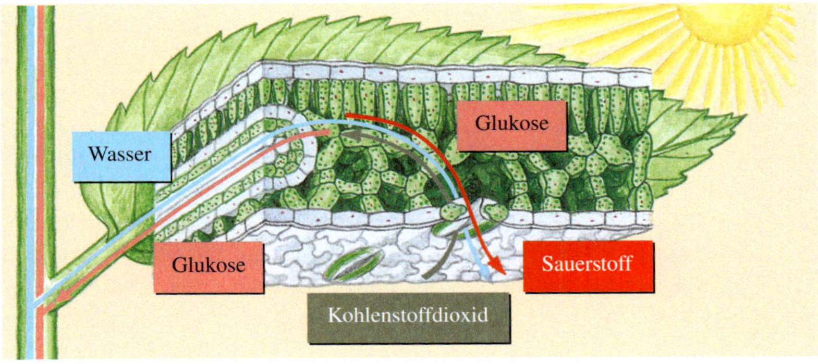

5 Stofftransport in einer Pflanze

Kurz und knapp **Den verschiedenen Funktionen der Blätter – Traubenzuckerbildung, Gasaustausch, Wasserabgabe – entspricht ihr innerer Bau. Durch Diffusion gelangt Kohlenstoffdioxid in die Zellen hinein und Sauerstoff aus den Zellen heraus. Über die Spaltöffnungen geben die Blätter Wasser an die Umwelt ab.**

Schon gewusst?

Modell vom begrenzenden Faktor
Entscheidend für die Fotosyntheseleistung einer Pflanze ist immer der Faktor, der als kleinste Größe, im sogenannten Minimum, vorliegt. Ähnlich wie ein Fass, das nur bis zur niedrigsten Holzplanke gefüllt werden kann, begrenzt dieser Faktor die Fotosyntheseleistung. ↑6 Ursprünglich wurde das Modell von JUSTUS VON LIEBIG (1803–1873) für den Mineralsalzbedarf einer Pflanze entwickelt.
Fehlen Mineralsalze, zeigen die Pflanzen Mangelerscheinungen und verkümmern.

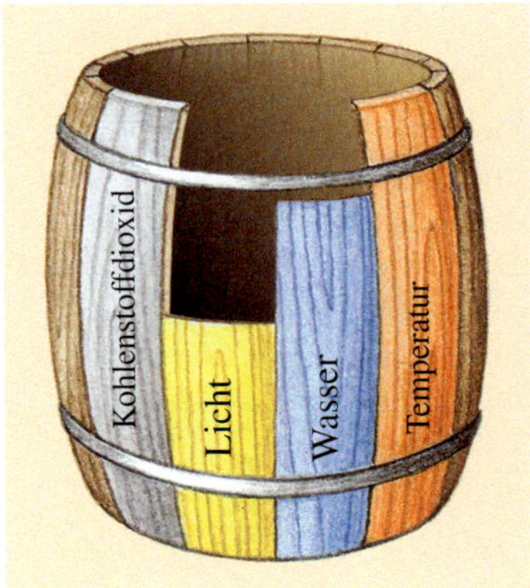

6 Modell vom begrenzenden Faktor

Arbeitsaufträge

1. Beschreibe den inneren Bau eines Blattes. Ordne jeder Schicht bzw. jedem Gewebe die Funktion zu.
2. Zeichne je ein Laubblatt von 3 verschiedenen Pflanzenarten. Notiere außer dem Pflanzennamen die Form von Blattspreite und Blattrand.
3. Betrachte einen Blattquerschnitt mit dem Mikroskop. Skizziere das Bild. Beschrifte die Teile.
4. Alle Spaltöffnungen eines Blattes werden mit einem Klebstoff luftdicht verschlossen. Erläutere, was das für Folgen für das Blatt hat.
5. Welche Wirkung hat ein heißer, trockener Sommertag auf die Traubenzuckerbildung im Blatt?
6. Was geschieht, wenn der Wassergehalt in den Schließzellen sehr hoch ist?

Stoff- und Energiewechsel grüner Pflanzen

JOSEPH PRIESTLEY war ein englischer Geistlicher und Naturgelehrter. Zu seiner Zeit glaubte man, die Luft sei ein einheitlicher Stoff. PRIESTLEY untersuchte nun jeweils eine portionierte Menge Luft, die sich unter einer dichten Glasglocke befand. Dabei lernte er die Luft in „gute“ und „schlechte Luft“ zu unterscheiden.
Welchen unsichtbaren Stoff in der Luft hatte PRIESTLEY mit seinen Versuchen nachgewiesen?

1 PRIESTLEYS Versuche: In guter Luft kann eine Maus leben oder eine Kerze brennen. In schlechter Luft stirbt die Maus und eine Kerze erlischt.

Basiskonzept

System
Alle Teile einer Pflanzen haben eine Aufgabe. Ihre Organe teilen sich die unterschiedlichen Funktionen wie Wasseraufnahme oder Fotosynthese. Die Funktionsteilung im System Organismus ist bei allen Lebewesen zu finden.

GRUNDLAGEN: Die Fotosynthese

Der Fotosynthese auf der Spur 1771 wollte J. PRIESTLEY (1733–1804) herausfinden, wie Pflanzen und Tiere die Luft verändern. Dabei ging er schon davon aus, dass Pflanzen „gesunde Luft“ herstellen. Er ließ in einem abgeschlossenen Gefäß eine Kerze brennen und stellte fest, dass die Kerze erlosch. Mäuse wurden unter einer Glasglocke bald ohnmächtig und starben. Stellte der Forscher aber eine Pfefferminzpflanze darunter, dann konnten nach zehn Tagen eingesetzte Mäuse unter der Glasglocke atmen. Wir würden heute sagen: Die Luft wurde durch den Sauerstoffverbrauch bei der Verbrennung der Kerze oder bei der Atmung der Mäuse zunehmend sauerstoffarm und nach Abgabe von Sauerstoff durch die Pflanze wieder zu „frischer“ Luft.
Fast 100 Jahre später wies der deutsche Botaniker JULIUS SACHS (1832–1897) in den Laubblättern von Pflanzen, die dem Licht ausgesetzt waren, mit Iodlösung Stärke nach: Da für diesen Stoffaufbau Licht notwendig ist, nennt man ihn Fotosynthese (griech. *photos:* Licht; *synthesis:* Zusammensetzung).

Fotosynthese in den Chloroplasten Chloroplasten befinden sich vor allem in den Zellen der Palisaden- und Schwammschicht der Laubblätter. Sie sind meist linsenförmig und haben eine stark gefaltete innere Membran, in die das Chlorophyll eingelagert ist. ↑3 Die Faltung bewirkt eine starke Vergrößerung der inneren Oberfläche. Zugleich entstehen abgegrenzte Räume, in denen Teilreaktionen geordnet nacheinander ablaufen können. Wasser wird von den Pflanzen mit den Wurzeln aufgenommen und in den Wasserleitungsbahnen über die Sprossachse bis in die Zellen der Blätter transportiert. Das Kohlenstoffdioxid aus der Luft gelangt durch die Spaltöffnungen in die Blätter und dann durch die Zellzwischenräume in die Zellen hinein zu den Chloroplasten.

Mineralstoffe allein reichen nicht aus Pflanzen können in Wasser gelöste Mineralstoffe mithilfe ihrer Wurzeln aufnehmen. Doch sie benötigen auch Nährstoffe wie beispielsweise Zucker. Wir nehmen diese Nährstoffe mit unserer Nahrung auf. Doch wie gelangen diese Stoffe in die Pflanzen?

Wie entsteht Glukose? Die Ausgangsstoffe sind Wasser und Kohlenstoffdioxid, also relativ energiearme anorganische Stoffe. ↑2 Für die Bildung von Glukose ist Energie notwendig. Die Energie der Lichtstrahlung wird in Energie umgewandelt, die dann in Glukose als chemische Energie gespeichert ist. Das Chlorophyll startet diesen Vorgang, wenn es belichtet wird. Bei einer der folgenden Reaktionen entsteht Sauerstoff, der aus den Blättern in die Umwelt gelangt. In weiteren Reaktionen entsteht aus dem Kohlenstoffdioxid Glukose. Einen Teil dieser Glukose verbraucht die Pflanze für ihr eigenes Wachstum. Ein Teil wird gespeichert, zum Beispiel in Früchten oder in Form von Stärke in anderen Pflanzenteilen. Pflanzen können Glukose auch in andere Nährstoffe umwandeln, z. B. in Fette.

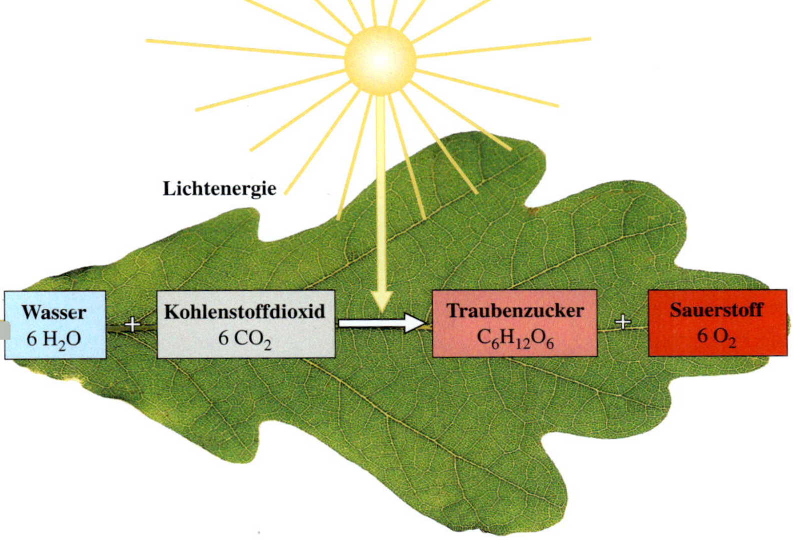

2 Ausgangs- und Endsubstanzen der Fotosynthese. Der an die Luft abgegebene Sauerstoff stammt aus dem Wasser.

Schon gewusst?

Die meisten grünen Zellen der Samenpflanzen enthalten 10–50 Chloroplasten. Ein Laubblatt kann je mm^2 400 000 Chloroplasten enthalten. Ein Baum mittlerer Größe enthält etwa 100 Billionen Chloroplasten.

3 **A** Blattzelle der Wasserpest; **B** Chloroplast

Kurz und knapp **In den Chloroplasten der Pflanzen wird unter Einwirkung von Lichtenergie aus Wasser und Kohlenstoffdioxid der organische Stoff Glukose gebildet (Fotosynthese). Als „Nebenprodukt“ entsteht bei der Fotosynthese gasförmiger Sauerstoff, der an die Umwelt abgegeben wird.**

Arbeitsaufträge

1 Stelle die im Text genannten Ausgangsstoffe, Endprodukte und Bedingungen der Fotosynthese zusammen.

2 Plane ein Experiment, um die Versuche J. PRIESTLEYS mit Kerze und Pflanze nachzuvollziehen.

3 Vergleiche die geschilderten Ergebnisse der historischen Experimente von J. PRIESTLEY und J. SACHS.

Beobachten Untersuchen Experimentieren

Ernährungsweise der Pflanzen

1 „Ernähren" sich Pflanzen von Licht?

Du weißt aus der Zellenlehre, dass bei der Belichtung von Chloroplasten in Pflanzenzellen Glukose (Traubenzucker) gebildet und zunächst meist in Stärke umgewandelt wird. Diese müsste zum Beispiel in belichteten Laubblättern mit Iod-Kaliumiodid-Lösung nachweisbar sein (schwarzblaue Färbung).

Material: Pflanze mit jungen, hellgrünen Blättern (z. B. Geranie, Efeu, Kapuzinerkresse), Alufolie, 2 Bechergläser unterschiedlicher Größe, Kochplatte, Petrischale, Brennspiritus, Iod-Kaliumiodid-Lösung für den Stärkenachweis

Durchführung: Decke einen Tag vor dem Versuch ein Blatt mit Alufolie ab. Stelle die Pflanze ins Licht. Schneide nach 1–2 Stunden intensiver Beleuchtung das abgedunkelte und ein unbehandeltes Blatt ab und entferne die Folie. Gib beide Blätter für 2 Minuten in kochendes Wasser und dann in ein Becherglas mit heißem Brennspiritus, bis die Blätter farblos sind. ↑1 *Achtung:* Den Brennspiritus nur im Wasserbad erhitzen, nie auf offener Flamme! *Schutzbrille tragen!* Spüle die Blätter mit Wasser ab und lege sie für 15 Minuten in eine Petrischale mit Iod-Kaliumiodid-Lösung.

Auswertung: Vergleiche die beiden Blätter miteinander. Was kannst du beobachten? Erkläre.

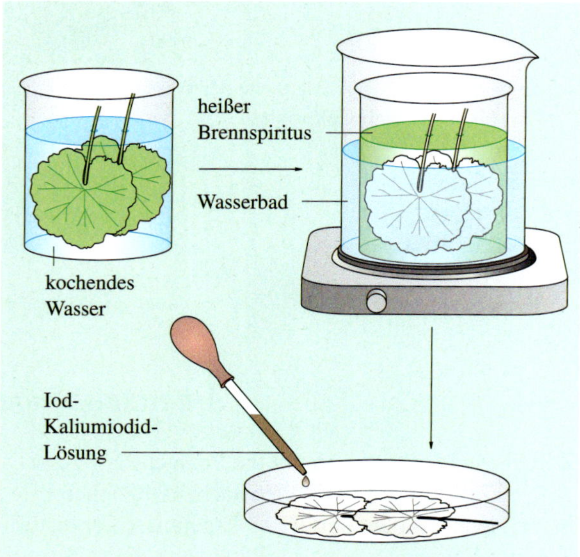

1 Untersuchung zur Stärkebildung durch Fotosynthese

2 Teilweise abgedunkeltes Laubblatt

3 Stärke ist nur in den belichteten Teilen der Laubblätter nachweisbar.

2 Einfluss der Konzentration des Kohlenstoffdioxids auf die Fotosyntheseleistung

Material: Sprosse der Wasserpest, Glasstab, Bindfaden, Becherglas, Leitungswasser, sprudelndes Mineralwasser, abgekochtes Wasser, Wasserpest, Lampe (100 Watt)

Durchführung: Fülle ein Glas mit Leitungswasser. Schneide von der Wasserpest ein 6 cm langes Sprossstück und binde es an den Glasstab. Gib diesen in das Becherglas, sodass die Schnittstelle des Sprosses nach oben zeigt. Belichte das Becherglas mit der Lampe. Nach kurzer Wartezeit steigen Sauerstoffbläschen auf. Zähle die Bläschen pro Minute über einen Zeitraum von 5 Minuten. Wiederhole den Versuch mit dem sprudelnden Mineralwasser und dem abgekochten Wasser.

Auswertung: Trage die Ergebnisse in eine Tabelle ein und deute sie. Zeichne dazu auch eine Grafik.

Beobachten Untersuchen **Experimentieren**

3 Gibt Wasserpest bei Belichtung Sauerstoff ab?

Pflanzen geben als Reaktionsprodukt der Fotosynthese Sauerstoff an die Umwelt ab. Bei Wasserpflanzen müsste dieser in Form von Gasblasen im Wasser „auftauchen“.

Experimentelle Überprüfung:
Nachdem sich das Gas in der Glasglocke angesammelt hat, kannst du mit einem glimmenden Holzspan prüfen, ob es Sauerstoff ist. ↑4, 5
Vergleiche deine Beobachtungsergebnisse mit der Vorbetrachtung.
Begründe, warum ein Aquarium, in dem man Fische halten will, auch bepflanzt wird.

4 Wasserpest wird belichtet.

5 Sauerstoffnachweis

4 Pflanzen nehmen Kohlenstoffdioxid als Nährstoff auf

Pflanzen benötigen das mit ihren Blättern aufgenommene Kohlenstoffdioxid für die Fotosynthese. Sie bilden dabei Glukose, die sie zum Teil auch in andere organische Stoffe umwandeln. Dadurch können sie wachsen. In Luft, die frei von Kohlenstoffdioxid ist, müssten die Pflanzen dagegen „verhungern“.

Experimentelle Überprüfung:
Ziehe in zwei Glasschalen oder in kleinen Blumentöpfen junge Kressepflanzen an. Stelle eines der Gefäße nach Bild ↑8 unter eine Glasglocke. (Durch die Kalilauge wird das Kohlenstoffdioxid der Luft gebunden.) Das zweite Gefäß stellst du auf das Fensterbrett. ↑6 Beobachte nach 2, 3 und 4 Tagen. Betrachte Farbe und Aussehen der Pflanzen. Miss die Längen der Sprosse und zähle die Blätter. Vergleiche die Ergebnisse und erkläre die Unterschiede. ↑6, 7

6 Normal entwickelte Keimpflanzen

7 Entwicklung von Keimpflanzen bei Kohlenstoffdioxidmangel

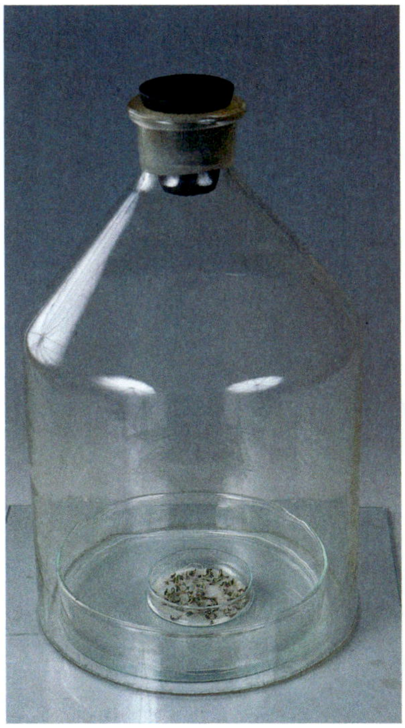

8 „Kohlenstoffdioxid-Hungerkultur“: Die Glasschale mit den Kressepflanzen steht in einer größeren Schale, die mit Kalilauge gefüllt ist.

Die Bedeutung der Fotosynthese

Weizen gehört zu den wichtigsten Nutzpflanzen auf der Erde. Wie alle Pflanzen wächst er mithilfe der Fotosynthese. Ein Teil der Energie wird in den Weizenkörnern in Form von Stärke gespeichert. Fotosynthese ist also nicht nur die Voraussetzung für das Pflanzenwachstum, sondern auch für unsere Ernährung.
Welche Bedeutung hat die Fotosynthese darüber hinaus?

1 Weizen – eine der wichtigsten Nutzpflanzen der Erde

2 Sonnenblumensamen

GRUNDLAGEN: Ökologische Bedeutung der Fotosynthese

Energiequelle Einen Teil der bei der Fotosynthese entstehenden Produkte Glukose bzw. Stärke brauchen Pflanzen als Energiequelle zum Aufbau körpereigener Substanz, also für ihr eigenes Wachstum. Außerdem werden sie für den Energiebedarf der Pflanzen und für ihre Fortpflanzung benötigt. Im ruhenden Pflanzensamen befinden sich Nährstoffe, die die Mutterpflanze mithilfe der Fotosynthese gebildet hat und die dem Keimling später zum Wachstum dienen. ↑2 Einige Pflanzen wie die Kartoffelpflanze speichern Nährstoffe in Speicherorganen, die als Reservedepot für den Winter dienen.

Leben auf der Erde Die Fotosynthese ist von zentraler Bedeutung für das Leben auf der Erde. Durch diesen Vorgang sind nur Pflanzen dazu in der Lage, Lichtenergie in chemische Energie umzuwandeln. Nur Pflanzen können also diesen Energieträger selbst herstellen: Sie sind selbsternährend (autotroph) und werden daher auch Produzenten genannt. Doch alle Lebewesen benötigen chemische Energie. Menschen und Tiere müssen die benötigten energiereichen Stoffe mit der Nahrung aufnehmen, sie sind fremdernährend (heterotroph). Man bezeichnet sie als Konsumenten. Pflanzen dienen ihnen als Nahrungsgrundlage. In Nahrungsnetzen der Ökosysteme sind Konsumenten daher von pflanzlichen Produkten direkt (Pflanzenfresser) oder indirekt (Fleischfresser) abhängig. Die in den Nährstoffen gespeicherte Energie wird von den Konsumenten teilweise in eigene Biomasse umgewandelt und so im Verlauf der Nahrungskette immer weitergegeben. Durch die Fotosynthese liefern Pflanzen auch den Sauerstoff, den Organismen für ihre Lebensprozesse benötigen. Somit stellt die Fotosynthese die Grundlage für fast alle Lebewesen auf dieser Erde da.

GRUNDLAGEN: Ökonomische Bedeutung der Fotosynthese

Energieversorgung des Menschen Seit Millionen von Jahren produzieren Pflanzen bei der Fotosynthese energiereiche organische Stoffe. In früheren Erdzeitaltern entstanden aus einem Teil dieser pflanzlichen Biomasse (abgestorbenes organisches Material) die fossilen Brennstoffe Kohle, Erdöl und Erdgas. ↑3 Von diesen fossilen Brennstoffen ist heute die Energieversorgung der Menschheit abhängig. Durch die Verbrennung fossiler Brennstoffe wird das Kohlenstoffdioxid freigesetzt, das vor Millionen Jahren durch Fotosynthese in organischen Stoffen gebunden wurde. Dieses Kohlenstoffdioxid verstärkt den Treibhauseffekt. Außerdem ist die weltweite Erschöpfung der Vorräte an fossilen Brennstoffen voraussehbar. Indem wir erneuerbare Energien wie Solar- oder Windenergie nutzen, können wir die Energieversorgung sichern und gleichzeitig nachhaltig mit der Umwelt umgehen. Aus nachwachsenden Rohstoffen wie Raps kann Biodiesel hergestellt werden. ↑4 In der jährlich weltweit durch Fotosynthese neu gebildeten Biomasse ist eine Energiemenge gespeichert, die dem Zehnfachen des gegenwärtigen menschlichen Verbrauchs entspricht.

Produktion Die Fotosynthese dient dem Stoffaufbau der Pflanzen. Die Weltbevölkerung deckt ihren Bedarf an Nährstoffen überwiegend durch den Verzehr von Kulturpflanzen wie Weizen und Reis aus der Landwirtschaft. Die Fotosynthese der Pflanzen liefert außerdem Holz, das wir für viele Produkte des täglichen Bedarfs, wie Möbel, Frühstücksbrettchen, Papier, Buntstifte bis hin zu Milchverpackungen, nutzen. Dieses Holz stammt aus Wäldern rund um den Globus. Unser Konsumverhalten kann sich also auf den Bestand weit entfernter Wälder auswirken. Vor allem die tropischen Regenwälder sind durch (illegale) Rodungen bedroht. Aber auch an den Nadelwäldern der kalten Regionen wie Sibirien und Kanada wird Raubbau betrieben.

Kurz und knapp **Die Fotosynthese ist von grundlegender Bedeutung für das Leben auf der Erde. Durch diesen Prozess ensteht pflanzliche Biomasse als Nahrungsgrundlage sowie der Sauerstoff für die Atmung. Außerdem ist die Fotosynthese Grundlage vielfältiger ökonomischer Prozesse, zum Beispiel der Energieversorgung des Menschen.**

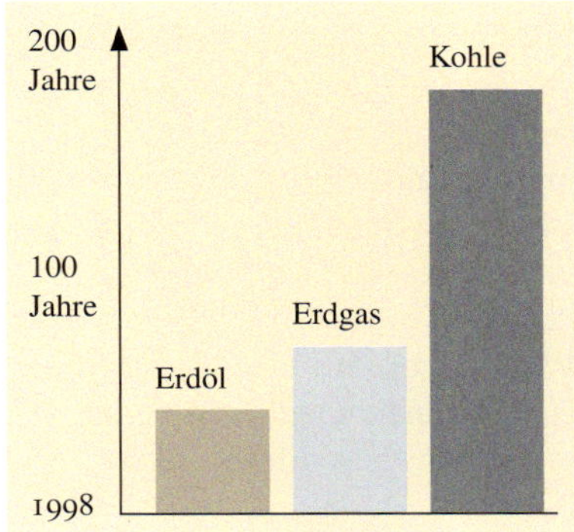

3 Prognose zur Erschöpfung der Energiereserven auf der Erde

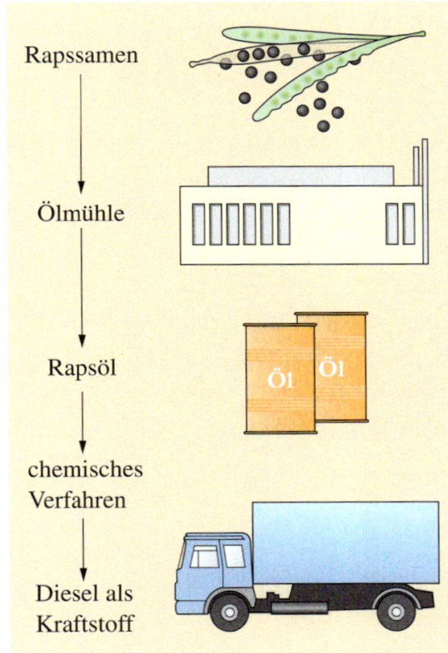

4 Herstellung von Biodiesel aus Raps

Arbeitsaufträge

1 Kohle, Erdöl und Erdgas sind Brennstoffe, deren Energie letztlich von der Sonne stammt. Erkläre.
2 Werte das Säulendiagramm auf dieser Seite aus: Ziehe Schlussfolgerungen zur Energieversorgung im kommenden Jahrhundert.
3 Erkläre, warum der Treibhauseffekt durch das Aufforsten von Wäldern vermindert werden kann.
4 Stelle Möglichkeiten zur Energieerzeugung aus nachwachsenden Brennstoffen in einer Tabelle zusammen.
5 Erläutere den Ablauf der Herstellung von Biodiesel aus Raps.
6 Sammle Pressemeldungen über die Stromerzeugung aus Windkraft und erläutere in einem Kurzvortrag deren Möglichkeiten und Grenzen.
7 Erläutere Vorgänge, bei denen in Haushalt, Technik und Industrie Kohlenstoffdioxid entsteht.
8 Unterbreite begründete Vorschläge zur Energieeinsparung in deinem privaten Haushalt.
9 Entscheide und begründe, ob Energiesparen zur Lösung des Energieproblems beitragen kann.
10 Erläutere und begründe in einem Kurzvortrag deine Vorstellungen über die zukünftige Energieversorgung in deinem Heimatgebiet.

Ein Ökosystem verändert sich – Sukzession

Früher wurden viele Hänge um Jena beweidet. Durch Nährstoffeintrag wird die Verbuschung und Bewaldung der Muschelkalksteilhänge unterstützt. Hier gibt es viele kalk- und lichtholde Orchideen.
Was passiert mit ihnen, wenn die Hänge zunehmend mehr verbuschen bzw. bewaldet werden?

1 Johannisberg

Beobachten Untersuchen Experimentieren

Manche Samen sind nicht kleinzukriegen
Reißt ein umstürzender Baum eine Lücke ins Kronendach des Waldes, schießen plötzlich Weidenröschen, Fingerhut und Gräser aus dem Boden hervor. Woher kommen diese Pflanzen?
Ein Quadratmeter Boden kann Tausende lebensfähiger Samen enthalten! Die Samen von Eichen und Buchen bleiben allerdings höchstens drei Jahre keimfähig, die vom Weidenröschen aber jahrzehntelang.

1 Samen von Pflanzen, die für Waldlichtungen typisch sind, bleiben sehr lange keimfähig. Erkläre, welchen Anpassungswert dies hat.

2 Entnimm ein wenig Waldboden von einer dicht bewachsenen, dunklen Stelle. Fülle die Erde in einen Topf, stelle ihn an einen hellen Platz und gieße regelmäßig. Beobachte und protokolliere, welche Pflanzen sich entwickeln.

Basiskonzept

Entwicklung
Nicht nur Lebewesen verändern sich. Auch Lebensräume und Ökosysteme entwickeln sich im Verlauf langer Zeiträume. Wiesen, die nicht gemäht werden, verbuschen allmählich, bis sich schließlich ein Wald entwickelt. Entwicklung ist eines der Kennzeichen des Lebendigen.

2 Weidenröschen

GRUNDLAGEN: Auch natürlicher Wald verändert sich ständig

Sukzession – wie Arten sich abwechseln Wenn Sturm, Feuer oder andere Ursachen den Bewuchs auf einer Fläche zerstören, bleibt sie nicht lange kahl. Offen liegender Boden ohne Pflanzenbewuchs kommt in der Natur fast nicht vor. Aber wo ein Stück Wald verschwindet, entsteht nicht sofort wieder Wald. Denn auf einer kahlen Fläche herrschen völlig andere abiotische Umweltbedingungen als in der Krautschicht des Waldes, wo Bäume normalerweise keimen. Auf freien Flächen gibt es viel Licht: schnell wachsende, einjährige Lichtkeimer sind hier im Vorteil.
Das Weidenröschen ist ein gutes Beispiel für eine solche Pionierart. Wenn sich allerdings auf der ehemals freien Fläche Gräser aussäen, gelangt weniger Licht zum Boden. Die Samen der Weidenröschen keimen nicht mehr. ↑2 Aber auch für die Gräser wird es bald zu schattig, sobald nämlich Samen von Weide, Birke oder Pappel aufgehen, die alle von weither anfliegen können. Im Schatten der ersten Bäume können sich dann schließlich Buchen und Eichen ansiedeln. Diese Baumarten verdrängen auf den meisten Flächen die anderen Arten. Auf der ehemals kahlen Fläche wächst dann wieder Wald wie früher. Eine solche Abfolge von Arten nach einem bestimmten Muster nennt man Sukzession. ↑1

3 Auf Brachland entwickelt sich durch Sukzession allmählich ein Wald.

Sukzession im Kleinen und im Großen Wenn ein Baum abstirbt, können Spechte darin ihre Nisthöhlen bauen, solange der Baum noch steht. Borkenkäfer und bestimmte Baumpilze besiedeln das Totholz zuerst. Sukzession findet aber auch im großen Maßstab statt. Im nördlichen Kanada ziehen sich die Gletscher zurück und geben Flächen frei, auf denen sich nach und nach Pflanzenbewuchs entwickelt. ↑3

Kultivierung verhindert manchmal die Sukzession Häufig verhindert der Mensch die natürliche Abfolge bestimmter Arten. Ein Beispiel dafür sind Wiesen: Würden sie nicht gemäht oder beweidet, könnten sich Büsche und später Bäume ansiedeln, und aus den Wiesen würden sich unweigerlich Wälder entwickeln. Denn der Wald ist für mitteleuropäische Ökosysteme meist ein stabiler Endzustand. Durch den Einfluss des Menschen kann dieser Prozess beschleunigt bzw. verlangsamt werden (z. B. durch Nährstoffeintrag bzw. Holzeinschlag). So lässt sich an den Muschelkalkhängen um Jena eine zunehmende Verbuschung bzw. Bewaldung beobachten. Um die reichhaltige Orchideenwelt zu erhalten, muss man diese fortschreitende Sukzession aufhalten. Umweltschützer beseitigen deshalb in regelmäßigen Abständen die hohe Vegetation, um die lichtliebenden geschützten Orchideenbestände zu erhalten. ↑4

Kurz und knapp **Wälder bilden Mosaike aus Kleinlebensräumen, die sich ständig verändern. Die Abfolge von Arten an einem Ort nach einem bestimmten Muster heißt Sukzession. Sukzession kann man an Kleinlebensräumen beobachten oder als Reaktion auf Störungen wie Stürme, Brände oder Klimaveränderungen.**

Schon gewusst?

Europas junge Wälder und die Eiszeit

Bis vor etwa 20 000 Jahren war ganz Thüringen von Gletschern bedeckt. Als sich die Gletscher zurückzogen, hinterließen sie nacktes Gestein. Es gab nur Sand und Geröll und keinen Boden. Nach und nach siedelten sich Flechten und Moose an. Sie schufen die Lebensgrundlage für Zwergsträucher, Stauden und Gräser. Aus diesem organischen Material bildete sich Boden, der endlich auch das Wachstum von Bäumen ermöglichte. Vor 12 000 Jahren wuchsen die ersten Birken und Kiefern. Nach erdgeschichtlichen Maßstäben ist unser Wald also noch jung.

4 Orchideen – hier eine Fliegenragwurz – benötigen viel Licht.

Arbeitsaufträge

1 In Mitteleuropa würde auf den meisten Flächen Wald wachsen, wenn der Mensch nicht eingreift. Finde Gründe dafür, warum Waldbäume wie Buche oder Eiche andere Pflanzenarten verdrängen.

2 Betrachte Bild ↑4. Woher kommt der Name dieser Orchidee? Erläutere die biologische Bedeutung dieser Blütenausprägung.

Thüringen – Wälder so weit das Auge reicht

Biosphärenreservat Vessertal Biosphärenreservate sind großzügige Landschaftsräume, die nach dem UNESCO-Programm „Mensch und Biosphäre" ausgewählt und unter Schutz gestellt werden. Im Vessertal gibt es verschiedene Schutzzonen, die nach ökologischen und landschaftstypischen Landnutzungsformen bewirtschaftet werden. Die Kulturlandschaft bleibt durch nachhaltige Nutzung erhalten. Das Vessertal ist seit 1979 Biosphärenreservat und gilt damit als eines der ältesten in Deutschland. Seine Verwaltung befindet sich in Schmiedefeld am Rennsteig.

1 Feuersalamander

2 Roter Fingerhut

3 Grünwidderchen auf Blüte

4 Steinerne Rose bei Saalburg – ein geologisches Denkmal

Naturpark Obere Saale/Thüringer Schiefergebirge Der Naturpark ist mit einer Fläche von 82 800 Hektar einer der größten Deutschlands. Er gliedert sich in die fünf Regionen: Ostthüringer Schiefergebirge/Vogtland, Plothener Teichgebiet, Oberes Saaletal, Schwarza-Sormitz-Gebiet und Hohes Thüringer Schiefergebirge. Sitz der Naturparkverwaltung ist Leutenberg. Naturparks sind großräumige Gebiete, die überwiegend aus Wald bestehen und wegen ihrer natürlichen Eigenart und Schönheit besonders für die Erholung geeignet sind. Sie sind häufig ausgewiesene Landschaftsschutz- und Naturschutzgebiete.

5 Baumkronenpfad im Hainich

6 Haubenmeise

7 Wildkatze

Nationalpark Hainich Der Nationalpark Hainich ist das größte zusammenhängende Laubwaldgebiet Deutschlands und der einzige Nationalpark in Thüringen. Er wurde 1997 gegründet und liegt im Städtedreieck Eisenach, Bad Langensalza und Mühlhausen. Neben häufigen Tier- und Pflanzenarten wie Haubenmeise, Grünwidderchen oder Roter Fingerhut kann man mit viel Glück sogar die scheue Wildkatze entdecken. Wildkatzen benötigen für ihre Jagd großflächige und überwiegend bewaldete Gebiete. Der Nationalpark Hainich ist daher ein idealer Lebensraum für den scheuen Jäger. Eine weitere Attraktion ist der Baumkronenpfad, der sich 40 Meter hoch durch die Baumkronen alter Buchen schlängelt.

Arbeitsaufträge

1 Vergleiche die verschiedenen Schutzgebiete Nationalpark, Biosphärenreservat und Naturpark miteinander. Nutze dafür auch die Webpräsenz der hier vorgestellten Schutzgebiete und Fachliteratur.

2 Nenne weitere großflächige Waldgebiete in Thüringen und beschreibe, wo sie genau liegen.

3 Was verstehst du unter Landschafts- und Naturschutzgebieten?

4 Nenne zwei Naturschutzgebiete in deiner näheren Umgebung und ordne ihnen charakteristische Tier- und Pflanzenarten zu.

Wälder benötigen Schutz

In Deutschland werden Wälder zwar zunehmend nachhaltig bewirtschaftet, doch sind die Bäume dennoch gefährdet.
Woran erkennt man kranke Bäume? Die Nadeln geschädigter Bäume sind häufig kleiner und gelblich gefärbt. Bei gesunden Nadelbäumen dagegen sind die Nadeln an den Zweigen so dicht, dass der Stamm kaum sichtbar ist. Bei geschädigten Laubbäumen sind die Blätter gelb und fallen sogar bereits im Sommer ab.

1 Gesunde und kranke Zweige einer Tanne

GRUNDLAGEN: Auch einheimische Wälder sind bedroht

2 Kastanie, von Miniermotte befallen

Luftschadstoffe und saurer Regen In den 1980er Jahren sprach man erstmals vom „Waldsterben". Auch wenn dieser Begriff heute nicht mehr verwendet wird, hat sich der Zustand des Waldes seitdem kaum verbessert. Zwar ist die direkte Schadwirkung durch den sogenannten sauren Regen auf Wälder nach neusten Forschungserkenntnissen umstritten, doch hat der niedrige pH-Wert des Regens indirekte Wirkung auf den Wald. Der saure Regen beeinflusst die Löslichkeit von Mineralstoffen im Boden, die für das Baumwachstum wichtig sind. Bäume können dann weniger Wasser und Mineralstoffe aufnehmen, was besonders bei heißen Sommern und langen Wintern zu Schäden führt. Heute werden die Schwefel- und Stickstoffoxide aus den Abgasen von Industrie, Kraftwerken und Autos, die den sauren Regen verursachen, weitgehend herausgefiltert.

Schadstufe 0	Schadstufe 1	Schadstufe 2	Schadstufe 3
ohne Schadmerkmale; Nadelverlust 0–10 %	schwach geschädigt; Nadelverlust 11–25 %	mittelstark geschädigt; Nadelverlust 26–60 %	stark geschädigt; Nadelverlust 61–99 %

3 Die verschiedenen Schadstufen bei der Fichte

Stürme, Trockenheit und Schädlinge Anfang des Jahres 2007 fegte der Orkan Kyrill über Europa. Er zerstörte nicht nur Wälder, sondern kostete sogar Menschenleben. Neben dem Windbruch stellt besonders die Trockenheit der heißen Sommer eine Gefahr für den Wald dar. Durch Sturm, Trockenheit und Schadstoffe werden Bäume geschwächt, sodass sie sich schlecht gegen Schädlinge wehren können. So bedrohen die Miniermotte Kastanienbestände, ↑2 der Fichtenborkenkäfer Fichten, der Frostspanner die Eichen und der Buchenspringrüssler die Buchen.

Anfälligkeit von Monokulturen Für die Holz- und Papierproduktion werden oft Reinbestände, also Monokulturen, angelegt. Das sind Wälder, die aus nur einer Baumart bestehen. Meist pflanzt man Kiefern oder Fichten, die schnell und gerade wachsen und keine hohen Ansprüche an den Boden stellen. Allerdings sind Fichten- und Kiefernforste sehr anfällig für Sturmschäden, weil sie keinen Saum aufweisen. ↑3 Schädlinge können sich hier aufgrund des gleichmäßigen Nahrungsangebots schnell ausbreiten. Zudem finden Fressfeinde der Schadinsekten in Monokulturen oft keinen Lebensraum.
Zur Schädlingsbekämpfung werden häufig noch Insektizide eingesetzt, die manchmal aber auch Nützlinge vernichten, zum Beispiel Insekten, die für die Bestäubung der Pflanzen der Krautschicht wichtig sind. Oft werden zur Bekämpfung auch Pheromonfallen verwendet: Sie enthalten Sexuallockstoffe bestimmter Insekten wie des Fichtenborkenkäfers. So können Schadinsekten artspezifisch bekämpft werden. ↑4

Waldbrände Während im Regenwald Brände absichtlich gelegt werden, um Ackerland zu gewinnen, entstehen in Europa und Nordamerika viele Brände während der Trockenphasen oft unabsichtlich durch Lagerfeuer, heiße Motoren abgestellter Fahrzeuge, weggeworfene Zigarettenkippen oder Streichhölzer.

Kurz und knapp **Unsere Wälder sind durch Luftschadstoffe, Trockenheit, Stürme und Schädlinge gefährdet. Häufig werden Monokulturen angepflanzt, die besonders anfällig für Schädlingsbefall und Sturmschäden sind.**

Schon gewusst?

Nützliches Feuer
Feuer kann für Pflanzen und Tiere auch nützlich sein. Manche Arten, wie der Mammutbaum in Kalifornien, öffnen bei Feuer ihre Zapfen. So können ihre Samen auf dem mineralstoffreichen Ascheboden keimen. Greifvögel warten manchmal vor einem brennenden Wald, um flüchtende Tiere als Beute zu schlagen. Einige Insekten wie der Schwarze Kiefernprachtkäfer benötigen verbranntes Holz zur Vermehrung.

4 Pheromonfalle

Arbeitsaufträge

1 Beschreibe die Merkmale der verschiedenen Schadstufen. ↑1, 3
Sucht pro Schüler eine Fichte in eurer Schul- oder Wohnumgebung und schätzt ein, wie stark geschädigt der Baum ist. Tragt eure Ergebnisse zusammen. Was könnt ihr über die Schädigung der Bäume in eurer Umgebung aussagen?
2 Finde heraus, worin die Schadwirkung des Fichtenborkenkäfers besteht. ↑5
3 Erkläre, warum Monokulturen besonders anfällig für Schädlingsbefall sind.
4 Erkläre, weshalb vor allem Fichtenreinbestände durch den Sturm Kyrill im Jahr 2007 zerstört wurden.
5 Erläutere, welchen Einfluss der Mensch auf den Wald hat.

5 Fichtenborkenkäfer und Fraßgänge

Die Bedeutung des Waldes

Der kleine Bergbauernhof ist verschwunden: eine Gerölllawine hat sich den Berg hinuntergeschoben, wo im Herbst Waldabschnitte neuen Skiliften Platz gemacht haben. Den Hof hat sie unter sich begraben.
Eine Laune der Natur? Wodurch hat der Wald den Bauernhof zuvor geschützt? Welche Funktionen erfüllt der Wald für den Menschen noch?

1 Wo der Bergwald fehlt, ist die Gefahr für Geröllawinen erhöht.

Beobachten Untersuchen Experimentieren

Erholung für jedermann

Wälder sind nicht nur Lebensraum für Pflanzen und Tiere, sondern erfüllen wichtige Funktionen für die Umwelt und die Menschen.

Informiert euch im Internet über Urlaubsziele, die mit dem Erholungswert ihrer Wälder werben. Womit werben sie? Welche positiven Effekte auf den Menschen heben sie hervor? Erklärt mithilfe des Infotextes.

Eine 100-jährige Rotbuche hat etwa 600 000 Laubblätter. Damit verdunstet sie am Tag etwa 400 l Wasser und produziert so viel Sauerstoff, wie ihn 10 Menschen täglich zum Atmen brauchen (etwa 9 100 l). Im Jahr bindet sie ungefähr 700 kg Staub.

GRUNDLAGEN: Der Wald nützt und schützt

2 Stark durchwurzelter Waldboden

Schutzfunktion Ein intakter Wald hält mit seinen Wurzeln den Boden fest. ↑2 Das Regenwasser fließt dann nicht ungehindert oberflächlich ab, sondern versickert durch die Poren des Bodens ins Grundwasser. Im Gebirge hält der Bergwald Lawinen und Steinstürze auf.
Der Wald sorgt außerdem für ein ausgeglichenes Klima. Die Blätter nehmen Kohlenstoffdioxid auf, das zum Aufbau energiereicher Stoffe verwendet wird. Beim Aufbau des Holzes wird Kohlenstoff gespeichert und so der Atmosphäre entzogen. Dadurch sinkt der Anteil des Treibhausgases Kohlenstoffdioxid in der Atmosphäre. Die Blätter filtern den Staub aus der Luft und reinigen sie auf diese Weise. Der Wasserdampf, den sie durch Transpiration an die Luft abgeben, erhöht die Luftfeuchtigkeit in der Umgebung und fördert die Wolkenbildung und den Niederschlag.

Nutzfunktion Fast alle unsere Wälder werden forstwirtschaftlich genutzt. Das Holz wird in der Bau-, Möbel- und Papierindustrie verwendet, sodass Einkommen für die Waldbesitzer und Arbeitsplätze entstehen. Holz dient aber auch zunehmend, vor allem in Form von Pellets, als Brennstoff moderner Heizanlagen. ↑3 Der Wald ist darüber hinaus ein wichtiger Trinkwasserspeicher und Sauerstoffproduzent.

Erholungsfunktion In Deutschland leben die meisten Menschen in Ballungsräumen und nutzen den Wald zur Erholung und Entspannung. Auch Naturschutzgebiete dürfen betreten werden, sofern gewisse Verhaltensregeln beachtet werden. So können die Menschen im Wald die Bedeutung von Natur- und Artenschutz erkennen.

Kurz und knapp **Der Wald ist nicht nur für die darin lebenden Tier- und Pflanzenarten wichtig, sondern auch für den Menschen. Er besitzt vielfältige Schutz-, Nutz- und Erholungsfunktionen.**

3 Holzpellets – eine Alternative zu Heizöl und Gas

Arbeitsaufträge

1 Der Wald erfüllt wichtige Schutzfunktionen für die Umwelt. Ergänze die Tabelle.

Schutzfunktion des Waldes	*Intakter Wald*	*Gerodete Fläche*
Grundwasserstand	*hoch*	*niedrig*
oberirdischer Abfluss		
Auswaschung von Mineralstoffen		
Zerstörung durch Wasser		
Hochwassergefahr		
Reinhaltung der Atmosphäre		

2 Ballungsräume und ausgedehnte Waldgebiete sind durch Luftströmungen miteinander verbunden. ↑4 Beschreibe die Eigenschaften der Luftmassen, die vom Wald und vom Ballungsraum ausgehen. Welche Funktion hat dieser Kreislauf? Könnten daraus auch Gefahren entstehen?

4 Luftzirkulation Ballungsraum – Wald

3 Die wichtigsten Einzugsbereiche des Trinkwassers liegen in Waldgebieten. Begründe.

4 Wenn starke Überschwemmungen eintreten, sind die Flüsse meist braun und trübe. Erkläre.

5 Informiere dich darüber, was der Begriff „Nachhaltigkeit" bedeutet. Erkläre in diesem Zusammenhang, weshalb Holz ein klimaneutrales Heizmittel ist.

6 Die verschiedenen Funktionen des Waldes können zu Konflikten führen. Zähle einige auf und schlage Lösungen vor.

7 20 Prozent des jährlich geschlagenen Baumbestands werden zur Papiergewinnung verwendet. Informiere dich mithilfe des Internets, wo das Holz für unser Papier herkommt und welche Probleme hierdurch auftreten.

Methode

Entdeckungstour durch das Ökosystem Wald

Lufttemperatur, Luftfeuchtigkeit, Lichtstärke und Windgeschwindigkeit kann man messen

1 Material: ein Luftthermometer, Hygrometer, Luxmeter oder einen fotografischen Belichtungsmesser
Bestimme Lufttemperatur, Luftfeuchtigkeit, Lichtstärke und Windgeschwindigkeit am Waldrand und im Waldinnern. Schätze die Windgeschwindigkeit mithilfe der Beaufort-Skala. Zum Messen der Lichtstärke hältst du das Luxmeter so gegen den Himmel, dass du keinen Schatten darauf wirfst. Lies die Werte auf allen Messgeräten erst dann ab, wenn sie sich nicht mehr verändern.

2 Vergleiche die Temperatur, Windgeschwindigkeit und Lichtstärke innerhalb und außerhalb des Waldes. Untersuche den Einfluss der Windgeschwindigkeit auf die Luftfeuchtigkeit. Was fällt dir auf?

Beobachtung	Windgeschwindigkeit (m/s)
Blätter völlig ruhig	0–1,5
Blätter und dünne Zweige zeitweise bewegt	1,8–3,3
Blätter und dünne Zweige immer bewegt	3,4–5,2
kleine Bäume schwanken	5,3–7,4
stärkere Äste bewegen sich	7,5–9,8

Beaufort-Skala

1 Richtiges Aufhängen des Thermometers zur Messung der Lufttemperatur

2 Das Hygrometer liefert Daten über die Luftfeuchtigkeit.

Bodenfeuchtigkeit und Bodentemperatur

Bodenfeuchtigkeitsmessungen können im Freiland mit der Fingerprobe erste einfache Hinweise ergeben. Eine Handvoll Boden wird zusammengepresst und nach folgenden Gesichtspunkten beurteilt. Unmittelbar nach dem Regen ist diese Prüfung nicht durchzuführen.

Fingerprobe	Feuchtigkeitsgrad
Bei Entnahme der Probe tropft Wasser ab.	nass
Beim Zusammendrücken der Probe tropft Wasser ab.	sehr feucht
Es tropft kein Wasser ab, der Boden fühlt sich feucht an.	frisch
Der Boden fühlt sich trocken an, Erdbrocken sind innen dunkel gefärbt.	trocken
Der Boden fühlt sich trocken an, Erdbrocken sind innen nicht dunkel gefärbt.	dürr

Bodentemperaturen werden mit Bodenthermometern in 5–10 cm Tiefe gemessen. Dazu bohrt man in den Boden entsprechend tiefe Löcher, in die die Thermometer gesteckt werden. Das Loch ist während des Messens mit Boden zu verschließen.

3 Messen der Bodentemperatur mit Bodenthermometern

Entdeckungstour durch das Ökosystem Wald

Ist der Boden besonders kalkhaltig?

1 Material: mehrere Uhrgläschen, verdünnte Salzsäure, Pipetten, Spatel
Bringe 2 Spatelspitzen einer Bodenprobe auf ein Uhrglas. Füge 5 Tropfen verdünnte Salzsäure hinzu und beobachte. Schätze den Kalkgehalt nach der Tabelle.

Beobachtung	Kalkgehalt	Beurteilung des Bodens
kein Aufbrausen	< 1 %	kalkfrei bis kalkarm
schwaches Aufbrausen	1–3 %	schwach kalkhaltig
kurzes deutliches Aufbrausen	3–5 %	kalkhaltig
anhaltendes Aufbrausen	über 5 %	stark kalkhaltig

4 Bestimmung des Kalkgehalts einer Bodenprobe

Bestimmte Pflanzen zeigen bestimmte Bodenverhältnisse an

Anhand des Vorkommens mancher Pflanzenarten lassen sich auf relativ einfache Weise wichtige abiotische Faktoren abschätzen, ohne aufwendige Bodenanalysen durchführen zu müssen. Diese Pflanzen nennt man Zeigerpflanzen. Zeigerpflanzen gibt es zum Beispiel für die Lichtstärke am Boden, den Stickstoffgehalt, die Feuchtigkeit und den Säuregehalt des Bodens.

Zeigerarten des Waldes	Lichtstärke am Boden	Stickstoffgehalt des Bodens	Feuchtigkeit des Bodens	Säuregehalt des Bodens
Adlerfarn	6	3	6	3
Aronstab	3	8	7	7
Bärlauch	2	8	6	7
Große Brennnessel	7	8	5	–
Heidelbeere	5	3	–	2
Kleines Springkraut	4	6	5	–
Leberblümchen	4	–	4	7
Lerchensporn	3	8	6	8
Scharbockskraut	4	7	6	7
Schlängelschmiele	6	3	–	2
Waldmeister	2	5	5	–
Waldschachtelhalm	3	4	6	3
Waldwachtelweizen	4	2	5	2
Weiße Hainsimse	4	4	–	3
– keine Zeigereigenschaft	2 stark schattig 3 schattig 5 halb schattig 7 sonnig	2 sehr arm 3 arm 5 mäßig arm 7 reich 8 sehr reich	3 trocken 5 frisch 7 feucht	1 extrem sauer 3 sauer 5 mäßig sauer 7 neutral 8 basisch

5 Der Aronstab wächst auf feuchtem Boden.

6 Die Brennnessel – ein guter Stickstoffanzeiger

Überblick

Der Wald als Ökosystem
Ein Ökosystem setzt sich aus den Lebewesen (Biozönose) und ihrem Lebensraum (Biotop) zusammen. Zu den Lebewesen gehören Tiere, Pflanzen, Pilze und Mikroorganismen. Auf sie wirken sowohl biotische als auch abiotische Umweltfaktoren wie Temperatur, Wind, Boden und Luftfeuchte. Biotische Faktoren sind zum Beispiel Parasiten, Nahrungskonkurrenten und Fressfeinde. Wald ist nicht gleich Wald. So sind natürliche Wälder, naturnahe Wälder und Forste zu unterscheiden.

Räumliche und zeitliche Strukturierung
Im Wald kann man eine räumliche Struktur (Stockwerke) erkennen, die aus Moosschicht, Kraut-, Strauch- und Baumschicht besteht. Besonders naturnahe Wälder bieten in ihren einzelnen Stockwerken vielen Lebewesen günstige Lebensbedingungen. Sie sind deshalb artenreiche Ökosysteme.
Im Jahresverlauf kann man auch eine zeitliche Strukturierung des Waldes erkennen. Es gibt den Frühlings-, Sommer-, Herbst- und Winteraspekt. ↑1

Fotosynthese
Die Pflanzen wandeln in den Chloroplasten unter der Einwirkung von Lichtenergie die anorganischen Stoffe Kohlenstoffdioxid und Wasser in den energiereichen organischen Stoff Glukose um. Gleichzeitig entsteht lebensnotwendiger Sauerstoff, der an die Umwelt abgegeben wird.

Nahrungsbeziehungen und Stoffkreisläufe
Lebewesen des Waldes sind auf bestimmte Ernährungsweisen spezialisiert. Zwischen den einzelnen Lebewesenarten bestehen Nahrungsabhängigkeiten, die sich in Form von Nahrungsketten und Nahrungsnetzen darstellen lassen. Am Anfang einer Nahrungsbeziehung stehen immergrüne Pflanzen, die Produzenten. Pflanzen dienen Konsumenten (vorwiegend Tieren) als Nahrungsgrundlage. Destruenten sind Mikroorganismen und Pilze. Sie zersetzen tote Tiere und Pflanzen. Dadurch entsteht ein Kreislauf. Auf jeder Ernährungsebene geht Energie verloren. ↑2

Bedeutung des Waldes
Der Wald erfüllt sehr viele Funktionen für Mensch und Tier. Er hat eine Nutzfunktion, denn er ist Lebensraum und Ernährungsgrundlage für viele Tiere. Der Mensch nutzt Wälder forstwirtschaftlich zum Beispiel für die Möbel- und Bauindustrie. Wälder sind Sauerstoffspender und Wasserspeicher. Sie filtern außerdem Staub. Der Wald dient dem Schutz vor Bodenerosion, denn die Wurzeln der Bäume durchwachsen den Erdboden und geben dadurch Halt. Im Wald ist es kühl und feucht. Hier herrscht ein ausgeglichenes Klima mit einer hohen Luftfeuchtigkeit. Besonders in Ballungsgebieten wie großen Städten sind Wälder von hohem Erholungswert für den Menschen.

1 Winteraspekt im Buchenwald

2 Stoffkreisläufe

1 Erläutere den Begriff Ökosystem am Beispiel Wald.
2 Nenne drei biotische und drei abiotische Umweltfaktoren, die im Wald von Bedeutung sind.
3 Erläutere anhand von Bild ↑3, wie die verschiedenen Umweltfaktoren auf das Reh wirken.
4 Im Wald gibt es eine deutliche räumliche Schichtung (Stockwerke). ↑4
a Benenne die Schichten 1–4.
b Ordne jeder Schicht zwei Tierarten und zwei Pflanzenarten zu.
c Diskutiere in der Gruppe, ob in allen Wäldern/Forsten diese räumliche Schichtung besteht.
5 Erstelle eine viergliedrige Nahrungskette für das Ökosystem Wald.

4 Stockwerke im Wald

3 Einflüsse auf ein Reh

6 Erkläre, was du unter Produzenten, Konsumenten und Destruenten verstehst.
7 Pflanzen produzieren mithilfe des Sonnenlichts Glukose und Sauerstoff.
a Wie heißt dieser Vorgang und wo findet er statt?
b Nenne die Ausgangsstoffe und Endprodukte diese Vorgangs.

8 Beschreibe die Nahrungspyramide in Bild ↑5.
a Erstelle anhand dieser Nahrungspyramide und den darin abgebildeten Pflanzen und Tieren zwei Nahrungsketten.
b Verbinde die zwei Nahrungsketten zu einem Nahrungsnetz.
9 Könnte man sagen, dass sich alle Tiere von Sonnenlicht ernähren? Diskutiere diese Aussage.
10 Erläutere den Begriff Sukzession am Beispiel Wald.
11 Erläutere die Bedeutung des Waldes für den Menschen.

5 Nahrungspyramide

1 Gewächshäuser sind kostspielig in der Anschaffung und Unterhaltung. Warum lohnt es sich trotzdem, sie zu betreiben?

Anwendung biologischer Erkenntnisse in der Praxis

Landwirte bearbeiten den Boden, düngen auf verschiedene Weise und setzen Chemikalien (Biozide) gegen Schädlinge ein. Im Wald wachsen die Pflanzen aber auch ohne diese Maßnahmen.

2 Würde das Getreide auch ohne Dünger wachsen?

3 Warum pflügt der Bauer den Boden?

4 Weshalb schützt ein Forstwirt Ameisen, lässt totes Holz liegen und ist an Artenvielfalt im Wald interessiert?

Felder und Forste sind Monokulturen. Sie lassen sich gut bearbeiten und die Ernte ist maschinell möglich. Warum setzen Bauern immer mehr auf ökologischen Landbau?

5 Wie helfen die Greifvögel dem Bauern?

6 Kartoffeln aus Grönland? Wie wirkt sich der Klimawandel auf die Landwirtschaft aus?

7 Regenwälder sind wichtig für unser Klima. Deshalb muss man sie schützen. Was hat das mit FSC-Etiketten zu tun?

Abhängigkeit der Fotosynthese von Umweltfaktoren

Viele Nutzpflanzen werden in Gewächshäusern angebaut. Dort wachsen Pflanzen schneller, da ihnen optimale Bedingungen zum Leben geboten werden. Welche Faktoren sind das? Und welche Auswirkung haben sie auf die Fotosynthese der Pflanze?

1 Gewächshaus

GRUNDLAGEN: Licht, Kohlenstoffdioxidkonzentration und Temperatur

Umweltfaktoren beeinflussen die Fotosynthese Wie ergiebig der Ertrag einer Nutzpflanze in der Landwirtschaft ist, hängt von der Pflanzenart und von der Fotosyntheseleistung ab. Das bedeutet, durch Fotosynthese müssen ausreichend Stoffe zum Wachstum der Pflanze und zum Aufrechterhalten ihrer Lebensprozesse produziert werden. Die Fotosynthese wird von den Umweltfaktoren Licht, Kohlenstoffdioxid und Temperatur beeinflusst. Pflanzenarten sind angepasst. Deshalb benötigen unterschiedliche Pflanzenarten auch unterschiedliche Bedingungen in ihrer Umwelt. So würde zum Beispiel eine Wüstenpflanze in der Arktis erfrieren. Dagegen könnten bestimmte arktische Flechtenarten in heißen tropischen Gebieten nicht wachsen. Andere Pflanzenarten wie zum Beispiel Gräser benötigen sonnige Standorte. Wiederum andere Pflanzenarten wie die Pfingstrose bevorzugen schattige Standorte.

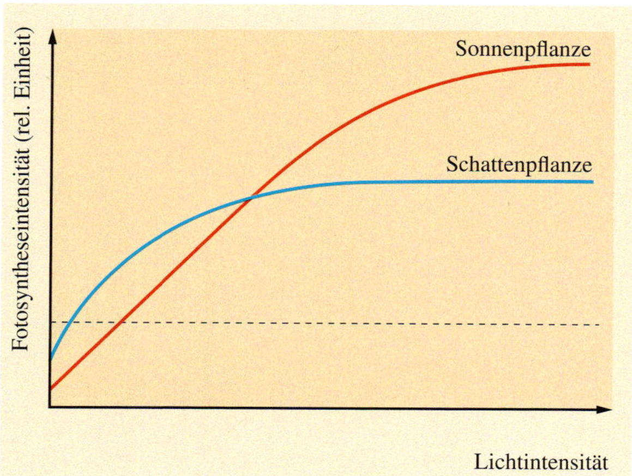

2 Fotosyntheseintensität in Abhängigkeit von der Lichtintensität

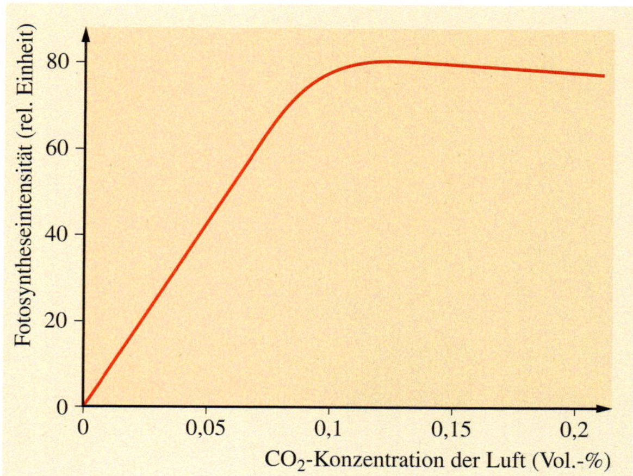

3 Fotosyntheseintensität in Abhängigkeit von der CO_2-Konzentration

Licht, Kohlenstoffdioxidkonzentration und Temperatur Durch Lichtenergie können Pflanzen mittels Fotosynthese Glukose aufbauen. Mehr Licht kann zwar die Fotosynthese ankurbeln, aber wenn alle Chloroplasten ausgelastet sind, wird auch nicht mehr Lichtenergie aufgenommen. Das bedeutet, die Pflanze kann die Lichtenergie nur bis zu einer bestimmten Menge nutzen. Vergleichbares gilt auch für das Kohlenstoffdioxid. Auch die Temperatur hat Einfluss. Pflanzen wachsen schneller, wenn die Außentemperatur erhöht wird. Ab einer bestimmten Temperatur sinkt die Fotosyntheseleistung der Pflanzen, bis die Pflanze bei einer bestimmten Temperatur ihr Wachstum einstellt. ↑4

Bedeutung für Landwirtschaft und Gartenbau In der Landwirtschaft nimmt man Einfluss auf die Umweltfaktoren, um dadurch einen höheren Ertrag zu erreichen. In Gewächshäusern gelingt das besonders gut. Durch geregelte Zusatzbeleuchtung, Heizung, Kohlenstoffdioxidbegasung und Bewässerung werden optimale Bedingungen für die Pflanzen geschaffen. Deshalb können auch im Winter Gemüse und Obst gezüchtet werden. In botanischen Gärten versucht man die Wachstumsbedingungen so zu optimieren, dass außergewöhnliche Pflanzen zu Forschungszwecken oder für Besucher gezüchtet werden können. ↑5

Schon gewusst?

Eine 100-jährige Rotbuche hat etwa 600 000 Laubblätter. Damit stellt sie täglich so viel Sauerstoff her, wie 10 Menschen an einem Tag zur Atmung brauchen (etwa 9 000 Liter). ↑6

6 Rotbuche

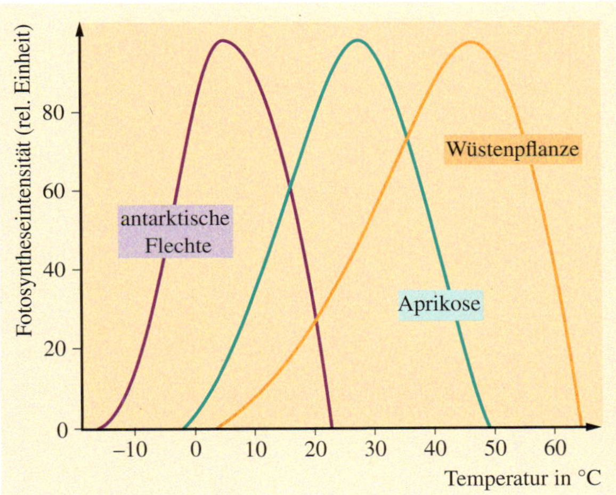

4 Fotosyntheseintensität in Abhängigkeit von der Temperatur

5 Botanischer Garten in Jena

Kurz und knapp **Die Fotosynthese kann durch verschiedene Umweltfaktoren wie Licht, Temperatur und Kohlenstoffdioxidkonzentration der Luft beeinflusst werden. Das nutzt man in der Landwirtschaft und im Gartenbau.**

Arbeitsaufträge

1 Interpretiere die Grafiken in den Bildern ↑2 und ↑3.

2 Begründe, warum Gewächshäuser mit Beschattungsanlagen und Zusatzbeleuchtung ausgerüstet werden.

3 Orchideen wachsen in ihrer natürlichen Umwelt häufig in Astgabeln von Regenwaldbäumen. Begründe, warum Orchideen hell, aber nicht am Fenster nach Süden aufgestellt werden sollen.

4 Formuliere die Summengleichung der Fotosynthese.

Wirtschaftlich genutzte Ökosysteme

In Deutschland gibt es kaum noch natürliche Ökosysteme, da der Mensch auf sie Einfluss genommen, sie verändert hat und aus ihnen Nutzen zieht. Wenig beeinflusste Ökosysteme bezeichnet man als naturnah. Eine Vielzahl von Ökosystemen wird wirtschaftlich genutzt. Dazu gehören z. B. der Forst und das Feld.
Wie unterscheiden sich natürliche bzw. naturnahe von intensiv genutzten Ökosystemen?

1 Eine Fichtenmonokultur

GRUNDLAGEN: Forst und Feld – vom Menschen beeinflusste Ökosysteme

Artenanzahl in zwei Wäldern

Organismen	Buchenwald	Fichtenforst
Regenwürmer	4	1
Spinnen	93	78
Hundertfüßer	7	4
Laufkäfer	26	13
Marienkäfer	14	6
Vögel	16	9
Spitzmäuse	1	2

Schlagreife verschiedener Bäume

Fichte	80–120 Jahre
Buche, Eiche	120–250 Jahre

Forst Als Forste bezeichnet man angepflanzte Wirtschaftswälder, die möglichst schnell Holz produzieren sollen. Meistens wählt man nur eine Baumart. Man spricht daher von Monokulturen. Häufig werden Nadelbäume gepflanzt, weil diese schneller als Laubbäume in die Höhe wachsen und weniger Seitenäste ausbilden. Man fördert diese Wuchsform noch, indem man die Bäume sehr dicht anpflanzt. Dadurch ist es im Waldesinnern – vor allem unter Fichten – so dunkel, dass sich Stockwerke oder eine Krautschicht kaum ausbilden können. Fichtennadeln sind nur schwer zersetzbar. Darunter versauern die Böden und die Bodenorganismen werden geschädigt. Die Wälder werden gedüngt und oft mit Pestiziden behandelt. Sie beherbergen weniger Tierarten als Mischwälder.

Intensivlandwirtschaft Sie ist darauf ausgerichtet, eine hohe Produktivität in Monokulturen zu erzielen. Dies kann nur durch die Bearbeitung großer Felder, den Einsatz von künstlich hergestellten Mineraldüngern sowie den Einsatz von Schädlingsbekämpfungsmitteln (Insektiziden und Pestiziden) gegen Pflanzenschädlinge und Wildkräuter erreicht werden. Durch den Einsatz schwerer Maschinen wird der Boden verdichtet. Natürliche Ökosysteme würden ohne Düngung auskommen, da sie geschlossene Stoffkreisläufe aufweisen. In der Intensivlandwirtschaft werden durch die Ernte Früchte, Samen, Laubblätter und Sprossachsen entfernt, sodass der natürliche Kreislauf unterbrochen ist. Fehlende Mineralstoffe müssen dem Boden durch Düngung zugeführt werden. In der Kürze der Vegetationsperiode ist es in Monokulturen kaum möglich, ein biologisches Gleichgewicht zwischen Produzenten und Konsumenten aufzubauen. Nahrungsketten und Nahrungsnetze sind verkürzt, da die Felder u. a. wenig strukturiert sind. Es kann zur Massenvermehrung von Pflanzenschädlingen kommen.

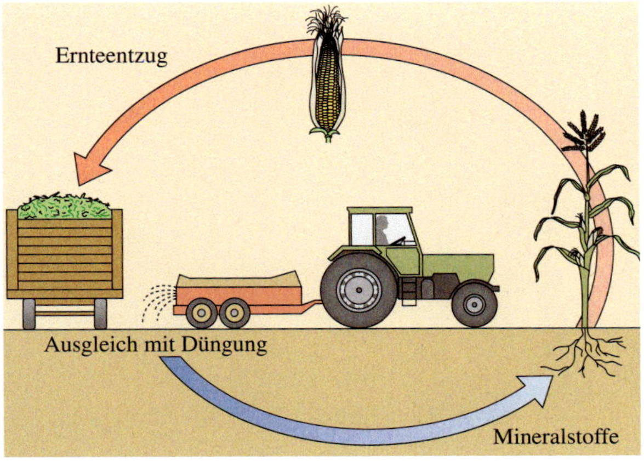

2 Intensivlandwirtschaft

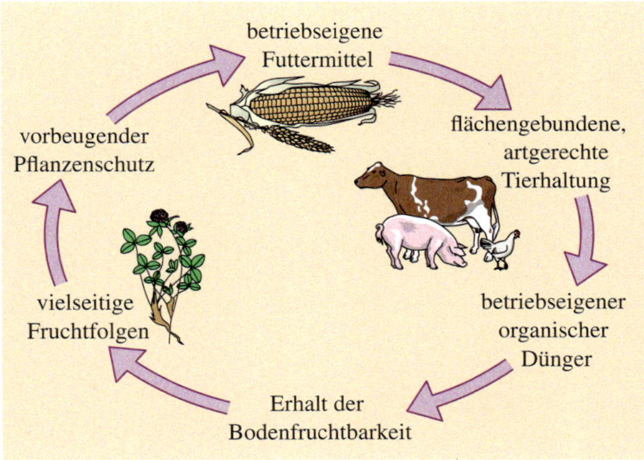

3 Wirtschaftsweise Ökolandbau

Ökologische Landwirtschaft Eine Alternative zur Intensivlandwirtschaft bildet die ökologische Landwirtschaft, die immer mehr Verbreitung findet. Sie ist darauf ausgerichtet, eine ausreichende Produktivität zu erzielen. Diese Form der Landwirtschaft strebt an, natürliche Stoffkreisläufe aufzubauen. Auf Monokulturen wird verzichtet. Auch der Einsatz von synthetischem Dünger, Schädlingsbekämpfungsmitteln, Pilz- und Unkrautvernichtungsmitteln sowie gentechnisch veränderten Pflanzensorten wird abgelehnt. Die Bodenbearbeitung erfolgt ohne schweren Maschineneinsatz. Mineralstoffe werden dem Boden durch Mist, Gülle, Kompost bzw. Gründüngung zurückgegeben. Die Ansiedlung von natürlichen Feinden der Pflanzenschädlinge erhöht den Ertrag. Beispielsweise werden Marienkäfer und ihre Larven gegen Blattläuse eingesetzt. Die Verwendung von Pflanzenpräparaten wie Brennnesseljauche oder Schachtelhalm- bzw. Algenextrakten hilft gegen Pilzbefall. Zur Vermeidung von Krankheiten und Schädlingen werden bewährte und robuste Sorten angepflanzt.

Kurz und knapp **Forste und Felder sind wirtschaftlich genutzte Ökosysteme. Durch den Einsatz von Schädlingsbekämpfungsmitteln, durch Pflegemaßnahmen sowie Düngung nimmt der Mensch Einfluss auf das Ökosystem. Die natürlichen Stoffkreisläufe sind teilweise unterbrochen. Intensiv genutzte Felder sowie Forstmonokulturen sind wenig strukturiert und relativ artenarm. Das biologische Gleichgewicht ist oftmals unausgeglichen.**

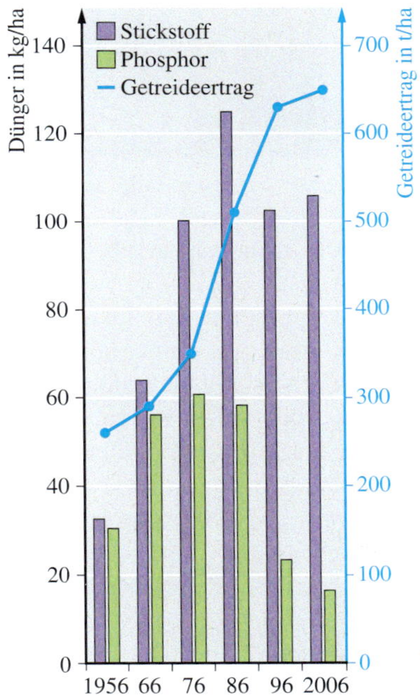

4 Düngemitteleinsatz und Hektarerträge in Deutschland

Arbeitsaufträge

1. Interpretiere Bild ↑4.
2. Begründe, warum intensiv genutzte Felder regelmäßig gedüngt werden müssen.
3. Erstelle eine viergliedrige Nahrungskette im Ökosystem Feld.
4. Begründe, warum an größeren Feldern häufig Feldrandstreifen mit Gehölzen angepflanzt werden.
5. Erkundige dich, was man unter Gründüngung versteht.
6. Vergleiche einen naturnahen Laubmischwald, eine Fichtenmonokultur und ein intensiv genutztes Getreidefeld.
7. Begründe, warum sich in einer Monokultur Schädlinge schnell ausbreiten können.
8. Werte die Tabelle ↑S. 60, Randspalte zu den unterschiedlichen Artenzahlen im Buchenwald und Fichtenforst aus. Begründe die Unterschiede.

1 Die Felder werden mithilfe leistungsfähiger Maschinen bestellt.

EXKURS: Landwirtschaft und Pflanzenernährung

Auch wenn inzwischen die meisten Menschen in Städten leben, gilt immer noch, dass die Landwirtschaft die Menschheit ernährt. Und die Menschheit wächst exponentiell. Es muss also immer mehr Nahrung produziert werden. Es steht aber nicht unbegrenzt landwirtschaftliche Anbaufläche zur Verfügung. Daher wurde die Nahrungsmittelproduktion bisher durch Züchtung ertragreicher Pflanzen und durch Düngemitteleinsatz gesteigert.

Wozu düngen? In natürlichen Ökosystemen wachsen Pflanzen auch ohne jede Düngung. In der Landwirtschaft funktioniert dies aber nicht, denn bei jeder Ernte gehen dem Boden so viele Mineralstoffe verloren, wie die Kulturpflanze während des Wachstums aufgenommen hat. Diese Mineralstoffe müssen dem Boden durch Düngung wieder zugeführt werden. Landwirte nutzen dafür verschiedene Methoden.

2 Wohin mit der Gülle?

Organischer Dünger, wie zum Beispiel Gülle, fällt bei der Tierproduktion ohnehin an, ist also billig zu haben. Allerdings müssen diese tierischen Abfälle auch im Winter entsorgt werden, wenn die Pflanzen sie nicht brauchen. ↑2 Außerdem schwankt ihr Mineralstoffgehalt. Daher ist die richtige Dosis schwer abzuschätzen.

Synthetischer Kunstdünger hat eine genau definierte Zusammensetzung. Hersteller von Düngemitteln bieten unterschiedliche Mineraldünger an. Viele enthalten nur ein oder zwei Mineralsalze. Dazu gehören z. B. Stickstoffdünger wie Ammoniumsulfat oder phosphathaltige Dünger. Volldünger enthalten Mineralsalze in einem Mischungsverhältnis, das auf durchschnittliche Böden abgestimmt ist. Mit Kunstdünger wäre eine bedarfsgerechte Düngung möglich. Kunstdünger ist aber auch recht teuer. Und wie viele Mineralstoffe die Pflanzen wirklich erreichen, hängt auch vom Wetter ab: Regnet es nach dem Düngen zu stark, wird der leicht wasserlösliche Kunstdünger ins Grundwasser geschwemmt und führt so zu Gesundheitsrisiken für uns.

3 Rapsfeld

Viel hilft viel? Stickstoff ist der Mineralstoff, mit dem sich das Pflanzenwachstum am stärksten steigern lässt. Warum sollte man also nicht einen Überschuss an Stickstoff verabreichen? Von den damit verbundenen Umweltproblemen ganz abgesehen, ist eine Überdüngung auch nicht im Interesse der Landwirte: Zum Beispiel wächst Raps bei reichlichen Stickstoffgaben schneller und wird so nicht von Unkraut überwuchert. ↑3 Der Stickstoff fördert jedoch die Proteinbildung in den Rapspflanzen, und zwar auf Kosten des eigentlichen Produktionsziels, des Öls in den Samen.

Mit Hightech das Grundwasser schützen Um bedarfsgerecht düngen zu können, müsste der Landwirt eigentlich jeden Quadratmeter seines Ackers anders behandeln, denn die Bodenbeschaffenheit ist nicht auf dem gesamten Acker gleich. Mit modernen Technologien ist dies inzwischen sogar möglich: Ein optischer Sensor am Vorderende des Traktors erkennt die Farbe der Pflanzen. Je dunkler ihr Grün, desto weniger Dünger benötigen sie. Entsprechend steuert ein Computer die ausgeworfene Düngermenge. Dies spart dem Landwirt Geld. Außerdem wird so die Wahrscheinlichkeit verringert, dass überschüssiger Dünger ins Grundwasser gelangt.

Mit Pflanzen düngen Jede Kulturpflanzenart hat einen unterschiedlichen Mineralstoffbedarf. Daher bauen Landwirte in aufeinanderfolgenden Jahren verschiedene Kulturpflanzen an, zum Beispiel abwechselnd Getreide und Kartoffeln. Dieses Anbausystem wird als „Fruchtfolge“ bezeichnet und verhindert ein einseitiges Auslaugen des Bodens. Gelegentlich werden Pflanzen angebaut, nur um sie im Herbst unterzupflügen. Durch diese Gründüngung steigt der Stickstoff- und Humusgehalt des Bodens.

4 Die Saatgerste gehört zu den ältesten Kulturpflanzen.

Landwirtschaft erzeugt Nahrungsmittel

Unsere Nahrung holen wir aus dem Supermarkt. Brot und Cornflakes zum ausgiebigen Frühstück, Tomaten und Mais für die selbst gemachte Pizza am Abend sind stets verfügbar; ohne über ihre Herkunft nachzudenken, kaufen wir diese und andere Nahrungsmittel fast täglich ein.
Woher kommen sie? Wie werden sie erzeugt? Wie wirkt sich ihre Erzeugung auf die Umwelt aus?

1 Produkte aus dem Supermarkt

Beobachten Untersuchen Experimentieren

Getreidefelder sind vom Menschen geschaffene Ökosysteme

In Deutschland werden etwa 20 Millionen Hektar landwirtschaftlich genutzt. Das ist mehr als die Hälfte der Landesfläche. Neben Heuwiesen und Weiden gehören vor allem Getreidefelder dazu. Weltweit sind rund 40 % der Landfläche landwirtschaftlich genutzt.

1 Beschreibe das Schema. ↑2 Erläutere die Funktion der einzelnen Elemente für den Stoffkreislauf.

2 Entwickle nach dem Vorbild von Bild ↑2 ein Schema, in dem du den Stoffkreislauf auf einem Getreidefeld darstellst. Mache dabei deutlich, wie sich die Beziehungen zwischen Produzenten, Konsumenten und Destruenten verändern.

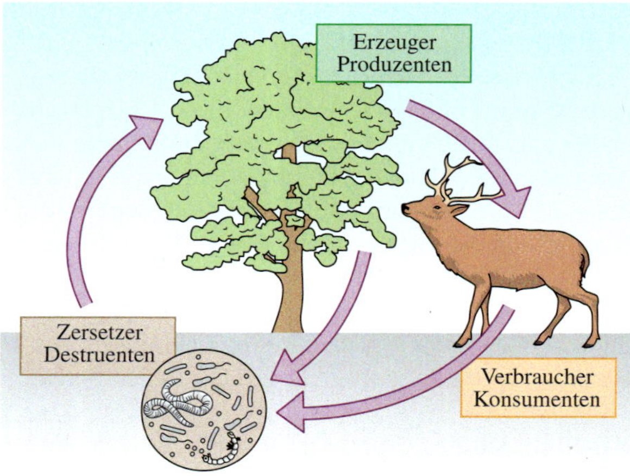

2 Stoffkreislauf in einem naturnahen System

BIOLOGISCHE GRUNDLAGEN DER LANDWIRTSCHAFT

Pflanzenwachstum Durch die Fotosynthese bilden Pflanzen mithilfe von Licht Kohlenstoffverbindungen. Es entsteht Sauerstoff. Der Kohlenstoff stammt aus der Luft. ↑3 Aus dem Boden nehmen sie Wasser mit den darin gelösten Mineralstoffen auf. Aus Mineralstoffen und Kohlenstoffverbindungen bauen Pflanzen alle Stoffe auf, aus denen sie bestehen – neben Wasser sind das hauptsächlich Kohlenhydrate und Proteine. Die Erbsubstanz im Zellkern und Proteine im Zellplasma enthalten unter anderem Stickstoff. Er liegt im Boden als Nitrat vor. ↑4 Ohne Kohlenstoff und Stickstoff findet kein Pflanzenwachstum statt.

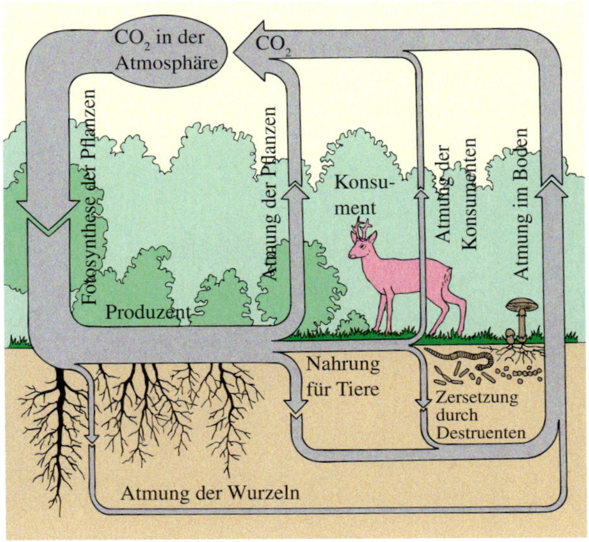

3 Der Kohlenstoffkreislauf im Ökosystem

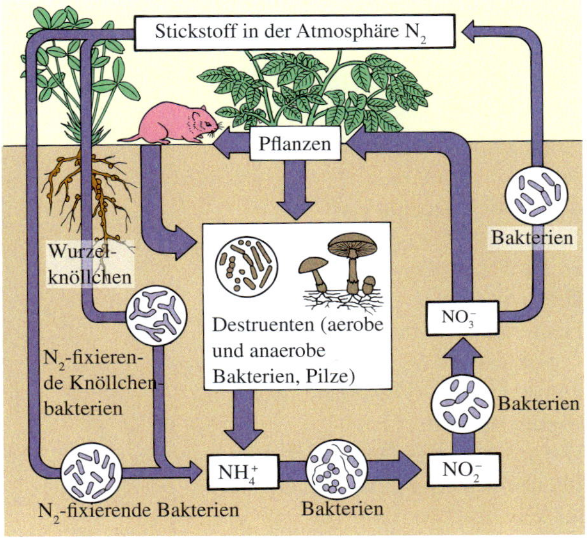

4 Der Stickstoffkreislauf im Ökosystem

Auslese und Züchtung Landwirtschaftliche Nutzpflanzen sollen genügend Nahrung für die Bevölkerung zur Verfügung stellen. Sie müssen also ertragreich, leicht zu ernten und zu verarbeiten sein, wertvolle Inhaltsstoffe enthalten und gut schmecken. Angestrebt werden auch gute Lagerfähigkeit und Widerstandskraft gegen Krankheiten und Schädlinge. Diese Züchtungsziele lassen sich weitgehend dadurch erreichen, dass Individuen mit den erwünschten Merkmalen ausgewählt und vermehrt werden.

Ertragssteigerung durch Düngung Auch fruchtbare Böden laugen durch den dauerhaften Anbau von Nahrungsmittelpflanzen aus. Um die Erträge zu steigern, wird Dünger eingesetzt. Durch synthetisch hergestellten Dünger konnten die Erntemengen vervielfacht werden. Seit dem Jahr 2000 geht ihr Einsatz allerdings zurück.

5 Früher war die Landschaft kleinräumig gegliedert.

6 Die Flurbereinigung schuf vielerorts eine „ausgeräumte“ Agrarlandschaft.

Schon gewusst?

Kunstdünger
Um 1840 wies der Chemiker JUSTUS VON LIEBIG nach, dass Stickstoff, Phosphate und Kalium das Pflanzenwachstum fördern. Natürliche Düngemittel waren jedoch teuer und nur begrenzt verfügbar. 1908 fanden FRITZ HABER und CARL BOSCH ein Verfahren, um Stickstoffdünger industriell in großen Mengen zu erzeugen. Bald kamen wirksamere und gezielter einsetzbare chemische Düngemittel auf den Markt. Ende des 20. Jahrhunderts geriet synthetischer Dünger in die Kritik. Er wurde für die Überdüngung von Gewässern und für die Trinkwasserbelastung verantwortlich gemacht.

Arbeitsaufträge

1 Treibhäuser werden teilweise mit CO_2 begast, um die Ernte zu steigern. Erläutere anhand von Bild ↑3.

2 Stickstoffhaltiger Dünger fördert das Pflanzenwachstum. Finde heraus, an welcher Stelle er den Stickstoffkreislauf beeinflusst. ↑4

Biodiversität – Schätze der Erde

Tom liest in der Zeitung: „Seeadlerpaar niedergelassen.“ Er denkt sich: „Seeadler finde ich ja sehr interessant, aber warum handelt es sich hier um eine Sensation?“ Als Tom weiterforscht, lernt er, dass Seeadler vor 25 Jahren kurz vor dem Aussterben standen. Heute hat sich die Art aufgrund verschiedener Schutzmaßnahmen erholt. Über 300 Brutpaare leben wieder in Deutschland.
Warum sterben so viele Tier- und Pflanzenarten aus? Wie können Arten geschützt werden?

1 Seeadler

Beobachten Untersuchen Experimentieren

Biologische Vielfalt

Unter Biodiversität versteht man nicht nur die Artenvielfalt, das heißt die Anzahl verschiedener Arten, sondern ebenso die Vielfalt an Lebensräumen und die Vielfalt an verschiedenen Individuen innerhalb der Arten.

1 Werte die Bilder ↑2 und ↑3 aus.

2 Nenne mögliche Ursachen, warum so viele Pflanzen- und Tierarten auf der Welt vom Aussterben bedroht sind.

3 Bis heute wurden knapp 2 Millionen verschiedene Arten von Lebewesen beschrieben. Wissenschaftler meinen, dass wir noch längst nicht alle Arten entdeckt und bestimmt haben. Manche sprechen von 3,6, manche sogar von 112 Millionen Arten. Stelle Vermutungen an, in welchen Lebensräumen es wahrscheinlich noch viele unbekannte Tierarten geben könnte. Zu welchen Tiergruppen könnten diese Arten gehören? ↑3 Begründe deine Antworten.

4 Informiere dich, was die Rote Liste gefährdeter Arten ist und welche Gefährdungsstufen es gibt.

5 Diskutiere mit einem Partner: Kommt es auf eine Mückenart weniger an?

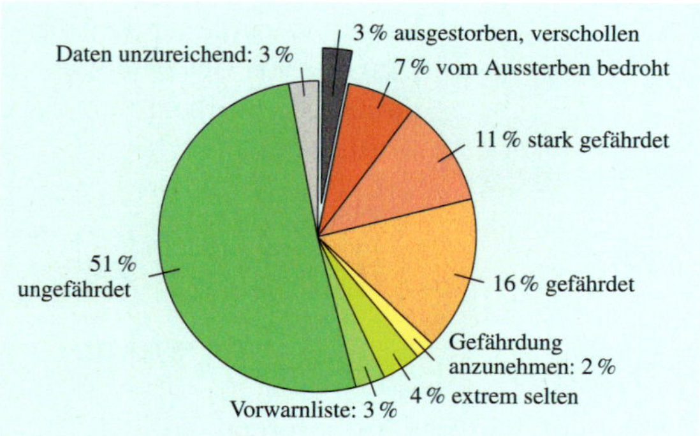

2 Gefährdungsstufen der Tierarten in Deutschland

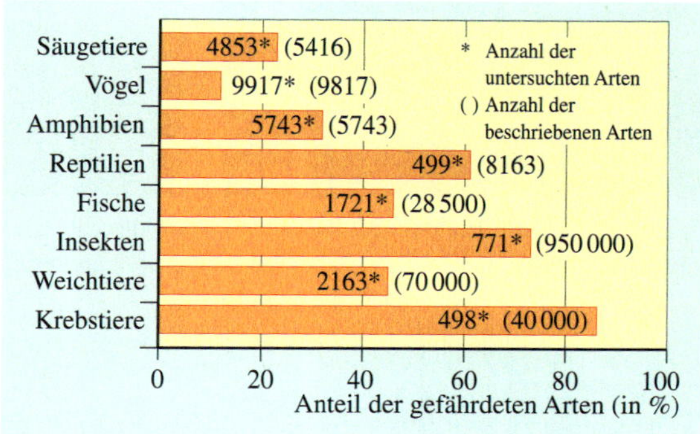

3 Anteile der gefährdeten Arten innerhalb verschiedener Tiergruppen (weltweit)

GRUNDLAGEN: Bedrohung der Biodiversität

Ursache des Artensterbens Wenn eine Art ausstirbt, hat dies oft Auswirkungen auf das Ökosystem, in dem die Art gelebt hat. So fällt mit dem Aussterben einer bestimmten Pflanzenart die vielleicht einzige Nahrungsquelle für eine Schmetterlingsart weg, die wiederum Nahrung für eine Vogelart ist. Wenn sich keine neuen Nahrungsquellen auftun, ist diese Vogelart langfristig ebenfalls bedroht. Hauptursachen des Artensterbens sind neben der Zerteilung und vollständigen Zerstörung von Lebensräumen die Verschmutzung von Wasser, Boden und Luft, die Übernutzung von Lebensräumen, besonders der Meere, die Jagd, der Raubbau, der Klimawandel und das Einschleppen fremder Arten. So führte die Einfuhr von Katzen nach Neuseeland fast zum Aussterben der dort lebenden Bodenvögel wie den Kakapo, der bis dahin keine Fressfeinde kannte. ↑4

4 Der Kakapo, ein flugunfähiger Papagei in Neuseeland. Heute gibt es noch etwa 120 Individuen dieser Art.

Wert der Artenvielfalt Bei manchen Arten wie Nutztieren ist der wirtschaftliche Wert offensichtlich. ↑5 Aber auch Arten, die nicht genutzt werden und unscheinbar sind, haben selbstverständlich einen Wert, der sich aber nicht messen lässt. Der Schutz von Arten und Lebensräumen ist nicht zuletzt auch für das Überleben des Menschen unerlässlich.

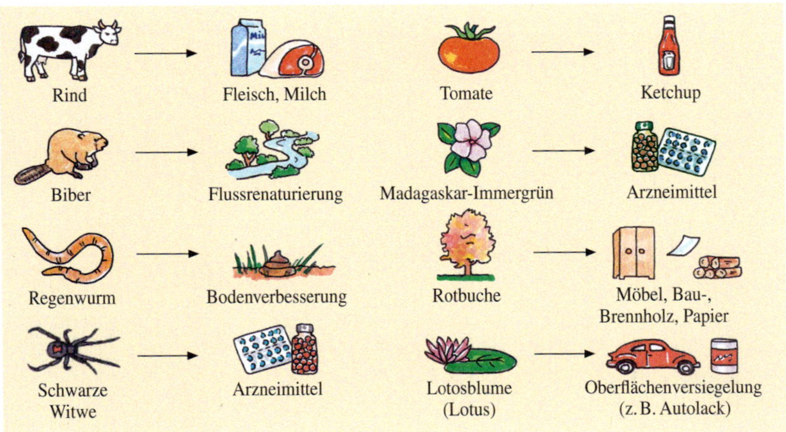

5 Der Wert der Vielfalt

Kurz und knapp **Fast die Hälfte aller Arten ist gefährdet oder vom Aussterben bedroht. Da die Artenvielfalt einen großen Wert darstellt, müssen Maßnahmen zum Artenschutz verstärkt werden.**

Arbeitsaufträge

1 Erläutere mithilfe von Bild ↑5 die Bedeutung der Artenvielfalt für den Menschen. Schreibe zu jedem Aspekt einen Satz.

2 Ein Forscherteam hat ausgerechnet, dass die Bestäubungsleistungen der Honigbienen für die Landwirtschaft in den USA 2,5 Milliarden Euro Wert ist. Soll der Wert von Arten und Lebensräumen in Geld aufgerechnet werden? Diskutiert in der Klasse.

3 Erstelle eine Liste mit Maßnahmen, die notwendig sind, um die biologische Vielfalt zu erhalten.

4 Informiere dich über den GEO-Tag der Artenvielfalt und wo Aktionen in deiner Umgebung stattfinden. Vielleicht könnt ihr daran teilnehmen. Diskutiert, welches Gebiet sich gut eignen würde und warum.

Zentren der Biodiversität

1 Das Wattenmeer mit seinen Inseln zählt zu den besonders artenreichen Lebensräumen in Deutschland.

2 Der Einsiedlerkrebs bewohnt leere Schneckenhäuser.

3 Zugvögel wie der Austernfischer finden im Watt einen „reich gedeckten Tisch".

Einige Ökosysteme der Erde sind besonders artenreich. Diese Zentren der Biodiversität sind neben den tropischen Regenwäldern wie dem Amazonasgebiet die subtropischen Savannen Afrikas, aber auch Wattgebiete oder Korallenriffe und sogar Wüsten.
Besonders gefährdete artenreiche Gebiete werden Hotspots der Biodiversität genannt. In 34 bisher als Hotspots definierten Regionen, die nur 2 Prozent der Erdoberfläche ausmachen, leben etwa 50 Prozent aller Pflanzenarten und 77 Prozent aller Wirbeltierarten. Nur ein Drittel dieser Flächen ist bisher unter Schutz gestellt.

4 Korallenriffe werden hauptsächlich von Steinkorallen gebildet. Sie bieten einer Vielzahl von Pflanzen und Tieren Lebensraum, unter anderem Algen, Schwämmen, Stachelhäutern, Krebstieren und Fischen.

5 Tropischer Regenwald

Auf einem Hektar tropischen Regenwalds können mehrere Hundert Baumarten wachsen. Ein einziger Baum ist Lebensgrundlage für Dutzende von Aufsitzerpflanzen (Epiphyten) und Hunderte von Tierarten. Mehr als die Hälfte aller Tierarten leben in den tropischen Regenwäldern, die nur 7 Prozent der Landoberfläche ausmachen.

6 Hotspots der Biodiversität

Arbeitsaufträge

1 Vergleiche die Hotspots der Biodiversität in Bild ↑6. Stelle Vermutungen an, warum gerade hier eine so große Artenvielfalt herrscht.

2 Der Lebensraum Wattenmeer steht im Interessenstreit unterschiedlicher Nutzungsansprüche.

a Finde heraus, wie der Naturraum genutzt wird, und skizziere, welche Konflikte sich durch die unterschiedlichen Ansprüche ergeben.

b Schlage Maßnahmen zum Schutz des Wattenmeers vor und begründe sie.

7 Oft leben mehrere Tierarten in der Savanne zusammen.

Der tropische Regenwald

Gartenmöbel zerstören Regenwald, steht auf einem der Transparente zu lesen. Naturschützer protestieren damit in einem Baumarkt gegen den Verkauf von Möbeln aus Tropenholz. Sie fordern den Holzhandel auf, Produkte aus europäischen Hölzern anzubieten oder Tropenholz aus nachhaltiger Forstwirtschaft zu verwenden. Was ist das Besondere am tropischen Regenwald? Wird er tatsächlich durch Holzgewinnung zerstört?

1 Protestaktion einer Umweltschutzorganisation

Beobachten Untersuchen Experimentieren

Verbreitung der tropischen Regenwälder
Als tropischen Regenwald bezeichnet man den immergrünen Wald, der nur in den dauerfeuchten tropischen Klimazonen anzutreffen ist. Ursprünglich bedeckten tropische Regenwälder ca. 11 Prozent der Landfläche der Erde, das sind etwa 17 Millionen km^2.

1 Betrachte die Karte und beschreibe, wo auf der Erde tropische Regenwälder verbreitet sind. ↑2

2 Vergleiche die ursprüngliche Verbreitung des tropischen Regenwalds mit der heutigen.

3 Stelle Vermutungen darüber an, welche Ursachen der Rückgang des tropischen Regenwalds haben könnte.

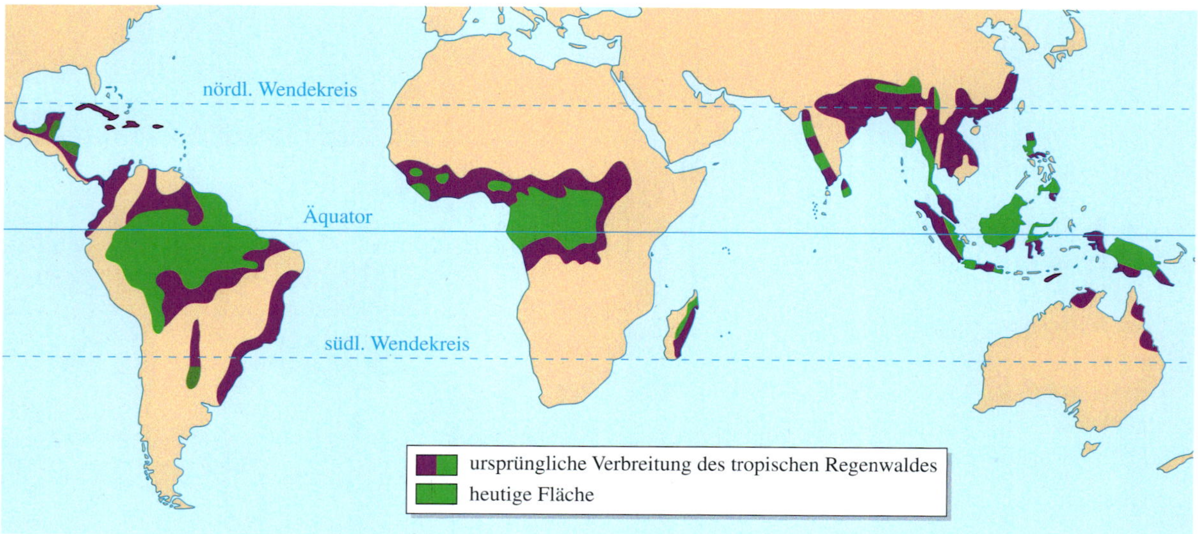

2 Verbreitung tropischer Regenwälder 1940 und heute

GRUNDLAGEN: Der tropische Regenwald ist einzigartig

Lebensraum Intensive Sonneneinstrahlung, gleichbleibend hohe Temperaturen um 24 °C und hohe Niederschläge sorgen im tropischen Regenwald ganzjährig für günstige Wachstumsbedingungen. Fast der gesamte Nährstoffvorrat ist in der pflanzlichen Biomasse gespeichert. Der Boden ist ausgesprochen nährstoffarm. Nährstoffe, die die Pflanzen zum Wachsen brauchen, stammen aus dem Streuabbau durch Bodentiere und Mikroorganismen. Bei den hohen Temperaturen verläuft dieser Vorgang zwei- bis dreimal schneller als in den gemäßigten Breiten, sodass die Nährstoffe sehr schnell wieder zur Verfügung stehen.

Artenvielfalt Der tropische Regenwald ist das artenreichste Landökosystem. Dort kommen 40 – 60 Prozent aller auf der Erde lebenden Tier- und Pflanzenarten vor. Neben dem Klima und der reichen Gliederung ist dafür das hohe Alter des Lebensraums verantwortlich. Er entwickelte sich weitgehend ungestört über Millionen von Jahren. ↑3

3 Stockwerkbau des tropischen Regenwalds

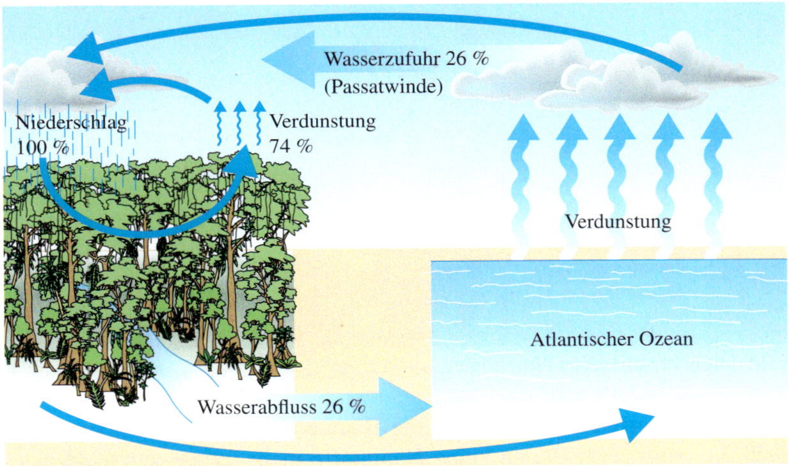

4 Großer und kleiner Wasserkreislauf im tropischen Regenwald

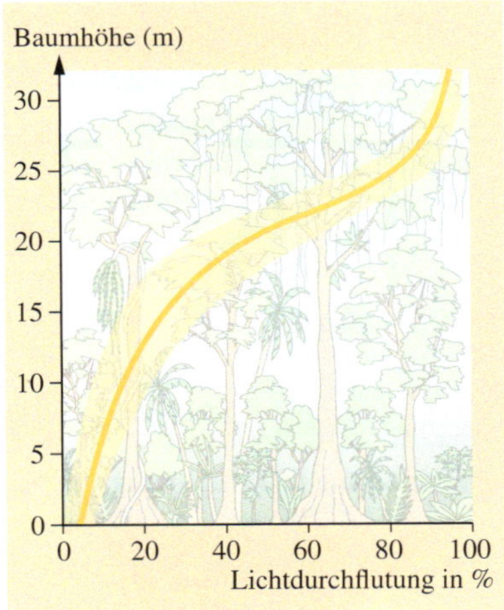

5 „Mangelware" Licht

Globale Bedeutung Pflanzen nehmen bei der Fotosynthese Kohlenstoffdioxid aus der Atmosphäre auf und speichern den Kohlenstoff in Form von Biomasse. In keinem anderen Landökosystem ist so viel Kohlenstoff gebunden wie im tropischen Regenwald: etwa 435 Milliarden Tonnen.
Die Verdunstungswolken, die über den Regenwäldern täglich aufsteigen und sich abregnen, enthalten riesige Mengen an Wasser. Sie schirmen einen großen Teil der Sonnenstrahlung ab und verhindern so ein stärkeres Aufheizen der Erdoberfläche. ↑4, 5 Diese regionalen Vorgänge beeinflussen auch das Weltklima.

6 Kleinlebensraum in einer Aufsitzerpflanze

Arbeitsaufträge

1 Vergleiche den Stockwerkbau des tropischen Regenwalds mit dem einheimischer Wälder. ↑3

2 Beschreibe den Wasserkreislauf des tropischen Regenwalds. ↑4

3 Arbeite anhand der Bilder und des Textes heraus, wodurch die Lebensbedingungen im tropischen Regenwald gekennzeichnet sind. ↑3 – 6

Eingriffe in globale Stoffkreisläufe

Der Mensch hat nicht nur die Ökosysteme (z. B. Wälder und Gewässer) in Deutschland verändert. Denn alle Ökosysteme der Welt stehen zum einen über die Atmosphäre, zum anderen aber auch über den weltweiten Handel miteinander in Verbindung. Inzwischen haben sich messbare Veränderungen in den weltweiten – globalen – Stoffkreisläufen ergeben. Kann der Einzelne hier etwas tun?

1 Wärmedämmung hilft, den Heizwärmebedarf zu senken.

GRUNDLAGEN: Der Mensch verändert seine Umwelt

Kohlenstoffkreislauf Seit etwa 1800 nutzt der Mensch verstärkt fossile Rohstoffe wie Erdöl und Kohle als Energiequelle. Bei deren Verbrennung gelangt Kohlenstoffdioxid in die Atmosphäre. Das hat die Kohlenstoffdioxidkonzentration in der Luft von 0,028 Prozent um 1800 bis auf den heutigen Wert von 0,037 Prozent ansteigen lassen. Dadurch werden Tiere und Pflanzen zwar kaum direkt geschädigt, aber die hohe CO_2-Konzentration in der Luft bewirkt einen verstärkten Treibhauseffekt: Weltweit erwärmt sich die Erde mit bisher unabsehbaren Folgen für natürliche Ökosysteme. ↑2

Stickstoffkreislauf Auch in den globalen Stickstoffkreislauf greift der Mensch massiv ein. In der Landwirtschaft wird technisch erzeugter Stickstoffdünger eingesetzt (Nitrate bzw. Ammoniumsalze), der bei zu hoher Dosierung nur zum Teil von den Pflanzen aufgenommen wird und deshalb das Grundwasser belasten kann. Durch Industrie und Verkehr erzeugte Stickstoffoxide wirken als „saurer Regen" auf Böden und Gewässer ein. ↑3

Die Idee der Nachhaltigkeit Noch vor 150 Jahren dachte man allgemein, dass die Rohstoffe der Natur unerschöpflich sind. Heute wissen wir es besser. Der Verlust der Regenwälder und die Überfischung der Meere sind nur zwei Beispiele für den verantwortungslosen Umgang mit Ressourcen. Daher haben die Vereinten Nationen 1992 ein Programm ins Leben gerufen, das Agenda 21 genannt wird. Ziel des Programms „Agenda 21" ist der Übergang zu einer nachhaltigen Nutzung der Natur. Möglichst bald soll der Natur nur noch so viel entnommen werden, wie im gleichen Zeitraum nachgebildet werden kann. Aber was kann der Einzelne schon tun? Einer allein kann zwar nicht die ganze Welt verbessern, aber wenn jeder ein kleines Projekt in Angriff nimmt, z. B. die Umstellung auf Recyclingpapier, die Wärmedämmung des Hauses oder den Umstieg auf eine Pelletheizung, kann sich insgesamt sehr viel verändern.

Schon gewusst?

Treibhauseffekt
Kohlenstoffdioxid, Methan und einige andere Gase haben eine für das Klima bedeutende Eigenschaft: Sie lassen zwar die Sonnenstrahlen durch die Luftschicht einfallen, die von der Erde reflektierte Wärmestrahlung wird aber zurückgeworfen: Die Wärme wird in der Atmosphäre festgehalten. Dieser natürliche Treibhauseffekt stellt sicher, dass unser Planet nicht zur Eiswüste wird. „Treibhausgase" entstehen zum einen durch natürliche Ursachen wie Vulkanismus, Waldbrände oder die Abbautätigkeit von Mikroorganismen. Zum anderen setzt der Mensch heute Treibhausgase in nie dagewesenem Ausmaß frei.

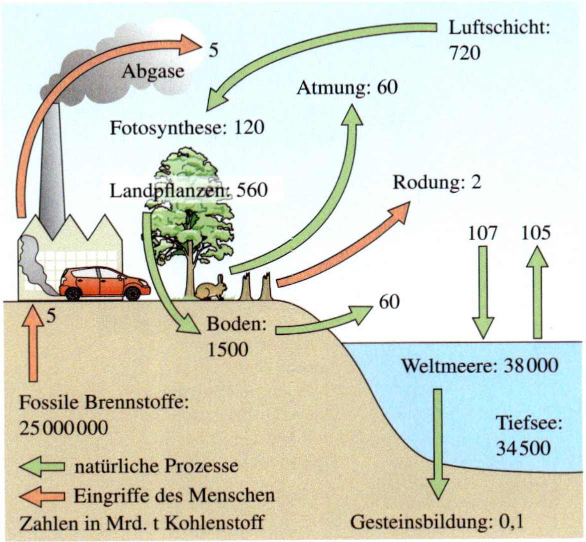

2 Kohlenstoffkreislauf und Einflüsse des Menschen

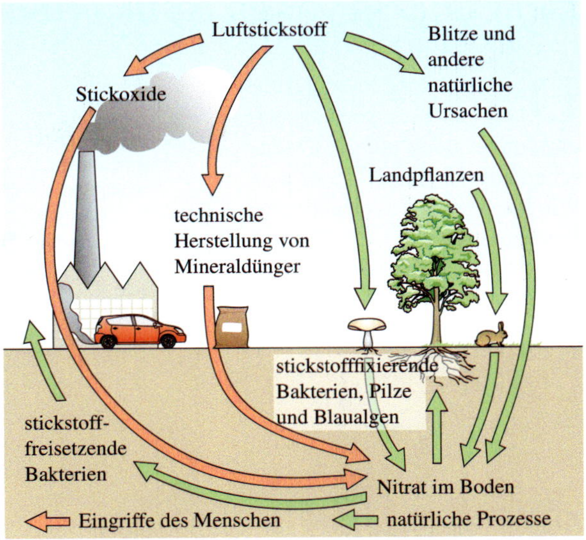

3 Durch den Menschen veränderter Stickstoffkreislauf

Interessenkonflikte Einen See, der als Naturschutzgebiet dienen soll, kann man nicht gleichzeitig als Badesee nutzen. Strom aus Sonnenenergie ist teurer als Strom aus Wärmekraftwerken. Und einen nachhaltig bewirtschafteten Wald kann man nicht abholzen, um gleich heute große Gewinne zu erwirtschaften. Diese Beispiele zeigen, dass Naturschutz und nachhaltige Wirtschaftsformen oft gegen Widerstände zu kämpfen haben. Das Prinzip der Nachhaltigkeit wird sich erst dann durchsetzen, wenn wir erkennen, dass wir ein Teil der Natur sind und dass es deshalb überlebenswichtig ist, unsere Umwelt als Lebensraum und Rohstoffquelle auch für kommende Generationen zu erhalten.

Kurz und knapp **Über die Atmosphäre werden alle Ökosysteme vom Menschen beeinflusst. Die Eingriffe des Menschen in den globalen Kohlenstoff- und Stickstoffkreislauf sind Beispiele dafür. Die natürlichen Ressourcen der Erde werden sehr viel schneller aufgebraucht, als sie nachwachsen können. Daher wirbt die Agenda 21 für eine nachhaltige Nutzung der Natur. Alle heute lebenden Menschen tragen auch für kommende Generationen die Verantwortung.**

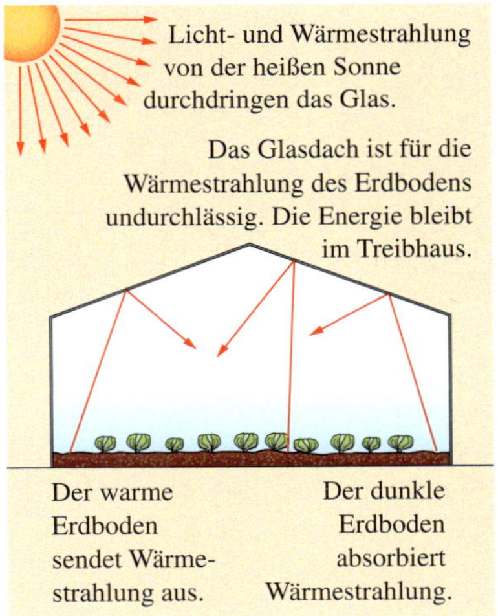

4 „Treibhauseffekt“ in einem Gewächshaus

Arbeitsaufträge

1 Das Wort Wald bedeutete im Germanischen „nicht bebautes, wildes Land“. Überlege, wie es zu dieser Namensgebung kam. Trifft die Bezeichnung heute noch zu? Begründe.

2 Durch Verbiss an jungen Bäumen kann Rotwild beträchtliche Schäden anrichten. Der Einfluss des Menschen auf den Wald ist noch erheblich größer. Vergleiche und erkläre.

3 Betrachte die Bilder ↑2 und ↑3. Arbeite die jeweils wesentlichen Eingriffe des Menschen heraus.

4 Kohlenstoffdioxid ist weder für Tiere noch für Pflanzen schädlich. Weshalb ist der Anstieg der CO_2-Konzentration in der Atmosphäre dennoch bedenklich? Erkläre.

5 Weshalb sollten sich besonders Kinder und Jugendliche für die Agenda 21 einsetzen? Begründe.

6 „Ökologisch verantwortungsvoll handeln“ – erläutere diese Forderung.

Nachhaltigkeit – mehr als Umweltschutz

Das Erdöl wird knapp, Meere und Luft sind verschmutzt und immer noch hungern Menschen auf der Welt.
Wie kann die Menschheit diese Probleme lösen?

1 Was ist das dringlichste Problem?

Beobachten *Untersuchen Experimentieren*

Agenda 21
Die Agenda 21 ist eine internationale Vereinbarung zwischen 179 Staaten, die 1992 auf der Konferenz der Vereinten Nationen in Rio de Janeiro verabschiedet wurde. In ihr sind die dringlichsten Probleme der Menschheit dargelegt und Lösungsmöglichkeiten im Sinne einer nachhaltigen Entwicklung aufgezeigt. Die Zahl „21" steht für das 21. Jahrhundert. Es gilt nicht nur, die Erde so zu belassen, dass nachfolgende Generationen gut auf ihr leben können, sondern ebenso die Schätze der Erde gerechter zu verteilen, damit kein Mensch mehr hungern muss.

1 Welcher der in Bild ↑1 genannten Meinung stimmst du zu? Begründe deine Antwort.

2 Erstellt eine Liste von Problemen dieser Welt (zum Beispiel Klimawandel, Verschmutzung der Meere usw.) und ordnet diese den Feldern Wirtschaft, Soziales und Umwelt zu.

3 Diskutiert in der Klasse darüber, welches weltweit die dringlichsten Probleme sind.

4 Beschreibe die Karikatur ↑2 und formuliere, worauf der Zeichner hinauswill.

5 Unter dem Motto „Global denken – lokal handeln" versuchen viele Städte und Gemeinden, Gedanken einer nachhaltigen Entwicklung auf lokaler Ebene umzusetzen (lokale Agenda).
Finde heraus, welche Projekte in Sachen lokale Agenda es in deiner Gemeinde/Stadt gibt.

2

GRUNDLAGEN: Mensch, Umwelt und Wirtschaft im Blick

Nachhaltigkeit Das Leitprinzip Nachhaltigkeit kommt ursprünglich aus der Forstwirtschaft. Angesichts starker Abholzungen der Wälder und der Sorge darum, dass sich die Wälder nicht mehr erholen können, wurde folgender Grundsatz aufgestellt: Nutze immer nur so viel aus der Natur, wie nachwachsen kann, damit das Ökosystem erhalten bleibt, sich erholen kann und weiter genutzt werden kann. Angesichts der Ausbeutung und Zerstörung der Erde durch den Menschen gewinnt diese Regel aus dem 16. Jahrhundert heute eine besondere Bedeutung.

Die drei Säulen der Nachhaltigkeit Die Agenda 21 und das mit ihr verbundene Ziel einer gerechteren Welt setzen voraus, dass man Probleme immer aus drei Blickwinkeln betrachtet. ↑3 Am Beispiel der Überfischung der Meere lässt sich dies verdeutlichen: Sie ist ein großes Problem, weil viele Fischarten kurz vor dem Aussterben stehen und weil die Nahrungsketten – nicht nur im Ökosystem Meer – gestört werden (Umwelt). Wird Fischern, deren Erwerbs- und Nahrungsquelle oft nur die Fischerei ist, verboten zu fischen, führt dies zu Arbeitslosigkeit (Wirtschaft) und Armut (Soziales). Sozialverträglicher und wirtschaftlicher wäre es, umweltfreundlichere Fangmethoden (Schleppnetzverbot, um Beifang zu reduzieren) zu vereinbaren oder bestimmte Gebiete unter Schutz zu stellen. So wird nicht nur der Umweltaspekt berücksichtigt, sondern auch den Fischern geholfen, weil nur so ihre Lebensgrundlage langfristig gesichert wird.

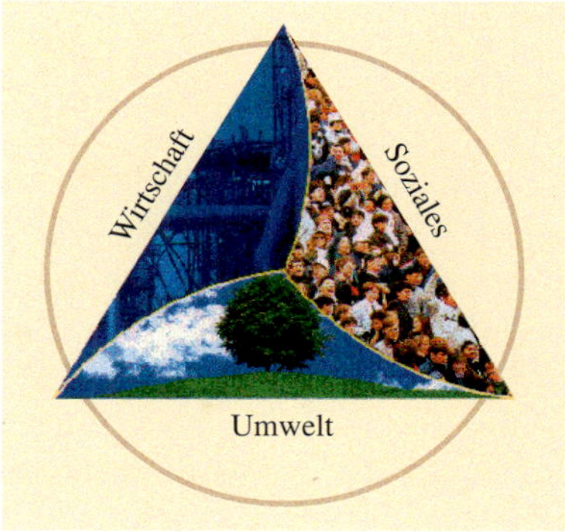

3 Nachhaltigkeitsdreieck

Ökologischer Fußabdruck Nicht nur zur Produktion von Nahrung wird eine bestimmte Fläche der Erde benötigt, sondern ebenso zur Herstellung von Kleidung, Möbeln, Elektrogeräten, vor allem in Form von Energie und Rohstoffen. Außerdem benötigt jeder Mensch Energie, ob zum Heizen oder als Strom zum Betreiben des Computers. Das Haus oder die Wohnung „verbraucht" ebenso eine Fläche auf der Erde. Der ökologische Fußabdruck bildet ab, wie viel Fläche ein Mensch zum Leben benötigt. Dabei werden nicht nur die Fläche zum Anbau seiner Nahrung und anderer Produkte oder die Art zu wohnen berücksichtigt, sondern ebenso, wie viel Naturfläche nötig ist, um das durch den Lebensstil (Benutzung von Autos und Hobbys) verursachte CO_2 wieder zu binden. Multipliziert man die so errechnete Fläche mit der Anzahl der Erdbewohner, sieht man, ob die Erdoberfläche reichen würde, wenn jeder so lebt. ↑4, 5

4 Ökologischer Fußabdruck

Kurz und knapp **Nachhaltiges Handeln hat zum Ziel, dass alle jetzt und zukünftig lebenden Menschen gute Lebensbedingungen haben. Dabei müssen Umwelt, Soziales und Wirtschaft gleichermaßen berücksichtigt werden.**

Arbeitsaufträge

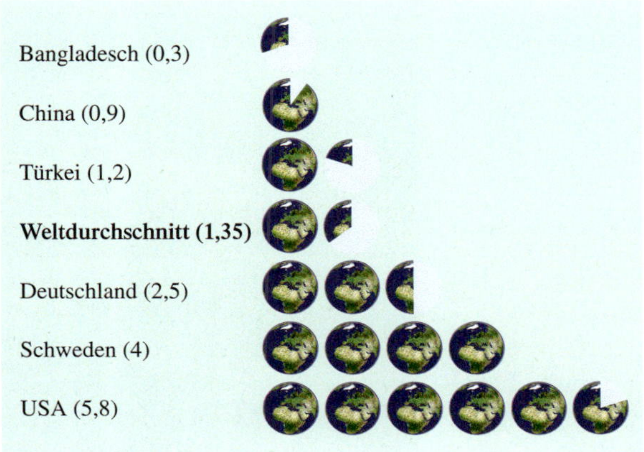

5 So viele Erden würde man brauchen, wenn jeder so wie die Menschen in den angegebenen Ländern leben würde.

1 Werte Bild ↑5 aus und begründe, warum Amerikaner und Europäer einen so großen ökologischen Fußabdruck, Chinesen und Menschen in Bangladesch aber nur einen kleinen haben. Erläutere, was es bedeutet, dass der Weltdurchschnitt bei 1,35 Erden liegt. Stelle Vermutungen an, welche Folgen es hat, wenn wir weiter so leben wie bisher.

2 Auf verschiedenen Internetseiten kann man seinen eigenen ökologischen Fußabdruck berechnen. Probiere es aus.

3 „Transfair" bezeichnet sich als Organisation, die nachhaltige Entwicklung fördert. Informiere dich im Internet über ihre Arbeit und Ziele. Begründe, warum die Organisation Nachhaltigkeit fördert.

Überblick

Beeinflussung der Fotosynthese
Die Fotosynthese ist ein bedeutender Prozess, der die Voraussetzung für das Leben auf unserer Erde darstellt. Deshalb versucht der Mensch diesen Prozess besonders zur Nahrungsmittelherstellung zu beeinflussen. Äußere Faktoren, die die Fotosyntheserate fördern oder hemmen, sind die Temperatur, die Lichtintensität, das Wasser und der Mineralienhaushalt. So werden z. B. in Frühjahr und Herbst, wenn die Tageslänge noch kurz ist, Pflanzen im Gewächshaus belichtet. Eine Heizung sorgt für optimale Temperatur und durch Düngung erhöht sich der Mineralstoffgehalt des Bodens. Eine ausreichende Wasserversorgung wird durch regelmäßiges Gießen erreicht. In großen Gewächshäusern übernimmt diese Aufgabe eine Beregnungsanlage.

Mineralstoffe und Wachstum der Pflanzen
Pflanzen sind in der Lage, alle körpereigenen Stoffe aus anorganischen Stoffen selbst aufzubauen. Aus Glukose können weitere Kohlenhydrate sowie Fette hergestellt werden. Diese enthalten nur Kohlenstoff, Wasserstoff und Sauerstoff. Proteine, die Erbsubstanz und viele andere Zellbestandteile enthalten weitere Elemente, zum Beispiel Stickstoff und Phosphor. Deshalb brauchen Pflanzen zusätzlich Mineralstoffe. Sie sind im Wasser gelöst, das über die Wurzeln aufgenommen wird. Fehlen Mineralstoffe, kommt es zu Mangelerscheinungen.

Wirtschaftlich genutzte Ökosysteme
Die Landwirtschaft dient der Produktion von Nahrungsmitteln. Die Intensivlandwirtschaft ist darauf ausgerichtet, eine hohe Produktivität in Monokulturen zu erzielen. Dies kann nur durch die Bearbeitung großer Felder, den Einsatz von künstlich hergestellten Mineraldüngern sowie der Nutzung von Schädlingsbekämpfungsmitteln (Pestizide) gegen Pflanzenschädlinge und Wildkräuter erreicht werden. Durch den Einsatz schwerer Technik kommt es zur Bodenverdichtung.
In wirtschaftlich genutzten Ökosystemen sind die Stoffkreisläufe teilweise unterbrochen, das biologische Gleichgewicht ist unausgeglichen. Diese Ökosysteme sind oftmals wenig strukturiert (z. B. im Rapsfeld) und weisen eine geringe Artenzahl auf.

Klimawandel
Vor allem die Menschen in den Industrieländern bewirken durch die Nutzung fossiler Brennstoffe (z. B. Kohle, Erdöl, Erdgas) einen erhöhten Kohlenstoffdioxidausstoß. ↑2
Kohlenstoffdioxid ist ein Treibhausgas und erhöht den natürlichen Treibhauseffekt. Dadurch wird unsere Erde langfristig zunehmend erwärmt, was u. a. die Abschmelzung der Pole und Gletscher bewirken kann. Deshalb sollte jeder Mensch überlegen, was er zur Senkung des Kohlenstoffdioxidausstoßes beitragen kann.

Nachhaltigkeit
Die natürlichen Ressourcen der Erde werden mit der Zeit knapper und Lebensräume werden zerstört. Mit internationalen Vereinbarungen wird versucht, die Ausbeutung und Zerstörung der Erde zu verhindern. Das Leitprinzip Nachhaltigkeit berücksichtigt, dass nur so viel aus der Natur genutzt werden soll, wie nachwachsen und sich regenerieren kann.
Nachhaltiges Handeln hat zum Ziel, dass alle jetzt und künftig lebenden Menschen gute Lebensbedingungen haben. Dabei werden Umwelt, Wirtschaft und Soziales gleichermaßen berücksichtigt.

1 Monokultur von Raps

2 Braunkohletagebau

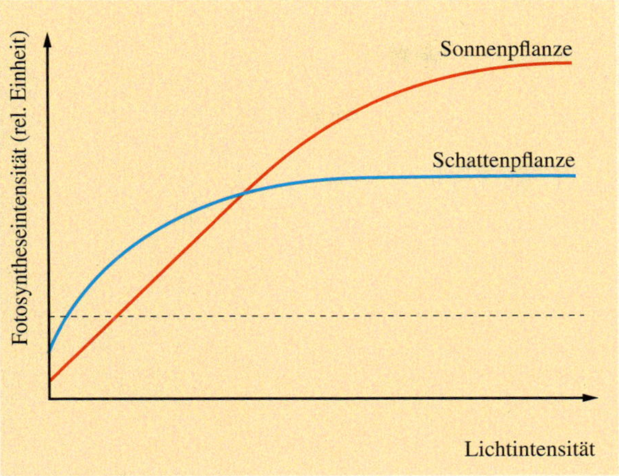

3 Fotosyntheseintensität in Abhängigkeit von der Lichtintensität

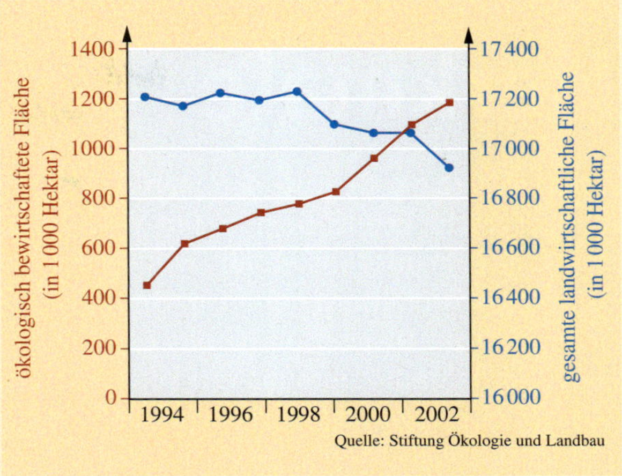

4 Landwirtschaftlich genutzte Fläche in Deutschland

1 Fotosynthese

a Nenne die äußeren Faktoren, die die Fotosynthese beeinflussen.

b Erläutere das Modell vom begrenzenden Faktor. ↑S. 37

c Interpretiere den Kurvenverlauf von Grafik ↑3.

d Begründe, weshalb im Frühling und Herbst Gewächshäuser häufig beleuchtet und beheizt werden.

e Begründe, warum man Bohnensamen nicht vor dem 15. Mai legen sollte.

f Gib die Summengleichung der Fotosynthese an.

g Begründe die Abhängigkeit der Tiere und der Menschen von den grünen Pflanzen. ↑5

2 Wirtschaftlich genutzte Ökosysteme

a Nenne jeweils zwei natürliche, naturnahe und vom Menschen stark beeinflusste Ökosysteme.

b Vergleiche ein natürliches Ökosystem, z. B. tropischer Regenwald, mit einem wirtschaftlich genutzten Ökosystem, z. B. Feld oder Forst.

c Begründe, warum ein regelmäßiger Fruchtwechsel auf Feldern notwendig ist.

d Beschreibe den Stoffkreislauf auf einem Feld.

e Interpretiere die Grafik ↑4.

f Vergleiche die Intensivlandwirtschaft mit dem Ökolandbau. Nutze ggf. das Internet.

3 Globale Umweltprobleme und Nachhaltigkeit

a Erläutere grundlegende Umweltprobleme auf unserer Welt.

b Nenne einige Folgen, die der Treibhauseffekt auf unsere Tier- und Pflanzenwelt haben könnte.

c Erläutere das Nachhaltigkeitsdreieck. ↑6

d Diskutiere mit deinem Nachbarn, was jeder zum Umweltschutz beitragen kann, um einer weltweiten Klimaveränderung vorzubeugen.
Stellt eure Ergebnisse in der Klasse vor.

e Was versteht man unter dem ökologischen Fußabdruck?

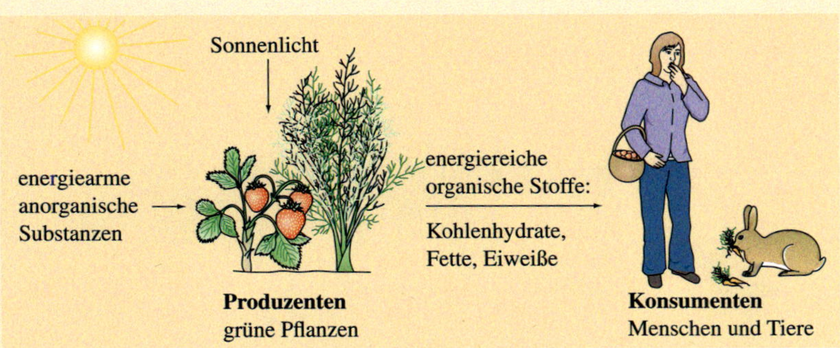

5 Der Mensch und alle Tiere benötigen die von den Pflanzen erzeugten Stoffe.

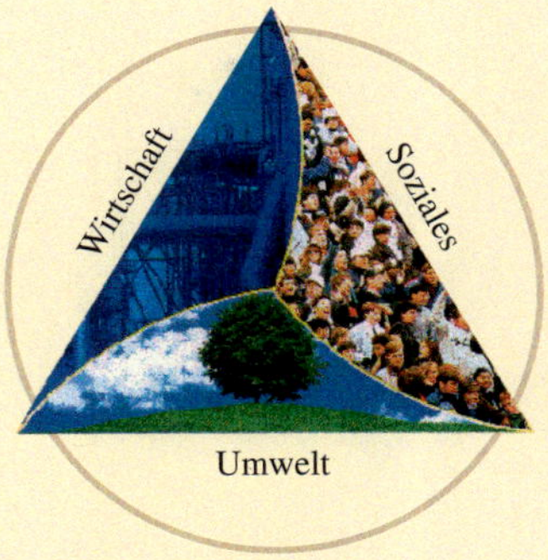

6 Das Nachhaltigskeitsdreieck

Erbanlagen und Merkmale

Vererbung ist ein Begriff, den man auch aus der Alltagssprache kennt. Dort ist mit Vererbung gemeint, dass man etwas erhält, was vorher den Eltern oder Großeltern gehört hatte.
In den Biowissenschaften ist das ganz genauso. Auch hier ist mit Vererbung ein Vorgang gemeint, bei dem etwas von den Eltern auf deren Kinder übertragen wird. Nur geht es hierbei nicht um das Sonntagsgeschirr oder das Haus im Grünen, sondern um das Weiterreichen von Erbanlagen, die die Ausbildung bestimmter Körpermerkmale beeinflussen.

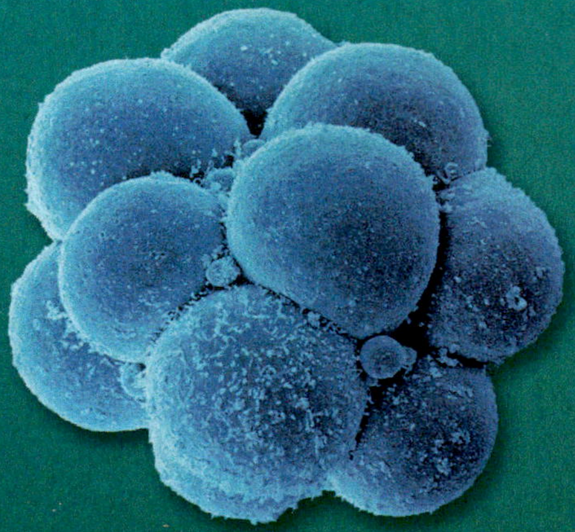

1 Alles Leben beginnt mit einer befruchteten Eizelle. Und darin sollen alle Informationen für die Entwicklung eines Menschen gespeichert sein?

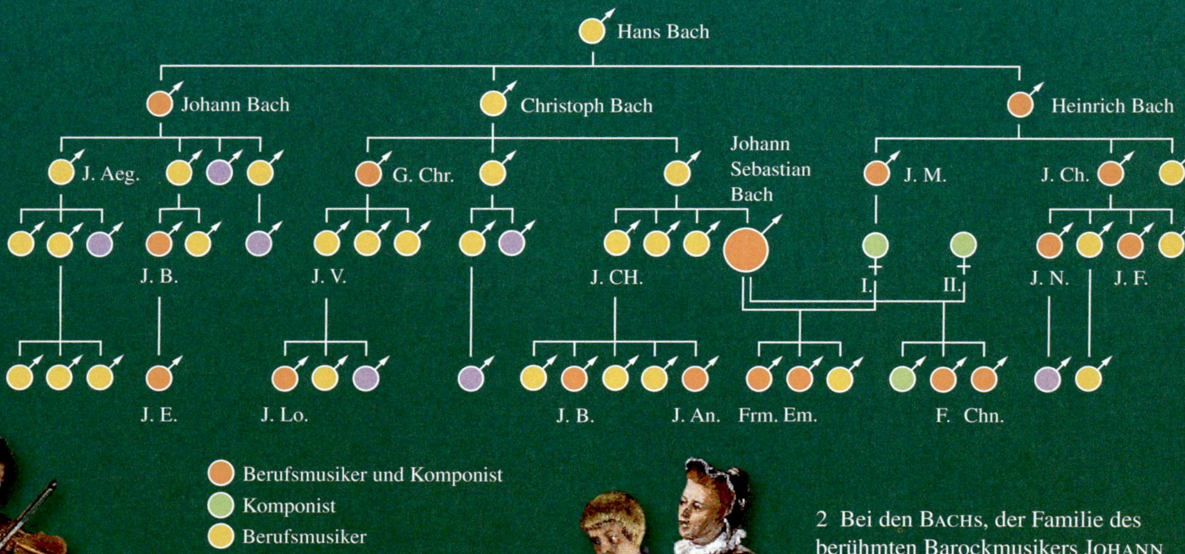

2 Bei den BACHS, der Familie des berühmten Barockmusikers JOHANN SEBASTIAN BACH, gab es sehr viele Musiker und Komponisten.
Wie werden Erbanlagen weitergegeben? Warum sind nicht alle BACHS Musiker?

3 Tier- und Pflanzenzüchter haben Sorten hervorgebracht, die der Wildart kaum ähneln. Ein Beispiel ist die gezeigte Dahlie. Wie erreichen die Züchter ihr Ziel?

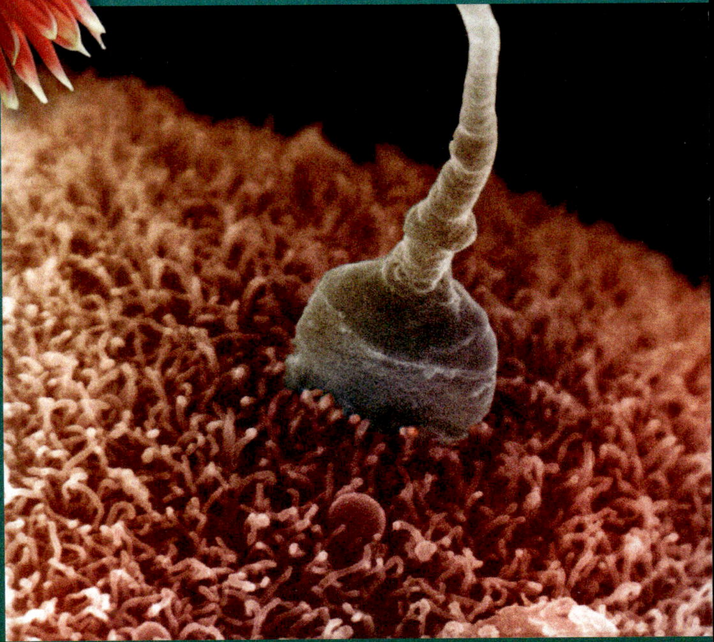

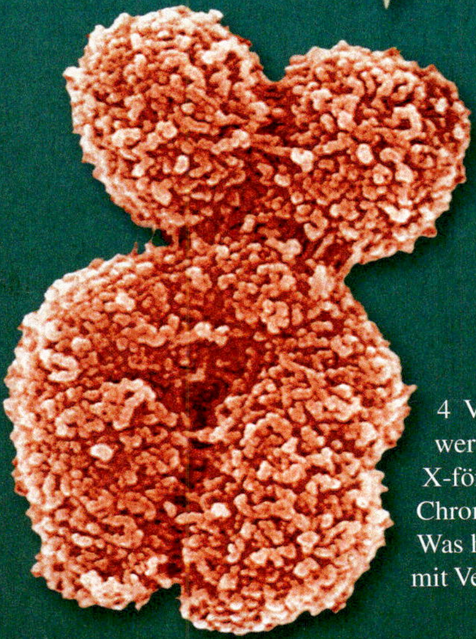

4 Vor jeder Zellteilung werden im Zellkern X-förmige Gebilde, die Chromosomen, sichtbar. Was haben Chromosomen mit Vererbung zu tun?

5 Bei der Befruchtung vereinigen sich die Erbanlagen von Vater und Mutter.
Müsste ein Mensch nicht alle Merkmale seiner Vorfahren besitzen? Warum ähneln wir nur unseren Eltern?

6 Röntgenstrahlen und radioaktive Strahlung sind gefährlich. Beim Röntgen bekommen wir z. B. eine schwere Gummimatte um die Hüften.
Was macht diese Strahlung so gefährlich?

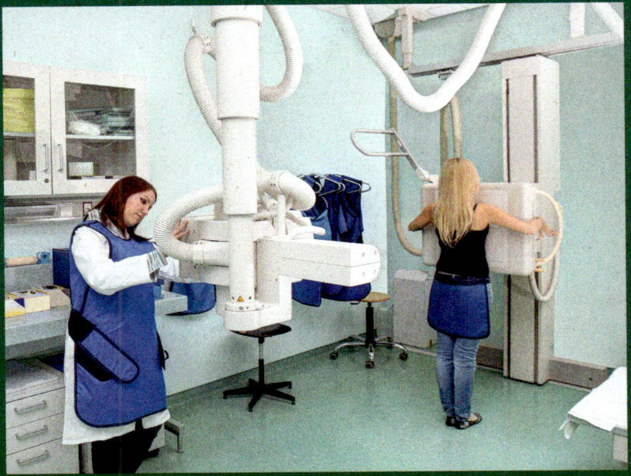

7 Diese Katzenjungen haben eine ganz andere Fellfarbe als ihre Mutter.
Wie konnte es dazu kommen?

Was ist eigentlich Vererbung?

„Ach wie niedlich! Ganz die Mama!" – „Ja, aber die Augen hat er vom Vater!" So oder so ähnlich hört man Tanten, Onkel und Großeltern auf der ganzen Welt reden. Und es stimmt ja auch, dass Kinder ihren Eltern ähneln. Aber kann man denn behaupten, dass ein Kind die Nase der Mutter und die Augen des Vaters geerbt hat? Die Mutter behält doch ihre Nase im Gesicht! Was genau wird eigentlich vererbt?

1 Eltern und Verwandte bestaunen ein neugeborenes Kind.

Beobachten Untersuchen Experimentieren

Umfrage zum Thema Vererbung

1 Vererbung hat die Menschen schon immer interessiert. Es gibt auch zahlreiche Redewendungen und Sprichwörter zu diesem Thema, zum Beispiel: „Der Apfel fällt nicht weit vom Stamm." Aber welche Vorstellungen haben deine Mitmenschen von der Vererbung und treffen diese Ideen auch zu? Hier lohnt es sich, genauer nachzufragen.

a Sammle Sprichwörter und Redewendungen zum Thema Vererbung.

b Befrage Eltern und Bekannte zur Vererbung: Was genau wird vererbt? Wie funktioniert diese Vererbung?

c Formuliere möglichst genau deine eigenen Vorstellungen zur Vererbung. Versuche zu klären, worin die Ähnlichkeiten zwischen Eltern und Kindern bestehen und wie es zu diesen Ähnlichkeiten kommt.

2 Ähnlich, aber nicht gleich: Familienähnlichkeit

GRUNDLAGEN: Worum es bei der Vererbung geht

Besonders bei Familientreffen werden oft und gerne die Ähnlichkeiten innerhalb einer Familie diskutiert: ↑2 Jan sieht genau wie sein Vater aus, finden manche. Aber die Form der Augen, auch die Augenfarbe hat er von der Mutter. Quirlig und draufgängerisch ist er wie sein Opa Heinz. Und musikalisch wie seine Tante Jessica. Aber kann denn das stimmen? Erben Kinder die Körpermerkmale der Eltern? Und sogar die Charaktereigenschaften entfernter Verwandter?

Was wird vererbt? Vieles, was über Vererbung gesagt wird, ist wohl Aberglaube, anderes ist ungenau formuliert und daher nur halb wahr. Wenn man die häufigsten Aussagen untersucht, stellt man zwei Dinge fest:

- Es wird allgemein angenommen, dass Merkmale vererbt werden: die Augenfarbe, die Form der Nase, die Intelligenz oder das Temperament.
- Meist wird angenommen, einige Merkmale des Kindes wurden vom Vater vererbt, andere dagegen von der Mutter.

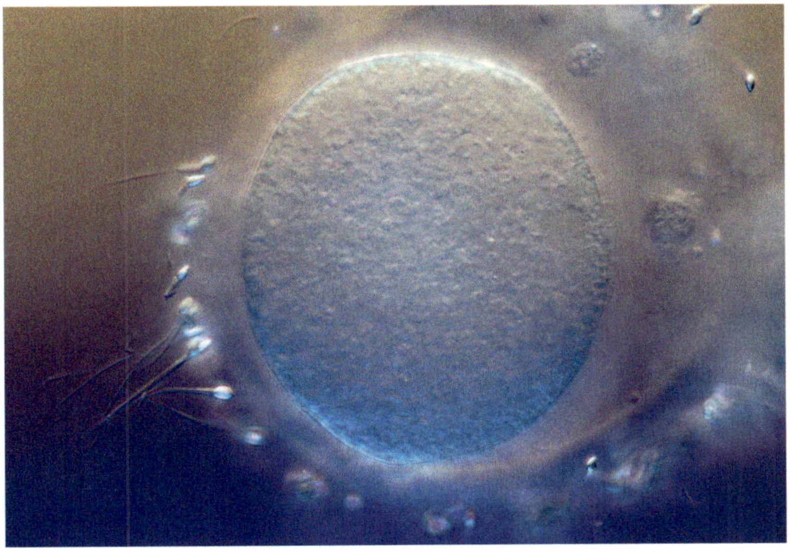

3 Befruchtung: Nur ein einziges Spermium dringt in die Eizelle ein. Anschließend verschmelzen die Zellkerne von Eizelle und Spermium.

Eins steht aber fest: Kinder sehen ihren Eltern meist ähnlicher als anderen Menschen. Aber sie sehen niemals ganz genauso aus wie Mutter oder Vater. Diese Feststellung trifft nicht nur auf Menschen, sondern auf alle Lebewesen zu, die sich geschlechtlich fortpflanzen. Der Schlüssel zum Verständnis der Vererbung liegt in der geschlechtlichen Fortpflanzung.

Geschlechtliche Fortpflanzung und Vererbung Ein neuer Mensch entsteht in dem Moment, in dem sich Eizelle und Spermium vereinigen und deren Zellkerne verschmelzen. ↑3 Alles, was die Eltern ihren Kindern mitgeben, steckt in diesen Zellkernen. Zellkerne verfügen weder über eine Haar- oder Augenfarbe noch über Intelligenz. Bei der Vererbung werden nicht die Merkmale weitergegeben, sondern Erbanlagen, also Baupläne und Informationen für Merkmale. Da diese Erbanlagen in den Zellkernen von Eizelle und Spermium stecken, ergibt sich auch, dass bei der Vererbung immer mütterliche und väterliche Erbanlagen kombiniert werden. Die Behauptung, ein Kind hätte die Augenfarbe der Mutter geerbt, ist also doppelt falsch: Erstens gab die Mutter nur die Erbanlage für eine bestimmte Augenfarbe weiter und zweitens hat auch der Vater eine entsprechende Erbanlage beigesteuert. Vererbt werden nicht die Merkmale, sondern Erbanlagen, die die Ausprägung von Merkmalen steuern.

Kurz und knapp **Vererbung hängt eng mit der geschlechtlichen Fortpflanzung zusammen. Dabei werden nicht Merkmale, sondern Erbanlagen weitergegeben. Diese Erbanlagen werden von beiden Elternteilen beigesteuert.**

Schon gewusst?

Vererbungstheorien
Dass Kinder ihren Eltern mehr ähneln als anderen Menschen, war schon im Altertum bekannt. Damals gab es allerdings andere Erklärungsversuche für diese Familienähnlichkeit. Die Präformationslehre des ANAXAGORAS ging zum Beispiel davon aus, dass alle kindlichen Merkmale im Samen des Vaters vorgeformt, also präformiert sind. Dieser Samen keimt im Körper der Mutter dann nur aus und entwickelt sich wie Bohnensamen, die man in die Erde steckt. Diese Theorie war auch im 17. Jahrhundert noch so verbreitet, dass Gelehrte damals im Mikroskop präformierte Kinder in Spermienzellen zu erkennen glaubten. ↑4

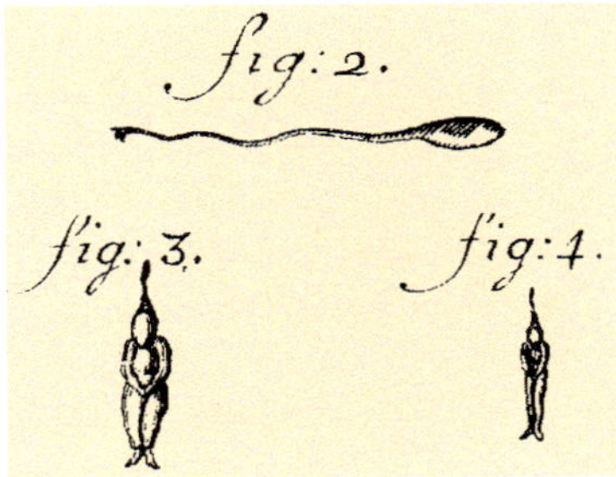

4 Zeichnung menschlicher Spermien von A. v. LEEUWENHOEK und JAN HAM, 1677 („Opera omnia", 1722)

Arbeitsaufträge

1 Erkläre, was an der Aussage „Max hat seine blonden Haare vom Vater geerbt" falsch ist.

2 Lies den Text „Vererbungstheorien". Was spricht aus heutiger Sicht dagegen, dass diese Theorie stimmt?

Den Erbanlagen auf der Spur

Im Archiv eines Fernsehsenders lagern Tausende Filmrollen. Nur wenige davon werden fürs Programm des heutigen Tages gebraucht. Aber jeden Tag holt man andere Filme aus dem Archiv.
Auch jede unserer Körperzellen verfügt über solch ein Archiv: Gemeint sind die Erbanlagen im Zellkern.
Wie sind die Informationen im Zellkern organisiert? Und benötigt jede Zelle ständig alle im Zellkern abgelegten Erbanlagen?

1 Blick ins Archiv eines Fernsehsenders

Beobachten **Untersuchen** Experimentieren

Wo befinden sich die Erbanlagen?

1 Dass es Erbanlagen geben muss, wusste man schon lange, bevor man genau sagen konnte, wo sie sich befinden und woraus sie bestehen. Einen wesentlichen Fortschritt bei der Klärung dieser Frage brachte das in Bild ↑2 gezeigte Experiment.

a Studiere die Grafik und beschreibe die Versuchsdurchführung.

b Welche Fragestellung vermutest du hinter diesem Versuchsaufbau? Formuliere selbst eine passende Frage.

c Deute das Ergebnis in Bezug auf die Frage: „Wo befinden sich die Erbanlagen?“
Ziehe zur Klärung dieser Frage auch das Ergebnis des Kontrollversuchs heran.

d Welche Schlussfolgerung wird dadurch möglich, dass man den Kern einer fertigen Körperzelle, und zwar aus dem Darm einer Kaulquappe verwendet hat?

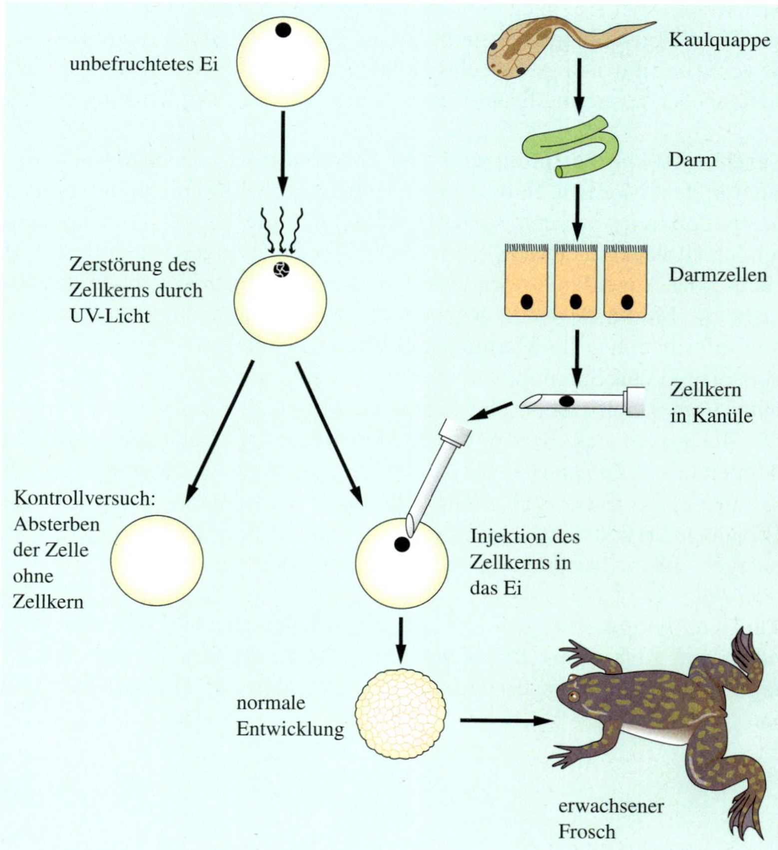

2 Kerntransplantation beim Krallenfrosch

GRUNDLAGEN: Ort und Organisation der Erbanlagen

Lage im Zellkern Die Zellen aller höheren Lebewesen besitzen einen Zellkern. Durch verschiedene Versuche konnte bewiesen werden, dass die Erbanlagen sich im Zellkern befinden. ↑2 Dabei enthält jeder Zellkern die gesamte Erbinformation. Das heißt, alle Zellen eines Organismus tragen genau die gleiche Information in ihrem Zellkern.

Funktionen des Zellkerns Der Zellkern ist ein sehr auffälliger und wichtiger Bestandteil der Zelle. ↑3 Zerstört man ihn, stirbt die ganze Zelle. Der Zellkern erfüllt die folgenden Aufgaben:
- In ihm ist die Erbinformation sicher verwahrt.
- Vom Zellkern aus werden alle Vorgänge in der Zelle so gesteuert und reguliert, wie es in der Erbinformation festgelegt ist.
- Die Erbinformation ist im Zellkern so organisiert, dass ihre kontrollierte Weitergabe bei jeder Zellteilung möglich ist.

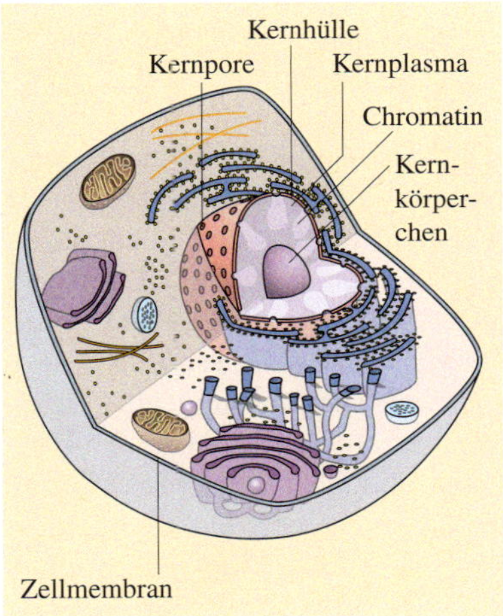

3 Schema einer tierischen Zelle

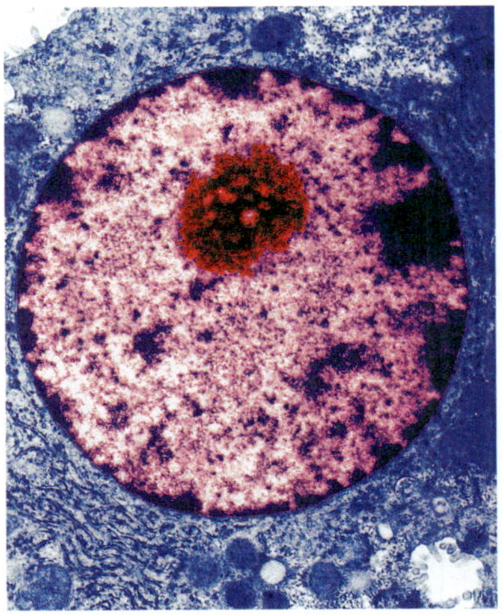
4 Zellkern, Erbsubstanz gefärbt

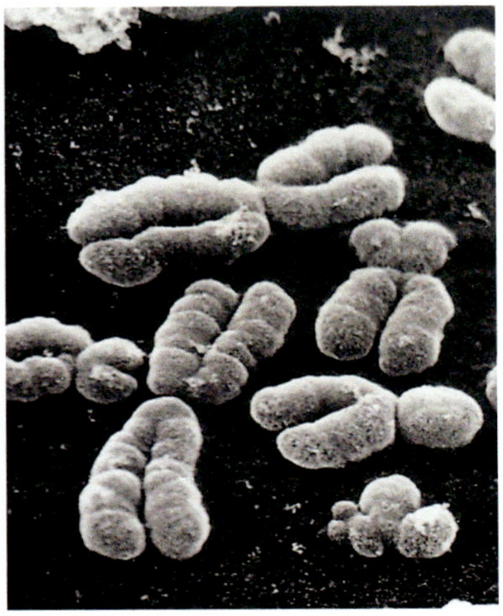
5 Chromosomen des Menschen

Entdeckung der Chromosomen Im Zellkern befindet sich eine Substanz, die mit bestimmten Farbstoffen sehr gut färbbar ist. Daher wurde diese Substanz Chromatin (griech. *chrōma:* Farbe) genannt. Das Chromatin besteht aus sehr langen, aber extrem dünnen Fäden. Daher entsteht im Lichtmikroskop der Eindruck, die farbige Substanz würde den Kern wie eine Flüssigkeit füllen. ↑4 Als Wissenschaftler aber erstmals sich teilende Zellen färbten und mikroskopierten, ergab sich ein anderes Bild: Das Chromatin hatte sich hier zu mehreren x-förmigen Körperchen verdichtet. Man nannte sie Chromosomen. ↑5, 6

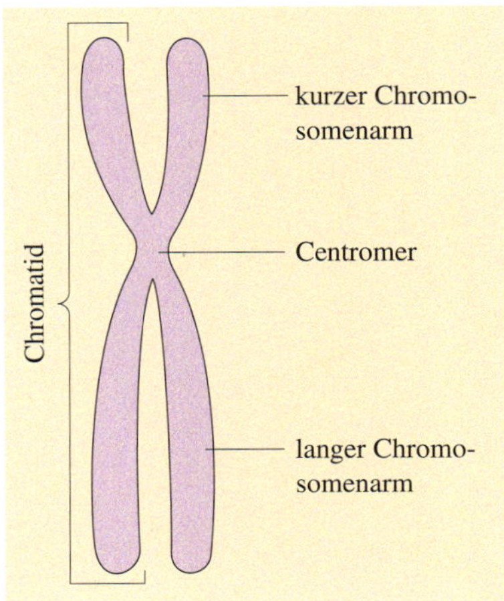

6 Bau eines Chromosoms

Arbeitsform und Transportform Inzwischen weiß man, dass die dünnen Chromatinfäden die Arbeitsform der Erbinformation darstellen. In dieser Form kann sie eingesetzt werden, um die Vorgänge in der Zelle zu steuern. Kurz vor einer Zellteilung entsteht durch Verdopplung und anschließende Verdichtung der Chromatinfäden die Transportform der Erbinformation. Diese bezeichnet man als Chromosom. Man erkennt jetzt, dass jedes Chromosom in dieser Phase aus zwei gleichen Strängen, den Chromatiden, besteht. Die Chromatiden hängen lediglich an einer Stelle zusammen, am Centromer. Nur die kompakte Transportform erlaubt eine geordnete Aufteilung der Chromosomen auf die sich bildenden Tochterzellen.

Art	Chromosomenzahl pro Körperzelle
Spulwurm	2
Schnirkel-schnecke	48
Taufliege	8
Haussperling	76
Haustaube	80
Hund	78
Mensch	46
Schimpanse	48
Wurmfarn	164
Tomate	24
Kartoffel	48
Zwiebel	16
Gerste	14

1 Chromosomenzahlen verschiedener Lebewesen

Chromosomensätze Während eines bestimmten Stadiums der Zellteilung kann man ermitteln, wie viele Chromosomen sich in einer Zelle befinden. ↑1, 2 Dabei fallen mehrere Tatsachen auf:

- Alle Vertreter einer Art besitzen pro Körperzelle exakt gleich viele Chromosomen.
- Bei Tieren und höheren Pflanzen ist die Chromosomenzahl jeder Körperzelle immer gerade, also durch zwei teilbar.
- Untersucht man die Chromosomen genauer, stellt man fest, dass sie in der Regel in Paaren vorliegen: Zwei Chromosomen gleichen sich dann exakt in Größe und Form.
- Man kann von der Zahl der Chromosomen nicht unbedingt auf die Organisationshöhe einer Art schließen. Das heißt, ein Lebewesen mit vielen Chromosomen pro Zelle ist nicht automatisch komplizierter gebaut.

Karyogramm des Menschen Auch bei teilungsaktiven Zellen des Menschen, zum Beispiel aus dem Fruchtwasser oder dem Knochenmark, kann man die Chromosomen sichtbar machen und anfärben. ↑2 Wendet man bestimmte Färbemethoden an, zeigt sich auf jedem Chromosom ein unverwechselbares Bandenmuster. Daran sowie an der Größe und Länge der Chromosomenarme kann man die einzelnen Chromosomen gut unterscheiden. Bei verschiedenen Untersuchungen werden die gefärbten Chromosomen digital fotografiert und dann paarweise nach absteigender Größe sortiert. Eine solche Darstellung nennt man Karyogramm. ↑3
Am Karyogramm kann man gut erkennen, dass sich beim Menschen in jeder Körperzelle 23 verschiedene Chromosomen befinden, die aber jeweils doppelt vorkommen. Die einander gleichen Chromosomen werden als homolog bezeichnet. Eine Ausnahme bildet das 23. Chromosomenpaar, die Geschlechtschromosomen oder auch Gonosomen. Frauen besitzen zwei gleiche sogenannte X-Chromosomen, Männer dagegen nur ein

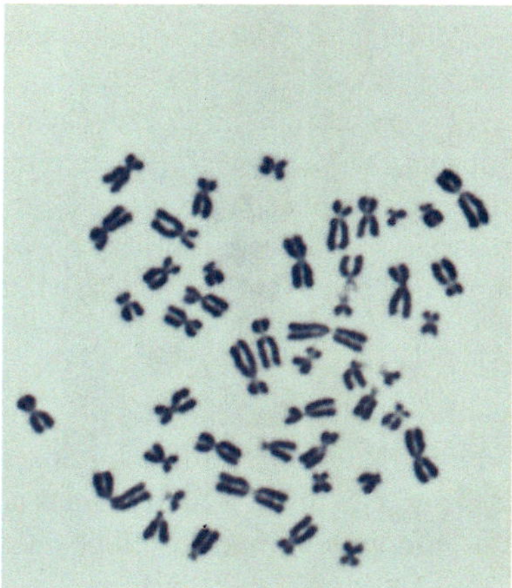

2 Ungeordneter Chromosomensatz eines Menschen

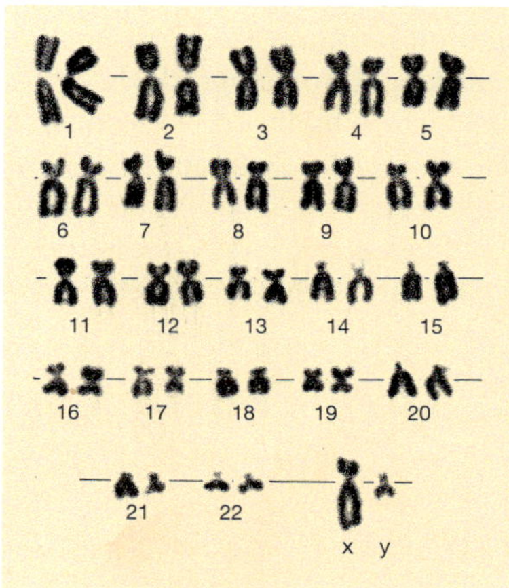

3 Karyogramm eines Mannes

X-Chromosom und das sehr viel kleinere Y-Chromosom. Die übrigen 44 Chromosomen nennt man Autosomen. Insgesamt besitzen menschliche Körperzellen also einen doppelten Chromosomensatz, abgekürzt $2n$ (n = Chromosomenzahl eines einfachen Chromosomensatzes). Man sagt auch, Körperzellen sind diploid. Für den Menschen gilt $2n = 46$, da er 23 Chromosomenpaare besitzt ($n = 23$).

Chromosomenzahl und geschlechtliche Fortpflanzung Man könnte sich darüber wundern, dass in den Körperzellen jedes Chromosom doppelt vorliegt. Wie kommt das zustande? Um das zu verstehen, muss man sich daran erinnern, dass bei der Befruchtung die Zellkerne von Eizelle und Spermium verschmelzen. Jede dieser Geschlechtszellen trägt einen einfachen oder haploiden Chromosomensatz. Beim Menschen wären das 23 Chromosomen. Im befruchteten Ei stammt also die Hälfte der Chromosomen von der Mutter, die andere Hälfte vom Vater. ↑4

Kurz und knapp **Die Erbanlagen befinden sich im Zellkern. Jede Körperzelle verfügt über die gesamte Erbinformation. Chromatinfäden stellen die Arbeitsform der Erbinformation, Chromosomen die Transportform dar. Höhere Pflanzen und Tiere besitzen in den Körperzellen meist einen diploiden Chromosomensatz aus Paaren von homologen Chromosomen. Die Hälfte der Chromosomen stammt dabei von der Mutter, die andere vom Vater.**

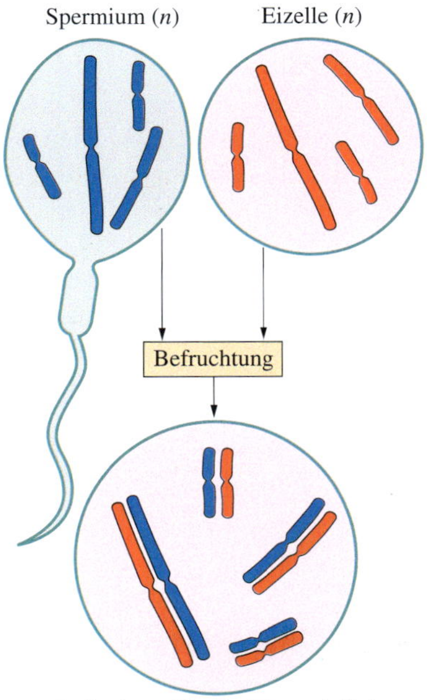

4 Vereinigung der Chromosomensätze von Vater und Mutter

Beobachten Untersuchen Experimentieren

Chromosomen im Modell

Material: großer Druckknopf, Draht, Bleistift

Durchführung: Schneide zwei 40 cm lange Drahtstücke zu. Ziehe je einen Draht durch zwei gegenüberliegende Löcher einer Druckknopfhälfte. Füge dann die beiden Druckknopfhälften wieder zusammen. Schraube die Drähte auf, indem du den Bleistift eng mit ihnen umwickelst. ↑5

Aufgaben: Vergleiche dein Modell mit dem Aufbau eines Chromosoms. In welchen Eigenschaften stimmt das Modell mit dem Original überein, in welchen nicht?

Demonstriere am Modell die Arbeits- und die Transportform eines Chromosoms.

5 Chromosomenmodell aus Druckknöpfen und Draht

Arbeitsaufträge

1 Erkläre, warum der Versuch auf ↑S. 84 beweist, dass im Zellkern jeder Körperzelle die gesamte Erbinformation gespeichert ist. Wie wäre das Experiment ausgegangen, wenn in der Darmzelle nur die Erbinformation für Darmzellen gespeichert wäre?

2 Beschreibe den Aufbau eines Chromosoms.

3 Erkläre, weshalb die Chromosomenzahl von Körperzellen immer gerade ist.

4 Überlege: Wenn eine Hälfte der Chromosomen von einem Elternteil stammt, die andere vom anderen, ist dann die Erbinformation auf den homologen Chromosomen gleich?

Mitose – Vermehrung von Körperzellen

Eine befruchtete Eizelle ist etwa so groß wie ein Stecknadelkopf. Aus dieser einzigen Zelle gehen durch Teilung sämtliche Körperzellen hervor – beim Erwachsenen sind das etwa 60 Billionen. Würden die Anlagen einfach auf die Tochterzellen aufgeteilt, wäre schon bald keine Erbinformation mehr übrig …
Was passiert bei den vielen Zellteilungen mit den Erbanlagen?

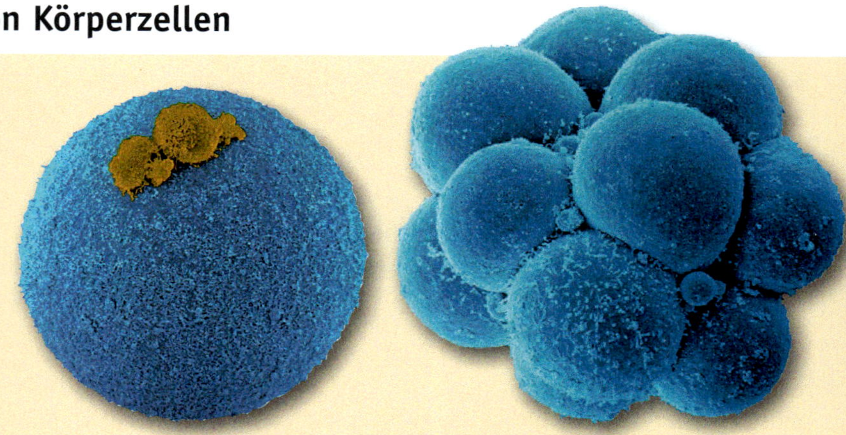

1 Befruchtete menschliche Eizelle (links), Embryo im 16-Zell-Stadium (rechts)

Beobachten Untersuchen Experimentieren

Zellteilung in Wurzelspitzen

Möchte man Zellen untersuchen, die sich gerade teilen, sind Wurzelspitzen besonders gut geeignet: Wurzeln wachsen schließlich nur an den Spitzen. Die für diese Untersuchung nötigen Wurzelspitzen kann man von der Küchenzwiebel oder von Kressekeimlingen gewinnen.

Material: Wurzelspitzen, mit einem Korken versehene Rasierklinge, Pinzette, Objektträger, Deckglas, Orcein-Essigsäure, 25-prozentige Essigsäure, Pipette, Filterpapier, Bunsenbrenner, Mikroskop

Durchführung: Wurzelspitzen werden etwa 2 mm hinter der Spitze abgeschnitten und mit der Pinzette auf einen Objektträger gelegt. Mit der Rasierklinge teilt man die Spitzen mehrmals längs. Nach Zugabe eines Tropfens Orcein-Essigsäure legt man ein Deckglas auf und erhitzt das Präparat 5 min über der Sparflamme des Bunsenbrenners.

Vorsicht: Nicht zu stark erhitzen! Es dürfen keine Dampfblasen entstehen.

Nach dem Erhitzen werden unter dem Deckglas einige Tropfen Essigsäure durchgesaugt, um überschüssigen Farbstoff zu entfernen. Dann legt man Filterpapier über den Objektträger und quetscht das Präparat vorsichtig, ohne es seitlich zu verschieben. Danach nochmals etwas Orcein-Essigsäure und anschließend Essigsäure durchsaugen.

Auswertung: Betrachte das Präparat bei etwa 400-facher Vergrößerung. Achte besonders auf die angefärbten Strukturen. Beschreibe und deute, was du siehst. Fertige eine Skizze an und beschrifte sie.

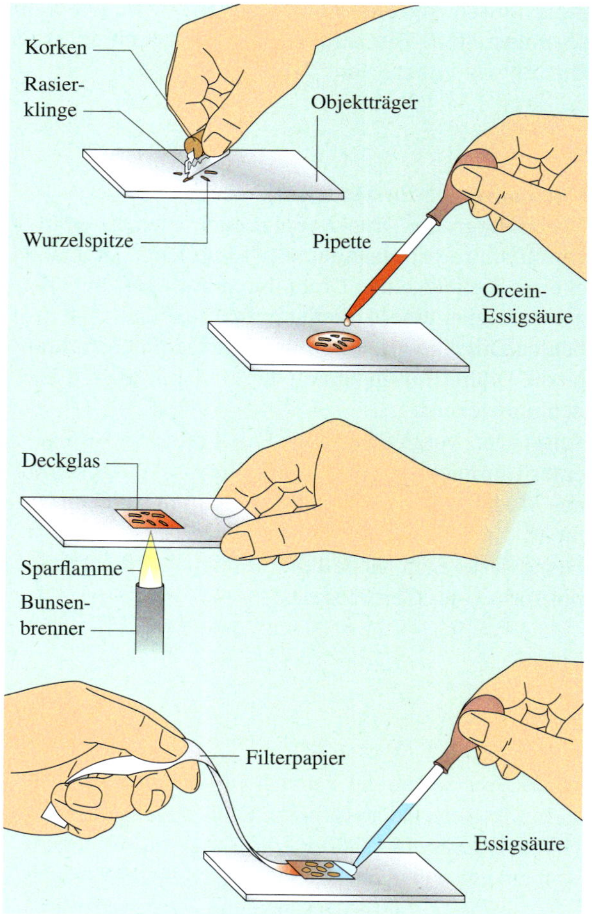

2 Chromatinfärbung am Wurzelspitzenpräparat

GRUNDLAGEN: Kernteilung und Zellteilung bei der Mitose

Weitergabe der Erbinformation Wachstum ist immer mit einer Vermehrung von Körperzellen verbunden. Zudem werden bei jedem Menschen, auch bei Erwachsenen, täglich Millionen abgestorbener Zellen ersetzt. Wachstum und Regeneration erfordern Zellteilungen. Wenn sich eine Zelle teilt, muss sichergestellt sein, dass jede Tochterzelle die gesamte Erbinformation des Zellkerns erhält. Sonst könnte der Kern seine Funktion bei der Steuerung und Regelung des Zellstoffwechsels nicht erfüllen. Den Teilungsvorgang, der eine geregelte Weitergabe der Erbinformation garantiert, nennt man Mitose. Der Ablauf der Mitose lässt sich anhand lichtmikroskopischer Aufnahmen gut rekonstruieren. Um den an sich kontinuierlichen Prozess besser beschreiben zu können, wird er in die Abschnitte Prophase, Metaphase, Anaphase und Telophase unterteilt. ↑3

Ablauf der Mitose Dass eine Mitose beginnt, erkennt man im Mikroskop daran, dass sich die Kernhülle und die Kernkörperchen, die beim Zellstoffwechsel wichtig für die Weiterverarbeitung der Erbinformation sind, auflösen. Gleichzeitig wandern zwei spezielle Zellorganellen zu entgegengesetzten Zellpolen und bilden Spindelfasern, die sich zur Zellmitte hin verlängern. Die zuvor verdoppelten Chromatinfäden verdichten sich derweil zu ihrer Transportform, den Chromosomen. Immer besser erkennt man, dass jedes Chromosom aus zwei Chromatiden besteht. ↑5, 6 S. 85 Die beiden Chromatiden eines Chromosoms sind identische Kopien.
Während sich die Chromosomen maximal verdichten, ordnen sie sich in einer Ebene in der Zellmitte an. Jetzt sind im Bereich des Centromers an jedes Chromosom zwei von entgegengesetzten Zellpolen stammende Spindelfasern gebunden. Wenn sich diese Fasern anschließend verkürzen, wird jedes Chromosom in der Mitte geteilt: Je ein Chromatid wird zu einem Zellpol gezogen. Es bilden sich dort zwei neue Zellkerne, während die Chromosomen wieder in die Arbeitsform übergehen. An die Kernteilung, die Mitose, schließt sich die Teilung in zwei Tochterzellen, die Cytokinese, an. Beide Zellen wachsen dann zur Größe der Mutterzelle heran.

Zellzyklus Als Ergebnis der Mitose und der anschließenden Zellteilung entstehen zwei Tochterzellen, die die gleiche Erbinformation in ihren Zellkernen enthalten. Dies ist möglich, weil die Erbinformation der Vorgängerzelle vor der Kernteilung verdoppelt wurde. Jeder einzelne Chromatinfaden wurde dabei als Vorlage für die Erstellung einer identischen Kopie genutzt. Während der Mitose werden die beiden Kopien durch Verdichtung des Chromatins als die zwei Chromatiden eines Chromosoms sichtbar. Da beide Tochterzellen bei der Mitose jeweils ein Chromatid jedes Chromosoms erhalten, geht keinerlei Erbinformation verloren. Die Phase zwischen zwei Mitosen, in der die Zelle sehr stoffwechselaktiv ist, bezeichnet man als Interphase.

Kurz und knapp **Die Mitose ist ein Vorgang, der sicherstellt, dass bei einer Zellteilung zwei erbgleiche Tochterzellen entstehen. Hierbei werden die identischen Schwesterchromatiden jedes Chromosoms getrennt. Um sie herum bilden sich zwei neue Kernhüllen.**

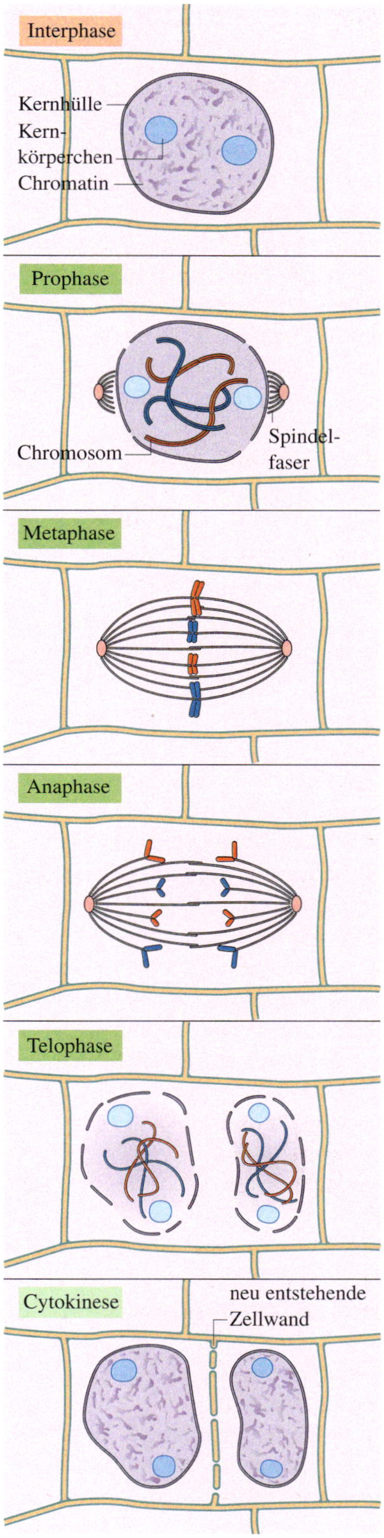

3 Zellzyklus bei einer Pflanzenzelle

Meiose – Bildung von Geschlechtszellen

Wir besitzen einen diploiden Chromosomensatz, weil wir von jedem Elternteil eine Hälfte unserer Chromosomen geerbt haben. Was aber, wenn wir nun selbst Eltern werden? Gäben wir und unser Partner bzw. unsere Partnerin unseren diploiden Chromosomensatz einfach weiter, dann hätten unsere Kinder einen vierfachen Satz. Das könnte so nicht über mehrere Generationen hinweg gut gehen. Bei der Bildung von Geschlechtszellen muss also etwas passieren, das eine immerwährende Verdopplung der Chromosomensätze verhindert …

1 Wie wird erreicht, dass der neue Korb nicht überfüllt ist?

Beobachten **Untersuchen** Experimentieren

Spielkartenmodell der Meiose
Suche dir aus zwei Kartenspielen mit unterschiedlichen Rückseiten sechs Karten wie in Bild ↑2 heraus.

1 Finde heraus, wie viele unterschiedliche Kombinationen von je einer Kreuz-, Herz- und Karokarte es gibt, wenn du bedenkst, dass jede Karte sich in der Farbe der Rückseite unterscheiden kann.

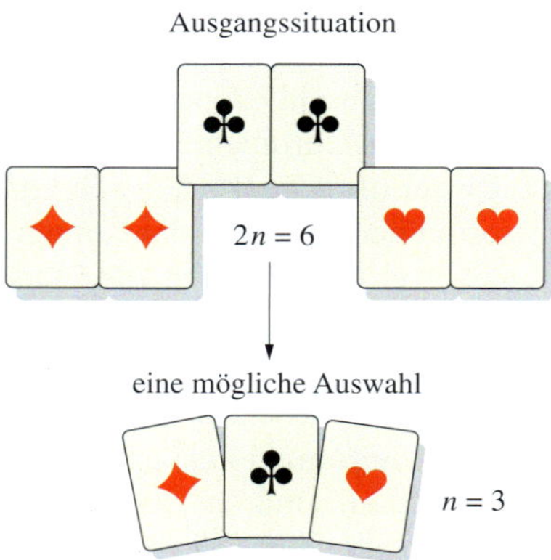

2 Was haben die Spielkarten mit der Meiose zu tun?

2 Arbeite diese Doppelseite durch und stelle dann einen Vergleich zwischen dem Modell und der Meiose an:

a Wofür stehen die Farben Kreuz, Herz und Karo?

b Weshalb braucht man von jeder Farbe zwei Karten, die sich aber anhand der Rückseite unterscheiden lassen müssen? Wofür steht die Rückseite?

c Welcher Vorgang wird simuliert, wenn zufällig von jeder Farbe drei Karten herausgegriffen werden?

Arbeitsaufträge

1 Erkläre, weshalb Geschlechtszellen haploid sein müssen.

2 Stelle in einer Tabelle Gemeinsamkeiten und Unterschiede im Verlauf der Mitose ↑S. 89 und der Meiose gegenüber.

3 Die Fruchtfliege hat einen Chromosomensatz von $2n = 8$. Berechne, wie viele Möglichkeiten der Kombination väterlicher und mütterlicher Chromosomen während der Meiose bei der Fruchtfliege auftreten können. (*Tipp:* Anzahl der Kombinationsmöglichkeiten = 2^n)

GRUNDLAGEN: Was passiert bei der Bildung von Geschlechtszellen?

Bei der Befruchtung verschmelzen die Zellkerne von Eizelle und Spermium. Diese Kerne bilden zusammen den Zellkern der befruchteten Eizelle. Daher enthält diese immer doppelt so viele Chromatinfäden wie jede der beiden Geschlechtszellen. Wenn also in der befruchteten Eizelle – aus der ja alle anderen Körperzellen hervorgehen – jeder Chromatinfaden zweimal vorkommt, dann darf dieser in den Geschlechtszellen nur einmal vorhanden sein.
Bei der Bildung von Geschlechtszellen aus Vorläuferzellen muss also der Chromosomensatz von diploid auf haploid halbiert werden. Die spezielle Zellteilung, aus der Geschlechtszellen hervorgehen, nennt man Meiose.

Ablauf der Meiose Die Meiose beginnt damit, dass sich im Zellkern der Vorläuferzelle die zuvor verdoppelten Chromatinfäden zu ihrer Transportform, den Chromosomen, verdichten. Die Kernkörperchen verschwinden. Während die Hülle des Zellkerns sich auflöst, bilden sich Paare von homologen Chromosomen, die sich schließlich in der Zellmitte anordnen. Gleichzeitig bilden sich an den beiden Zellpolen aus speziellen Zellorganellen die sogenannten Spindelfasern. Ein Teil von ihnen heftet sich an die Centromere der Chromosomen. Wenn sich nun diese Fasern verkürzen, werden die homologen Chromosomen voneinander getrennt. Die Zelle schnürt sich in der Mitte ein, wodurch zwei Tochterzellen entstehen, die jeweils nur noch einen haploiden Chromosomensatz besitzen. Die erste Reifeteilung ist damit abgeschlossen. Hieran schließt sich eine zweite Reifeteilung an, bei der die Chromatiden jedes Chromosoms getrennt werden. Letztlich entstehen also vier haploide Geschlechtszellen. ↑3

Ergebnis der Meiose Die Verringerung der Chromosomenzahl auf den haploiden Satz ist ein entscheidendes Ergebnis der Meiose. Es vollzieht sich aber noch etwas: Das Erbgut wird völlig neu kombiniert. Es bleibt nämlich dem Zufall überlassen, welche der ursprünglich vom Vater und welche der von der Mutter stammenden Chromosomen in welche Tochterzelle gelangen. Es entstehen also Geschlechtszellen, bei denen zum Beispiel das erste, sechste und neunte Chromosom vom Vater stammen, die restlichen aber von der Mutter. Man kann ausrechnen, dass beim Menschen 8 388 608 Kombinationsmöglichkeiten väterlicher und mütterlicher Chromosomen existieren. Zudem kann es während der Paarung der homologen Chromosomen zu einem Stückaustausch zwischen homologen väterlichen und mütterlichen Chromosomen kommen. Dadurch werden die Kombinationsmöglichkeiten der Erbinformation zusätzlich erhöht. Es ist daher sehr unwahrscheinlich, dass zwei Eizellen oder zwei Spermien eines Menschen dieselbe Kombination von Chromosomen aufweisen.

Kurz und knapp **Die Meiose ist eine spezielle Zellteilung, die nur bei der Bildung von Geschlechtszellen auftritt. Aus einer diploiden Vorläuferzelle gehen dabei vier haploide Tochterzellen hervor. Im Lauf der Meiose werden mütterliche und väterliche Chromosomen neu verteilt, sodass sich die Geschlechtszellen in ihrer Kombination von den Chromosomen unterscheiden.**

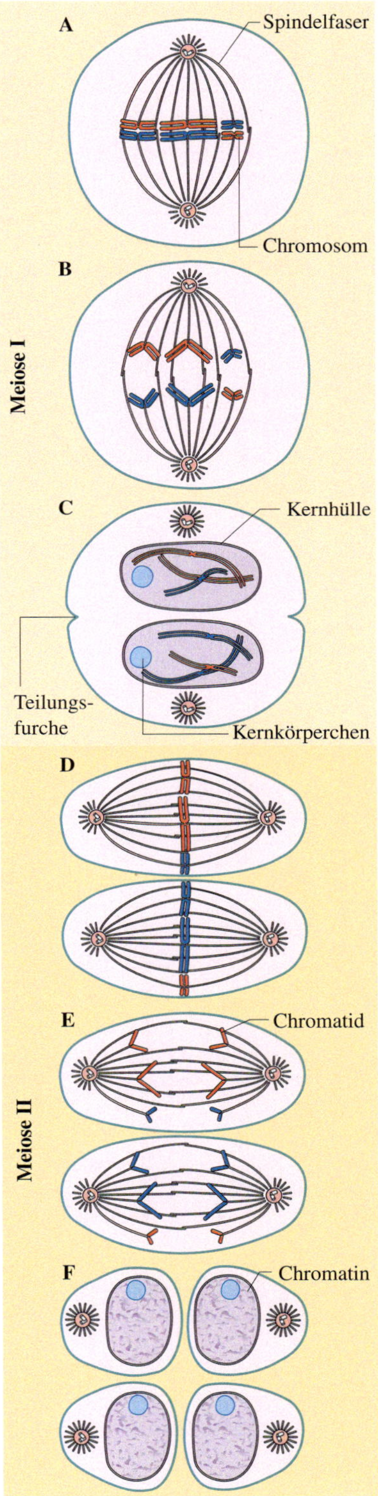

3 Meiose (hier: $2n=6$, mütterliche Chromosomen rot, väterliche blau)

Vererbung erfolgt nach festen Regeln

Wenn ein schwarzer Kater und eine weiße Katze sich paaren, sollte man dann nicht eigentlich erwarten, dass die Jungen grau sind? Noch im 19. Jahrhundert glaubten die Menschen, väterliche und mütterliche Anlagen würden sich bei der Vererbung und bei der Merkmalsausprägung wie verschiedenfarbige Flüssigkeiten mischen. Welche Wirkungen haben die väterlichen und mütterlichen Erbanlagen auf die Ausbildung der Merkmale?

1 Manchmal ähneln die Nachkommen nur einem Elternteil. Warum?

GRUNDLAGEN: Gesetzmäßigkeiten der Vererbung

Gene und Allele Eine befruchtete Eizelle hat einen diploiden Chromosomensatz. Die eine Hälfte der Erbanlagen stammt von der Mutter, die andere vom Vater. Auf die Ebene der Gene bezogen bedeutet dies, dass jedes Gen in zwei Ausführungen existiert: ↑2 Diese können identisch sein – das ist aber nicht immer so. Von vielen Genen existieren unterschiedliche Zustandsformen, sogenannte Allele. Die Allele eines Gens unterscheiden sich in ihrem Informationsgehalt: Beispielsweise existieren für das Gen, das bei Kaninchen die Fellfarbe bestimmt, verschiedene Allele, die zur Ausbildung von schwarzem, weißem oder braunem Fell führen. Besitzt ein Tier zwei gleiche Allele, diesen Genotyp nennt man homozygot, ist die Fellfarbe leicht zu erraten: Ein Kaninchen mit zwei Allelen für schwarzes Fell ist schwarz. Was aber passiert bei der Kombination unterschiedlicher Allele, also bei einem heterozygoten Genotyp?

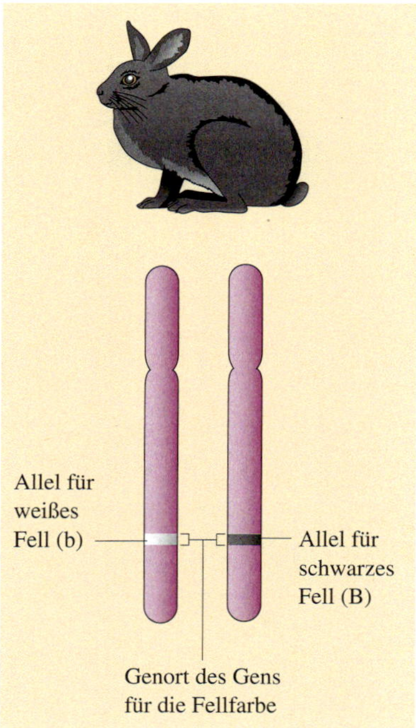

2 Allele sind Zustandsformen eines Gens. In jeder diploiden Zelle kommen zwei Allele eines Gens vor.

Genotyp und Phänotyp In dem Beispiel von der Fellfarbe der Kaninchen kommt es zu einem überraschenden Ergebnis: Tiere mit heterozygotem Genotyp, die ein Allel für schwarzes und eines für weißes Fell besitzen, sind nicht grau, sondern schwarz. Die sichtbare Merkmalsausprägung, der Phänotyp, wird hier nur von einem Allel, nämlich dem für schwarzes Fell, bestimmt. Das Allel, das sich phänotypisch durchsetzt, wird als dominant bezeichnet. Ein Allel, das in seiner Merkmalsausprägung von jenem überdeckt wird, nennt man rezessiv. Dominante Allele bezeichnet man mit Großbuchstaben, rezessive mit dem entsprechenden Kleinbuchstaben. Die Genotypen BB und Bb bewirken bei diesem dominant-rezessiven Erbgang denselben Phänotyp. ↑3

Es kommt jedoch auch vor, dass die zwei Allele eines Gens bei der Merkmalsausprägung gleich wirksam sind. So führt die Kreuzung von homozygoten dunkelrosa und weiß blühenden Wunderblumen zu rosa blühenden Pflanzen. Hier liegt ein intermediärer Erbgang vor.

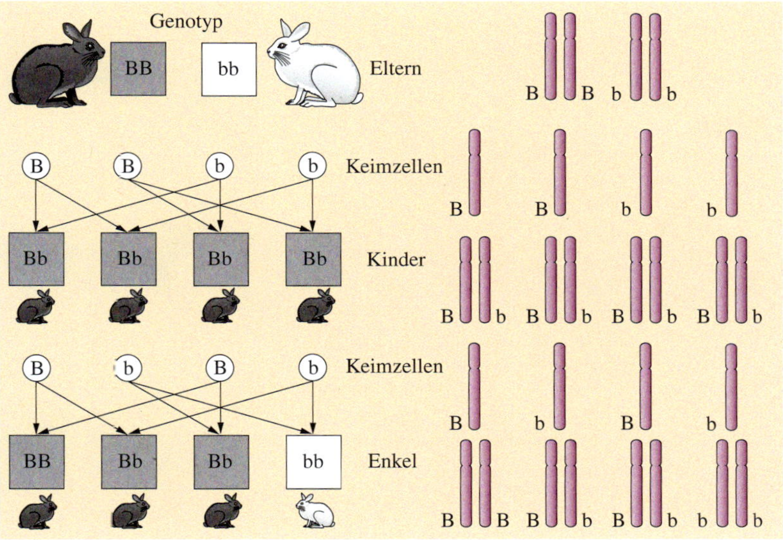

3 Erbschema eines dominant-rezessiven Erbgangs

Vererbungsregeln und Wahrscheinlichkeit Mit dem bis hier dargestellten Wissen lassen sich Regeln der Vererbung aufstellen: Wenn man den Genotyp der Eltern kennt, sind Vorhersagen über die Genotypen der Nachkommen möglich. Dazu muss man sich nur Gedanken über die Keimzellenbildung machen: Keimzellen sind haploid, enthalten also nur eins der beiden Allele jedes Gens. Das ist besonders wichtig, wenn der Genotyp eines Elternteils heterozygot ist, denn die Hälfte der Keimzellen enthält das eine, die andere Hälfte das andere Allel. Welches Allel in welche Keimzelle gelangt, hängt wie beim Werfen einer Münze vom Zufall ab. Obwohl die Allelverteilung zufallsbestimmt ist, lassen sich Regeln der Vererbung formulieren: Ist der Genotyp beider Eltern bezüglich eines Allels homozygot, haben alle (also 100 Prozent) der Nachkommen diesbezüglich den gleichen Genotyp. Sind beide Eltern heterozygot, sind es mit einer Wahrscheinlichkeit von 50 Prozent die Nachkommen ebenfalls. Die Wahrscheinlichkeit für Nachkommen, die für eines der beiden Allele homozygot sind, beträgt jeweils 25 Prozent.

Kurz und knapp **Von vielen Genen existieren Allele mit unterschiedlichem Informationsgehalt. Jede diploide Zelle besitzt zwei Allele jedes Gens. Manche dieser Allele wirken dominant, bestimmen den Phänotyp also allein. Das bei der Merkmalsausprägung überdeckte Allel heißt rezessiv.**

Schon gewusst?

GREGOR MENDEL (1822–1884)
Bevor Chromosomen und Gene entdeckt waren, stellte der Mönch GREGOR MENDEL Vererbungsregeln auf, die heute noch gelten. Er führte Kreuzungsexperimente an Erbsensorten durch. Das Auftreten von Merkmalen wie Blütenfarbe oder Samenform protokollierte er dabei über Generationen hinweg sehr genau. Nur weil er sehr viele Pflanzen untersuchte und auszählte, konnte er bemerken, dass die Merkmale seiner Erbsen in festen Zahlenverhältnissen auftauchten. Diese lassen sich heute mit der Chromosomentheorie erklären. ↑4

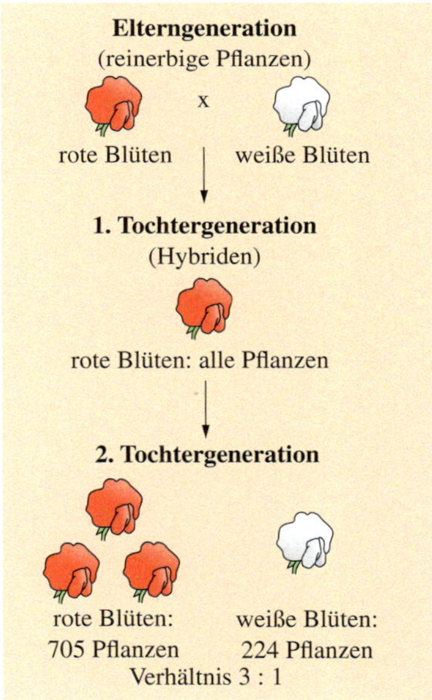

4 Kreuzungsversuch MENDELS

Arbeitsaufträge

1 Erkläre den Unterschied zwischen den Begriffen Gen und Allel.

2 Welcher Vorgang ist dafür verantwortlich, dass sich bei der Keimzellenbildung die Chromosomen mit ihren zum Teil unterschiedlichen Allelen zufällig auf die Tochterzellen verteilen?

3 Vergleiche die Bilder ↑3 und ↑4. Welcher Erbgang liegt MENDELS Kreuzungsexperiment vermutlich zugrunde?

4 Manchmal ähneln Kinder ihren Großeltern mehr als ihren Eltern. Suche mithilfe von Bild ↑3 nach einer Erklärung hierfür.

Warum Merkmale veränderlich sind

Als Britta und ihr Freund aus dem Urlaub in Tunesien kamen, waren sie braun gebrannt wie noch nie. Jetzt, einige Monate später, sind sie wieder so blass wie ihre Freunde.
Warum verändern sich Merkmale? Würde ein gebürtiger Tunesier in Deutschland auch so helle Haut bekommen?

1 Hautfarbe – wird man nur von der Sonne braun?

Beobachten Untersuchen Experimentieren

Licht- und Schattenform beim Löwenzahn

1 Löwenzahn wächst fast an jedem Standort. Aber wenn ihr Pflanzen von extrem sonnigen Plätzen mit solchen vergleicht, die im tiefen Schatten wachsen, findet ihr große Unterschiede. ↑2 Sind diese Unterschiede erblich oder erworben?

a Vergleicht Löwenzahnpflanzen aus dem Schatten mit solchen von sonnigen Standorten. Achtet besonders auf die Länge und Breite der Blätter, auf Länge und dicke der Wurzeln sowie auf die Länge der Blütenstiele.

b Plant ein Experiment, mit dem man herausfinden könnte, ob diese Unterschiede erblich sind oder nicht. Beschreibt Schritt für Schritt, wie ihr vorgehen wollt.

c Formuliert die möglichen Ergebnisse für euer Experiment. Welchen Ausgang erwartet ihr?

2 Sonnen- und Schattenform des Löwenzahns

GRUNDLAGEN: Modifikation und Mutation

Merkmale sind veränderlich Dass Merkmale sich verändern können, wissen wir aus Erfahrung: Je nach Ernährungslage und Training können Kinder groß und kräftig werden oder klein und zierlich bleiben. Aber kein Mensch ist jemals 10 Meter groß geworden oder 500 Kilogramm schwer. Es gibt bestimmte Merkmale, die durch Umwelteinflüsse veränderbar sind. Aber selbst diese Merkmale schwanken nur innerhalb einer bestimmten Reaktionsnorm, die genetisch bedingt ist.

Modifikationen Die meisten genetisch bedingten Merkmale zeichnen sich durch eine weite Reaktionsnorm aus: So ist die Hautfarbe des Menschen zwar genetisch bedingt – es gibt helle und dunkle Hauttypen, aber dennoch wird die Haut aller Hauttypen bei Lichtmangel heller und beim Sonnenbaden dunkler. Solche umweltbedingten Veränderungen von Merkmalen nennt man Modifikationen. Meist zeichnen sich solche Modifikationen durch fließende Übergänge zwischen den einzelnen Merkmalsausprägungen aus. Beispielsweise findet man bei der Form der Baumkrone alle Übergänge zwischen Lichtform bei frei stehenden Bäumen und Schattenform im dichten Wald.

Mutationen Manche Merkmalsveränderungen haben genetische Ursachen. Bei der Entwicklung vom befruchteten Ei zum Erwachsenen wird die Erbinformation unzählige Male kopiert. Dabei können Fehler vorkommen, die zu sprunghaften Veränderungen führen. Diese plötzlich auftretenden Veränderungen des Erbguts nennt man Mutationen. Mutationen können in jeder Körperzelle auftreten. Meist sterben die mutierten Zellen, sie können aber auch zu Krebszellen entarten. ↑3 Mutationen, die bei der Bildung von Ei- und Spermazellen auftreten, werden vererbt.
Die Erbinformation kann durch Mutationen verschieden stark verändert sein. Bei Genmutationen ist nur die Basensequenz eines einzigen Gens verändert. Dies führt oft, z. B. beim Albinismus ↑4, zum Ausfall des Gens. Manchmal kommt es aber auch zu im Mikroskop sichtbaren Veränderungen eines Chromosoms. ↑5 Diese Chromosomenmutationen können durch eine Verdopplung, den Verlust oder durch eine veränderte Anordnung mehrerer Gene gekennzeichnet sein. Im Fall von Genommutationen ist die Zahl der Chromosomen gegenüber dem normalen Chromosomensatz verändert. Beispiele hierfür sind Trisomien wie das Downsyndrom. ↑S. 104

Ursachen von Mutationen Mutationen sind zufällige Ereignisse, die sich nicht vorhersehen lassen. Sie treten zwar sehr selten auf, aber bei der extrem hohen Zahl von Zellteilungen, die täglich in uns ablaufen, kann man davon ausgehen, dass jeder mutierte Zellen in sich trägt. Es gibt bestimmte Einflüsse, die die normale Mutationsrate um ein Vielfaches erhöhen. Zu diesen Mutagene genannten Einflüssen gehören UV-, Röntgen- und radioaktive Strahlung sowie viele Chemikalien.

Kurz und knapp **Durch die Umwelt bedingte Merkmalsveränderungen nennt man Modifikationen. Sie sind nicht mit Erbgutveränderungen verbunden. Mutationen dagegen sind sprunghaft auftretende Erbgutveränderungen. Ihr Auftreten ist zufällig, wird aber durch Mutagene gefördert.**

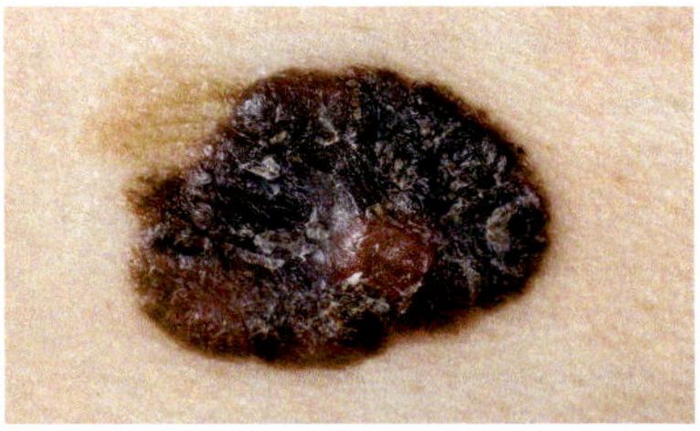

3 Hautkrebs kann durch UV-Strahlung entstehen.

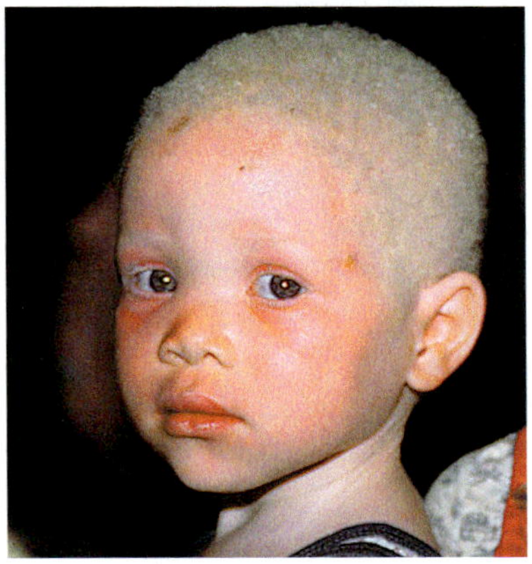

4 Albino-Mädchen. Die Eltern und Geschwister sind dunkelhäutig.

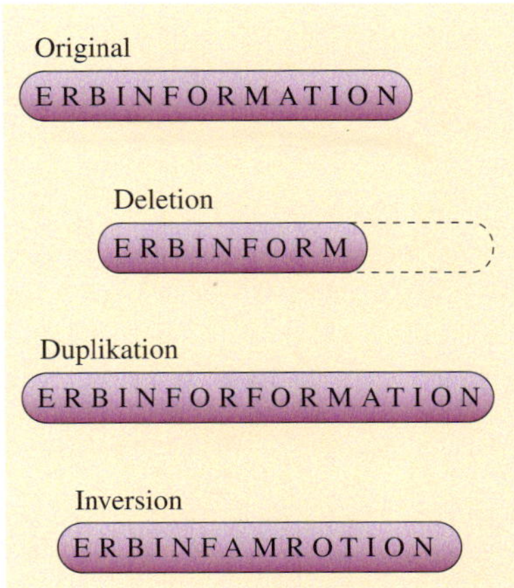

5 Verschiedene Typen von Chromosomenmutationen

Arbeitsaufträge

1 Zähle Modifikationen auf, die du kennst. Erkläre jeweils, woran man erkennt, dass es sich um eine Modifikation handelt.

2 Begründe mithilfe von Bild ↑4, weshalb der Albinismus keine Modifikation darstellt.

3 Überlege, weshalb die meisten Mutationen dazu führen, dass Gene ausfallen und so Schaden anrichten.

4 Kann man sich vor Mutationen schützen? Begründe deine Entscheidung.

Exkurs

EXKURS: Mutagene Faktoren können unsere Gesundheit bedrohen

Ausstieg beschlossen
Im Jahr 2011 kam es in Japan nach einem Erdbeben und einem verheerenden Tsunami zu einer Nuklearkatastrophe im Atomkraftwerk in Fukushima. In Deutschland wurde daraufhin der endgültige Ausstieg aus der Kernenergieerzeugung beschlossen. Einige Atomkraftwerke wurden sofort abgeschaltet, die restlichen werden bis zum Jahr 2022 stillgelegt. Die Probleme der Endlagerung der nuklearen Rückstände werden aber zukünftige Generationen noch lange beschäftigen.

Indem der Mensch die Welt seinen Bedürfnissen gemäß gestaltet, verändert er zugleich die Lebensbedingungen anderer Lebewesen. Vielen Arten werden dadurch Lebensbedingungen und Lebensräume entzogen. Vom Menschen verursachte Umweltveränderungen wirken oft auch schädigend auf den Menschen selbst. Beispiele dafür sind die mutagenen Faktoren.
Mutagene Faktoren sind äußere Einwirkungen, die Mutationen auslösen. Mutationen sind Veränderungen des Erbgutes, die beispielsweise durch Fehler während der Zellteilung entstehen können.
Mutationen können durch Chemikalien, durch radioaktive und elektromagnetische Strahlung ausgelöst werden. Mutagene wirken stets ungerichtet, das heißt, man kann vorhersagen, wie groß die Anzahl der durch ein Mutagen ausgelösten Mutationen sein wird, man kann aber nicht vorhersagen, welche Gene oder Chromosomen in welcher Weise betroffen sein werden.

Natürliche Strahlungsquellen In der natürlichen Umwelt des Menschen gibt es eine Reihe von Strahlungen, die Mutationen auslösen können.
Die Ultraviolettstrahlung des Sonnenlichts ist der Hauptteil der auf der Erde ankommenden kosmischen Strahlung mit mutagener Wirkung. Der Rückgang der schützenden Ozonschicht in der Erdatmosphäre verstärkt diese Strahlung noch.
Manche chemischen Elemente wie Uran oder Radium zerfallen chemisch und senden dabei radioaktive Strahlung aus, die ebenfalls Mutationen auslösen kann. In bestimmten Gesteinen sind solche Elemente enthalten. Sie bewirken die Verstrahlung der in ihrer Umgebung lebenden Organismen. Auch die Aufnahme verstrahlter Nahrungsmittel kann Mutationen auslösen.

Künstliche Strahlungsquellen Durch die Fortschritte in Technik, Medizin und Wissenschaft werden zunehmend radioaktive Stoffe eingesetzt, durch welche die Mutationshäufigkeit in der menschlichen Bevölkerung wächst.
Bei Strahlungen gibt es keine unschädliche Dosis, auch die geringste Strahlung erhöht die Mutationsrate der Betroffenen. Deshalb kommt es darauf an, die Strahlungsbelastung so niedrig wie möglich zu halten.

Strahlungsquellen	Prozentsatz der natürlichen Strahlung
Natürliche Strahlung	100
Röntgendiagnostik	20–100
Strahlentherapie	1–30
Atomwaffentests	2–4
Radioisotopendiagnostik	< 1
Kerntechnische Anlagen	< 2
Leuchtzifferblätter, Fernseher usw.	< 1
Berufliche Strahlenbelastung (außer medizinische Berufe)	< 2

1 Kernkraftwerk

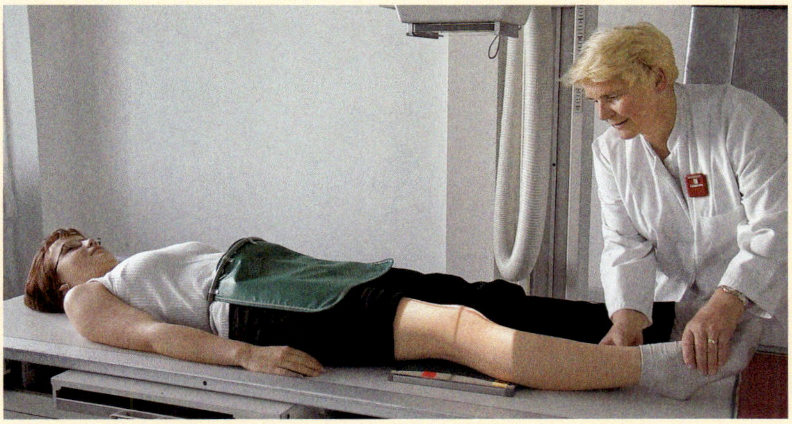

2 Bei Röntgenuntersuchungen müssen die Keimdrüsen vor schädlicher Strahlung geschützt werden.

Mutationen auslösende Chemikalien Gegenwärtig existieren bereits mehr als 2 Millionen Stoffe, die aus natürlichen Vorstufen gewonnen oder vollständig synthetisiert worden sind. Jährlich erhöht sich diese Anzahl um etwa 250 000 neue Substanzen. Etwa 300 davon gelangen kontrolliert oder unkontrolliert in unsere Umwelt. Nur wenige dieser Stoffe werden zurzeit auf ihre mutagene Wirkung geprüft. Tests auf Mutagenität werden an Bakterien, Insekten oder kleinen Säugetieren (meist Mäuse) durchgeführt. Ihre Ergebnisse können aber nur bedingt auf den Menschen übertragen werden, da jede Organismenart anders auf bestimmte Substanzen reagiert.

Entstehung von Krebs In Körperzellen können Mutationen zu Krebs führen. Überall im Körper sterben Zellen ab und müssen ständig durch neue ersetzt werden. Darmzellen beispielsweise werden ständig abgeschilfert und mit dem Stuhl ausgeschieden, sodass laufend neue Schleimhautzellen nachgebildet werden müssen. Auch die roten und weißen Blutzellen werden laufend in großen Anzahlen ersetzt. Nervenzellen teilen sich dagegen nur selten und in größeren Abständen.
Wirken während der Zellteilungen Mutagene auf die Zellen ein, kann es auch zu Mutationen kommen, durch welche die Zellen die Fähigkeit zur Kontrolle der Teilungsgeschwindigkeit verlieren. So kann durch unkontrollierte Zellteilungen eine Geschwulst entstehen. Mit dem Blutstrom können Krebszellen im Körper verteilt werden, es entstehen Tochtergeschwülste (Metastasen).

Schon gewusst?

Ein alltägliches Ereignis
Der Krebsforscher Prof. Stefan Meuer, Heidelberg, betont: „Wir gehen davon aus, dass aufgrund vielfältiger äußerer und innerer Einflüsse auf unseren Körper täglich Krebszellen entstehen. Es gibt Schätzungen, dass 8 bis 10-mal pro Tag solch ein Ereignis stattfindet. Einer der Mechanismen, die dann verhindern, dass aus einer spontanen Veränderung einer Zelle in Richtung Krebszelle tatsächlich auch eine Krebserkrankung wird, ist eben die Abwehr durch das Immunsystem."

Arbeitsaufträge

1 Suche nach Gründen dafür, weshalb noch heute, über 50 Jahre nach dem Abwurf der Atombomben über Hiroshima und Nagasaki, Kinder an den Folgewirkungen dieser Bomben erkranken.

2 Begründe, weshalb Krankenschwestern während einer Schwangerschaft nicht in Röntgenabteilungen arbeiten dürfen.

3 Erläutere, weshalb bei Röntgenuntersuchungen Eierstöcke und Hoden der zu untersuchenden Personen mit Material abgedeckt werden, das die Röntgenstrahlung hemmt.

4 Nenne konkrete Beispiele für mutagene Faktoren, welche die Gesundheit von Menschen bedrohen können.

Vererbungsregeln auch beim Menschen?

Die Frage, die sich die beiden im Bild stellen, scheint berechtigt: Was kann man eigentlich über das Auftreten von bestimmten Merkmalen bei den Kindern eines Paares voraussagen? Schließlich ähneln Kinder ihren Eltern zwar, sie sehen aber nicht genau wie sie aus. Wie erforscht man die Vererbung beim Menschen? Man kann doch keine Kreuzungsversuche durchführen!

1 Lässt sich vorhersagen, wie die Kinder dieses Paares aussehen werden?

Beobachten Untersuchen Experimentieren

Untersuchung von genetisch bedingten Merkmalen beim Menschen

1 Auch beim Menschen gibt es genetisch bedingte, so deutlich unterscheidbare Einzelmerkmale wie die Blütenfarbe bei den Erbsen. Bei vielen dieser Merkmale handelt es sich jedoch um Stoffwechseleigenschaften. Man kann sie also nicht direkt beobachten. Einige Merkmale dagegen lassen sich leicht untersuchen.

a Stelle fest, welche der in Bild ↑2 dargestellten Merkmalsvarianten auf dich zutreffen. Notiere dazu den in Klammern stehenden Buchstaben.

b Nachdem du die sechs Einzelmerkmale untersucht hast, erhältst du deine persönliche Merkmalskombination als Abfolge von Buchstaben. Vergleiche sie mit denen deiner Mitschüler und Mitschülerinnen: Kommen bestimmte Abfolgen mehrmals vor? Sind manche Merkmalsvarianten häufiger als andere? Wenn ja, woran könnte das liegen?

c Untersuche deine Familienangehörigen (Eltern, Geschwister, Großeltern usw.) auf die Merkmale aus dem Bild ↑2. Gibt es Merkmale, die allen Geschwistern gemeinsam sind? Gibt es Merkmale, die bei den Eltern auftauchen, bei den Kindern aber nicht? Treten Merkmale in der Familie gehäuft auf?

d Versuche herauszufinden, welcher Erbgang den hier vorgestellten Merkmalen jeweils zugrunde liegt.

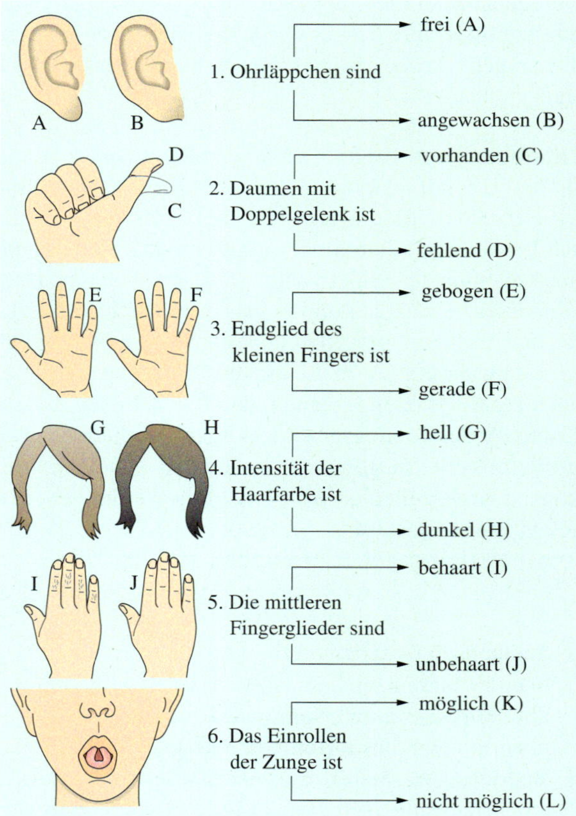

2 Genetisch bedingte Merkmale des Menschen

GRUNDLAGEN: Vererbung beim Menschen

Analyse von Erbgängen Die Analyse von Erbgängen ist bei Menschen schwierig, weil ein Ehepaar immer nur sehr wenige Nachkommen hat. Statistisch überprüfbare Häufigkeitsverteilungen kommen also nicht zustande. Und bei vielen Erbmerkmalen des Menschen gibt es fließende Übergänge, zum Beispiel bei der Haar-, Augen- und Hautfarbe.

Vererbung der Blutgruppen Auch beim Menschen lassen sich Merkmale finden, deren Erbgang bestimmten Regeln folgt. Die Blutgruppen A, B, AB und 0 sind ein Beispiel. ↑3 Die Blutgruppen unterscheiden sich durch bestimmte Moleküle auf der Oberfläche der roten Blutkörperchen. Diese Oberflächenmerkmale entsprechen dem Phänotyp bei diesem Erbgang. Sie werden durch drei verschiedene Allele vererbt:
- Allel I^A, das zur Bildung von Merkmal A führt
- Allel I^B, das zur Bildung von Merkmal B führt
- Allel i, das nicht zur Bildung von Oberflächenmerkmalen befähigt

Jeder Einzelne kann nur zwei dieser drei Allele tragen, denn der Chromatinfaden, auf dem das Gen für die AB0-Blutgruppen liegt, kommt in jeder Körperzelle genau zweimal vor. Die Allele I^A und I^B sind gegenüber dem Allel i dominant. Kommt aber der Genotyp I^AI^B zustande, werden die beiden Merkmale A und B ausgebildet. Die Allele I^A und I^B wirken hier kodominant. Bei den in Bild ↑2 gezeigten Merkmalen handelt es sich um dominant-rezessive Erbgänge.

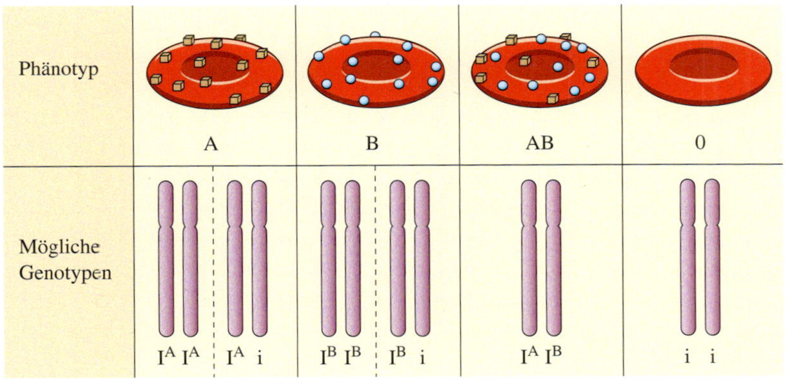

3 Phänotypen und mögliche Genotypen im AB0-Blutgruppensystem

Kurz und knapp **Die Ausprägung vieler Einzelmerkmale bei den Nachkommen folgt auch beim Menschen eindeutigen Vererbungsregeln. Die Vererbung der Blutgruppen ist ein Beispiel. Meist lassen sich Erbgänge beim Menschen aber nicht so leicht untersuchen.**

Schon gewusst?

Multiple Allelie
Für sehr viele Gene, die bei Mensch, Tier und Pflanze untersucht wurden, gibt es mehr als zwei verschiedene Allele. Die Fellfarbe von Kaninchen zum Beispiel wird durch ein Gen bestimmt, für das vier Allele bekannt sind. Diese multiple Allelie spielt aber nur dann eine wichtige Rolle, wenn man wie in der Evolutionsbiologie ganze Populationen untersucht. Geht es aber um eine bestimmte Kreuzung von zwei reinerbigen Elterntieren, kann man die nicht beteiligten Allele ruhig außer Acht lassen.

Arbeitsaufträge

1 Welche Blutgruppen könnten die Kinder eines Ehepaares haben, wenn die Mutter Blutgruppe 0 und der Vater Blutgruppe AB hat? Notiere die möglichen Genotypen und weise ihnen den entsprechenden Phänotyp zu.

2 CHARLIE CHAPLIN wurde 1940 in einem Vaterschaftsprozess zu Unterhaltszahlungen verurteilt. Das Kind hatte die Blutgruppe B, seine Mutter Blutgruppe A, Chaplin 0. Entschied das Gericht richtig? Begründe.

Krankheiten können genetische Ursachen haben

Für Karina fängt der Tag schon ganz früh an und endet, wenn andere Kinder noch spielen. Die kleine Patientin muss jeden Tag inhalieren und Krankengymnastik machen, damit sie keine Lungenentzündung bekommt. Um ihr Essen verdauen zu können, muss sie viele Tabletten nehmen. Einen Großteil ihrer Zeit verbringt sie in Krankenhäusern und bei Ärzten. Aber geheilt werden kann sie nicht, weil sie an einer Erbkrankheit leidet.
Was ist anders, wenn eine Krankheit eine genetische Ursache hat?

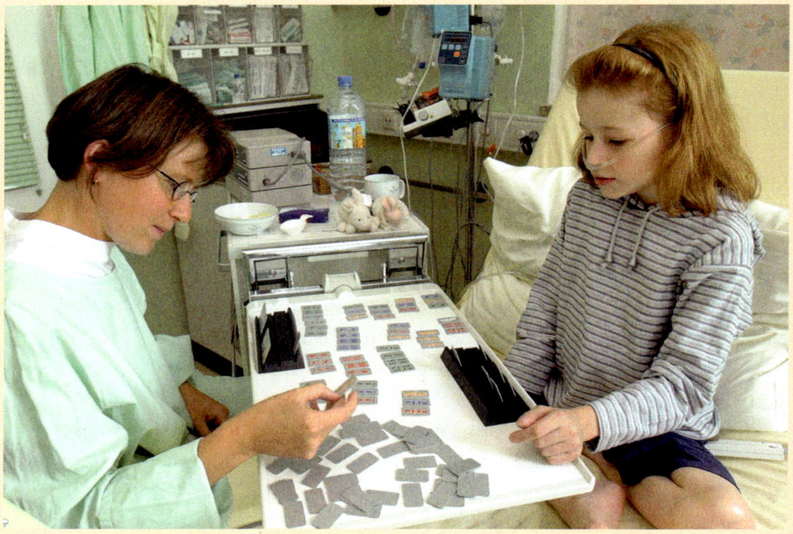

1 Manchmal sind Kinder unheilbar krank.

Beobachten ***Untersuchen*** *Experimentieren*

Wie wird Mukoviszidose vererbt?

1 Erbkrankheiten haben eine genetische Ursache. Sie können durch eine oder mehrere verschiedenartige Mutationen bei oder nach der Keimzellbildung entstehen. Meist ist ein Gen durch eine Mutation so verändert, dass ein bestimmtes Protein nicht in seiner funktionstüchtigen Form hergestellt werden kann. Bei Karinas Krankheit, der Mukoviszidose, ist das ein Protein, das den Austausch von Wasser und Salz in den Zellen regelt. Dadurch entsteht ein zähflüssiger Schleim, nach dem die Krankheit benannt wurde. Bild ↑2 zeigt, wie die Krankheit vererbt wird. Untersuche anhand des Bilds:

a Unter welcher Voraussetzung wird ein Kind krank?
b Was fällt dir bei den gesunden Kindern auf?
c Sind die Eltern krank oder gesund?
d Hast du schon eine Idee, wie die Mukoviszidose vererbt wird? Formuliere eine Vermutung.
e Warum brauchen Mukoviszidosekranke viel Unterstützung? Warum ist es von Vorteil, wenn die Krankheit so früh wie möglich erkannt wird? Informiere dich im Internet.

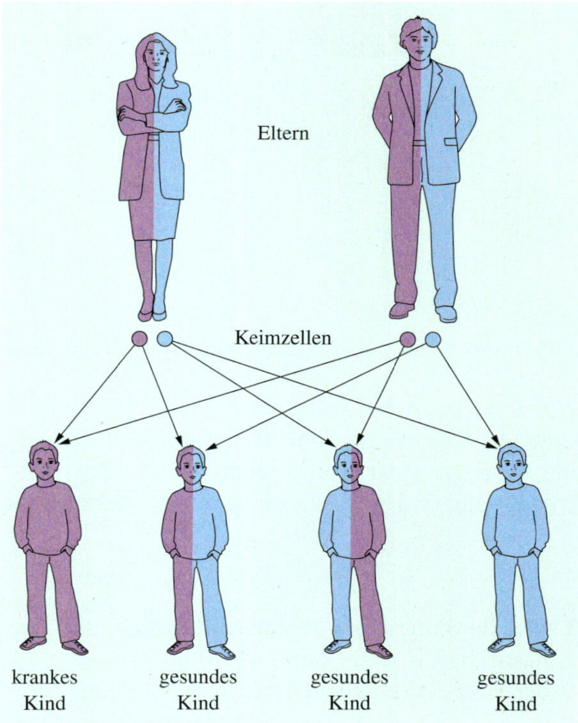

2 Vererbung der Mukoviszidose

Stammbaumanalyse

Wollen Eltern das Risiko für die Geburt eines Kindes mit einer Erbkrankheit erfahren, gehen sie zur genetischen Beratung. Dort wird ein Familienstammbaum erstellt. Bei seiner Analyse versucht man von der phänotypischen Ebene der Merkmale auf die genotypische Ebene der Anlagen zu schließen, um zu einer Vermutung über den Erbgang zu gelangen. Eindeutige Aussagen sind hier nur bei Merkmalen möglich, die durch ein einziges Gen, also monogen, vererbt werden.

Autosomale Erbgänge ↑3

Die meisten Merkmale folgen einem autosomalen Erbgang. Ihre Erbanlagen befinden nicht auf einem Geschlechtschromosom, sondern auf einem der 22 anderen Chromosomen, den Autosomen. Entsprechende Merkmale treten bei beiden Geschlechtern etwa gleich häufig in Erscheinung.

1 Ein autosomal-dominanter Erbgang zeigt sich daran, dass Individuen, die bezüglich des zu untersuchenden Merkmals heterozygot sind, phänotypisch nicht von homozygoten zu unterscheiden sind. Der Besitz der entsprechenden Erbanlage in einfacher Dosis reicht aus, um das Merkmal vollständig zur Ausprägung zu bringen.
Tritt bei Vater und Mutter das Merkmal in Erscheinung und zeigt sich dieses nicht bei allen Kindern, liegt ein dominanter Erbgang vor.

2 Bei einem autosomal-rezessiven Erbgang tritt das interessierende Merkmal nur bei homozygoten Individuen in Erscheinung.
Ist bei Vater und Mutter das Merkmal nicht ausgeprägt und sind unter den Kindern Merkmalsträger, liegt ein rezessiver Erbgang vor.

Gonosomale Erbgänge ↑3

Merkmale mit gonosomaler Vererbung, deren Erbanlagen sich auf den Geschlechtschromosomen befinden, treten abhängig vom Geschlecht in Erscheinung.

1 Für einen gonosomal-rezessiven Erbgang ist typisch, dass bei Männern bereits die einfache Dosis der Erbanlage ausreicht, um in Erscheinung zu treten. Ursache ist das Fehlen eines homologen Allels, das sich bei Frauen auf dem zweiten X-Chromosom befindet.
Bei einer Frau kann ein Merkmal mit gonosomal-rezessivem Erbgang nur auftreten, wenn sie das entsprechende Allel homozygot besitzt. Dazu kann es kommen, wenn ein das Merkmal tragender Vater und eine heterozygote Mutter das X-Chromosom mit dem rezessiven Allel weitergegeben haben.
Heterozygote Frauen werden auch als Konduktorinnen, also Überträgerinnen, bezeichnet, weil sie das rezessive Allel weitergeben können, ohne dass es bei ihnen in Erscheinung tritt.

2 Bei einem gonosomal-dominanten Erbgang tritt das Merkmal bei Frauen etwa doppelt so häufig auf wie bei Männern. Bis auf dieses Anzeichen ist der Erbgang nur schwer von einem autosomal-dominanten zu unterscheiden.

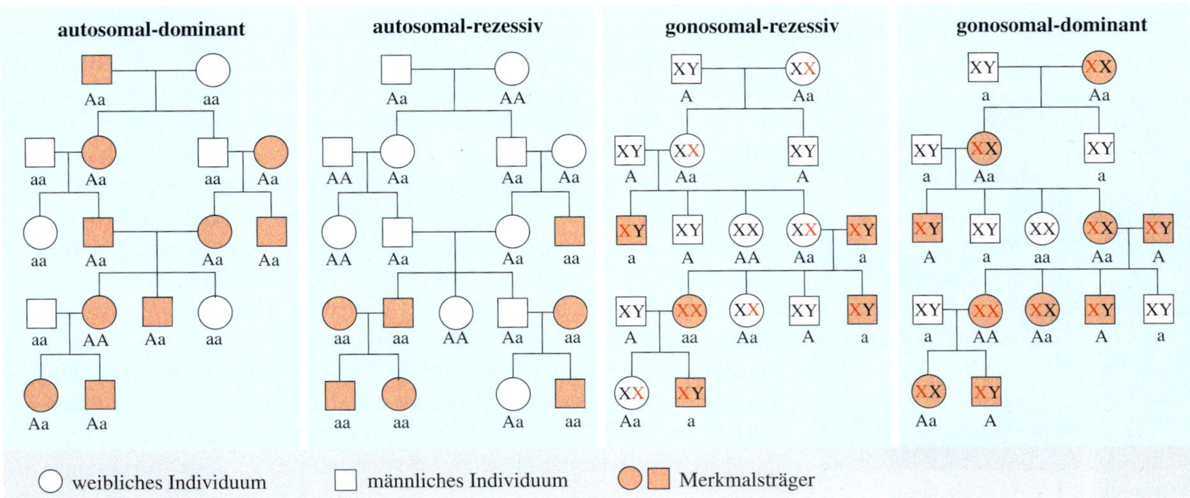

3 Darstellung verschiedener Erbgänge

GRUNDLAGEN: Erbkrankheiten beim Menschen

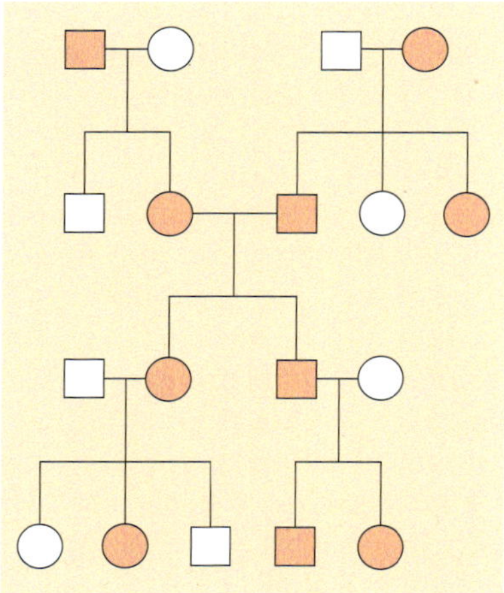

1 Chorea Huntington: Familienstammbaum

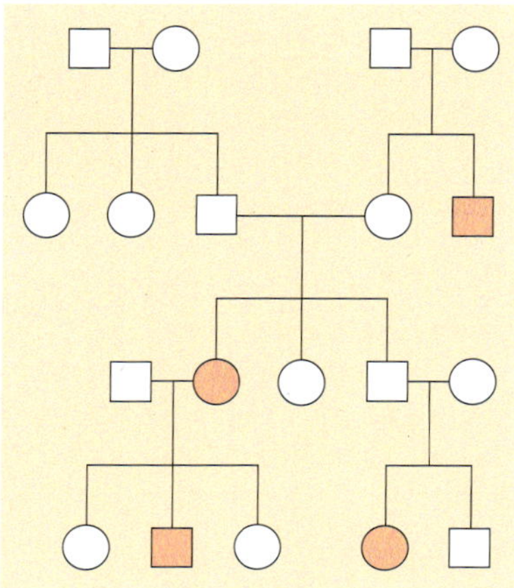

2 Sichelzellanämie: Familienstammbaum

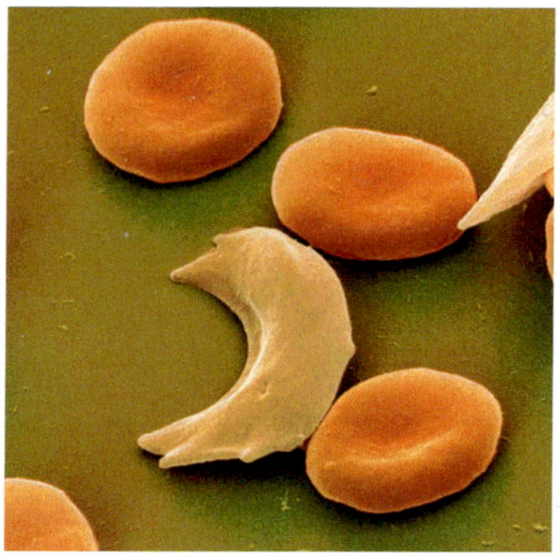

3 Blutbild bei Sichelzellanämie

Erbkrankheiten sind genetisch bedingte Erkrankungen, die in der Regel von einer durch Mutation veränderten Erbanlage hervorgerufen werden. Da sie verschiedenen Erbgängen folgen, ist die Wahrscheinlichkeit, zu erkranken, ganz unterschiedlich. Die Krankheitsmerkmale können sich unterschiedlich stark äußern, weil bei vielen Erbkrankheiten das entsprechende Gen nicht von einer einzigen, sondern oft von mehreren Hundert verschiedenen Mutationen betroffen ist. Außerdem kommt es vor, dass sich ein Krankheitsmerkmal nur bei einem Teil der Individuen zeigt.

Autosomal-dominant vererbte Krankheiten Bei den meisten Betroffenen ist ein Elternteil heterozygot für das dominante krankheitsverursachende Allel, während der andere Elternteil homozygot für das wesentlich häufigere rezessive Allel ist. Statistisch wird das krankheitsverursachende Allel an die Hälfte der Kinder weitergegeben, die dann ebenfalls erkranken. Es spielt keine Rolle, von welchem Elternteil das Allel stammt.
Viele Krankheiten, die autosomal-dominant vererbt werden, sind so beeinträchtigend, dass die Betroffenen häufig nicht das Fortpflanzungsalter erreichen. Daher werden weniger als eines von 10 000 Neugeborenen mit solchen Krankheiten geboren. Oft handelt es sich um körperliche Fehlbildungen, aber auch degenerative Erkrankungen gehören dazu, wie der Veitstanz (Chorea Huntington). ↑1 Diese Krankheit, bei der Nervenzellen zugrunde gehen, tritt allerdings erst im Erwachsenenalter in Erscheinung.

Autosomal-rezessiv vererbte Krankheiten In der Regel sind Vater und Mutter der Betroffenen heterozygot für das rezessive krankheitsverursachende Allel und daher gesund. Statistisch bekommt die Hälfte der Kinder nur eines der krankheitsverursachenden Allele übertragen. Sie sind dann ebenfalls heterozygot und gesund. Ein Viertel der Kinder erhält statistisch betrachtet beide Allele und bildet somit die Krankheit aus.
In der Mehrzahl handelt es sich um Stoffwechselkrankheiten. Die meisten Allele, die autosomal-rezessiv vererbte Krankheiten hervorrufen, kommen mit Häufigkeiten zwischen 1 : 100 und 1 : 1 000 vor.
Die Sichelzellanämie ist ein Beispiel für eine Krankheit mit einem autosomal-rezessiven Erbgang. ↑2 Sie kommt in unseren Breiten nicht mehr vor, ist aber in bestimmten Regionen Afrikas sehr häufig. Sie führt im sauerstoffarmen Blut zu einer Verformung der roten Blutzellen. Diese Sichelzellen verklumpen leichter und verstopfen vor allem die Blutkapillaren, wodurch verschiedene Organe nicht mehr ausreichend mit Sauerstoff versorgt und deshalb geschädigt werden. Außerdem sind Sichelzellen nicht so stabil wie normale rote Blutzellen und werden leichter zerstört. Das führt zu einer schweren „Blutarmut“ (Anämie). Die Verformung der roten Blutzellen wird durch eine Veränderung des roten Blutfarbstoffs, des Hämoglobins, verursacht. ↑3
Heterozygote besitzen beide Hämoglobinarten in etwa gleichen Mengen. Sie zeigen unter normalen Umständen keine Symptome, da bei ihnen nur ein Teil der roten Blutzellen sichelförmig ist. Menschen, die homozygote Träger des Sichelzellallels sind, besitzen nur das veränderte Hämoglobin. Sie leiden an schweren Anämien, die meist vor Erreichen der Geschlechtsreife zum Tod führen, sodass ein Verschwinden des Allels zu erwarten

wäre. Die Regionen, in denen die Sichelzellanämie auftritt, decken sich weitgehend mit den Malariagebieten. ↑6 In den verformten roten Blutzellen können sich die Erreger der Malaria nicht vermehren. Heterozygote sind dadurch deutlich resistenter gegenüber Malaria als homozygote Träger des normalen Allels für Hämoglobin. Das Beispiel zeigt, dass ein durch Mutation verändertes Gen unter bestimmten Umweltbedingungen auch vorteilhaft sein kann.

Gonosomal-rezessiv vererbte Krankheiten In der Regel sind bei Betroffenen beide Eltern gesund. Die Mutter ist jedoch meist heterozygot für das krankheitsverursachende Allel. Statistisch gibt sie es an die Hälfte der Kinder weiter. Die Hälfte der Söhne wird also vermutlich das Allel tragen und die Krankheit ausbilden. Alle Töchter sind jedoch phänotypisch gesund, obwohl ebenfalls die Hälfte das Allel besitzt.
Die bekannteste Krankheit, die gonosomal-rezessiv vererbt wird, ist die Bluterkrankheit. Sie war bereits im 18. Jahrhundert aufgefallen, weil in mehreren europäischen Fürstenhäusern ausschließlich Männer davon betroffen waren. ↑5 Durch einen Mangel an einem Gerinnungsfaktor kommt es zu einer Störung der Blutgerinnung. Normalerweise wird ein verletztes Blutgefäß innerhalb von zwei bis drei Minuten verschlossen. Bei Bluterkranken beträgt die Gerinnungszeit mehr als 15 Minuten. Die Betroffenen würden bei größeren Verletzungen verbluten. Deshalb wird ihnen der fehlende Gerinnungsfaktor gespritzt, der in einem aufwendigen Verfahren aus Spenderblut oder gentechnisch gewonnen wird.

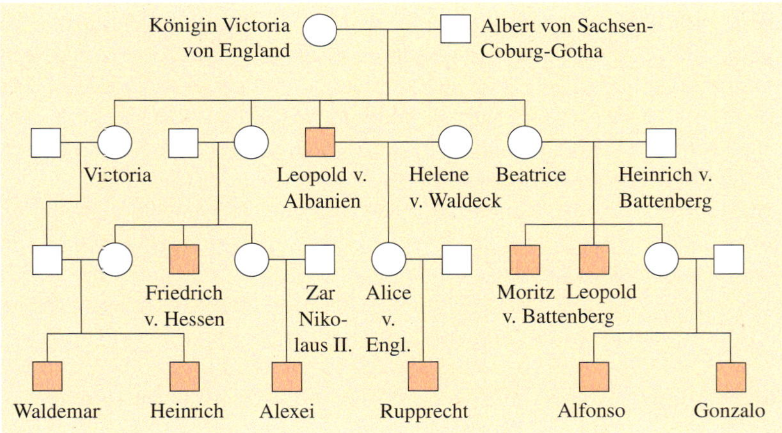

5 Vererbung der Bluterkrankheit in europäischen Fürstenhäusern

Kurz und knapp **Erbkrankheiten sind genetisch bedingte Erkrankungen, die in der Regel von einer durch Mutation veränderten Erbanlage hervorgerufen werden. Sie sind unheilbar, können aber in vielen Fällen behandelt und in ihren Auswirkungen gemildert werden.**

Historisches

Adel und Inzucht
Um ihr adliges Blut rein zu halten, betrieben die europäischen Königshäuser eine gezielte Heiratspolitik, die letztlich zu Inzucht führte. Erbkrankheiten und Missbildungen waren die Folge. Das Geschlecht der Habsburger erzeugte auf diese Weise die „Habsburger Lippe", eine Missbildung des Kiefers, die die Betroffenen zwang, sich vorwiegend von Suppe und Brei zu ernähren.

4 Kaiser KARL V. (1500–1558)

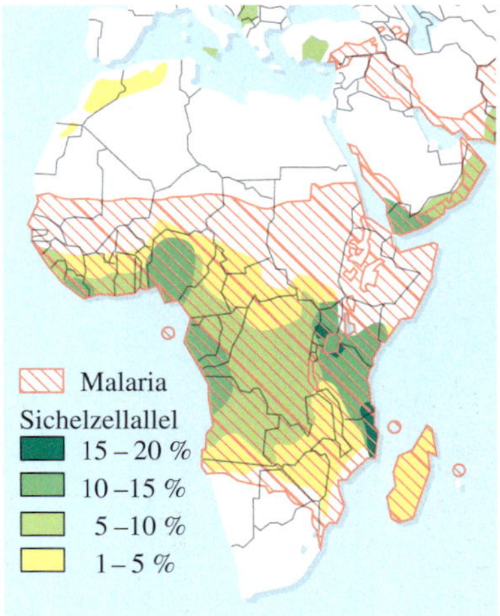

6 Verbreitung der Sichelzellanämie

Arbeitsaufträge

1 Bestimme alle Genotypen in den Stammbäumen der Bilder ↑1, 2. Begründe deine Lösungen.
2 Was ist eine Phänokopie? Recherchiere.
3 Weshalb sind Kinder aus Verwandtenehen häufiger von Erbkrankheiten betroffen als die übrige Bevölkerung? Begründe.

Fehler bei der Chromosomenverteilung

Eine gewisse Familienähnlichkeit kann man bei den meisten Kindern ja leicht erkennen. Nicht so bei Boris. Er sieht weder seinen Eltern noch seinen Geschwistern ähnlich.
Weshalb sieht er so völlig anders aus? Wodurch lässt sich erklären, dass Boris von Geburt an anders ist?

1 Kind mit Downsyndrom und seine Familie

GRUNDLAGEN: Fehler bei der Chromosomenverteilung

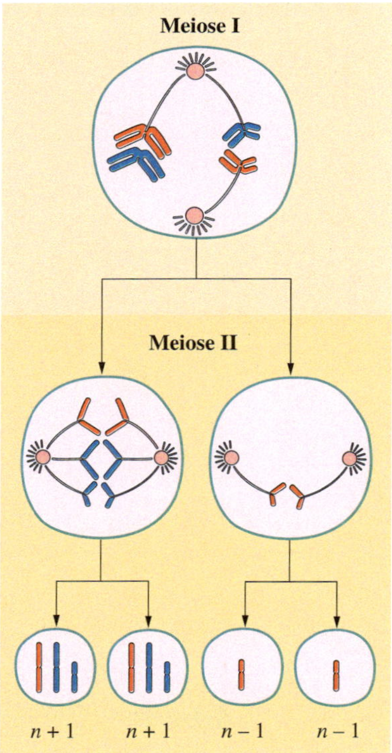

2 Folgen einer fehlenden Trennung von homologen Chromosomen während der Meiose I

Keimzellenbildung Im Rahmen der Keimzellenbildung sorgt die Meiose dafür, dass der diploide Chromosomensatz der Vorläuferzellen auf den haploiden Chromosomensatz der reifen Keimzellen reduziert wird. Diese Reduktionsteilung läuft aber nicht immer fehlerfrei ab. So kann es beispielsweise während der ersten Reifeteilung passieren, dass zwei homologe Chromosomen sich nicht trennen. Folglich besitzen nach der zweiten Reifeteilung zwei Keimzellen von beiden homologen Chromosomen jeweils ein Chromatid, während die anderen beiden Keimzellen keines besitzen. ↑2 Nach der Befruchtung mit einer normalen Keimzelle enthält die Zygote dann entweder drei Chromatinfäden oder nur einen. Im ersten Fall spricht man von einer Trisomie, im zweiten von einer Monosomie. Solche Verteilungsfehler lassen sich im Karyogramm erkennen.

Auswirkungen Man kann sich leicht vorstellen, dass Trisomien und Monosomien tief greifende Konsequenzen für die Betroffenen haben: Im Fall einer Monosomie kommt ein bestimmtes Gen in jeder Körperzelle nur einmal und nicht doppelt vor. Entsprechend werden im Fall von Monosomien nur die Hälfte der normalerweise vorhandenen Genprodukte gebildet. Die Folgen sind so gravierend, dass Monosomien fast immer zu Totgeburten führen. Aber auch Trisomien haben starke Beeinträchtigungen zur Folge. Hier wird zu viel Genprodukt gebildet, da jedes Gen dreimal vorliegt. Daher sind auch die Träger von Trisomien der größeren Chromosomen (1 – 18) meist nicht lebensfähig.

Trisomie 21 verursacht das Downsyndrom Eine Trisomie des kleinen Chromosoms 21 verläuft nicht tödlich. Sie führt jedoch zu ernsten Beeinträchtigungen. Das Krankheitsbild ist als Downsyndrom bekannt. Außerlich macht sich das flache Gesicht mit den schrägen Lidfurchen und die eher untersetzte Gestalt bemerkbar. ↑1 Oft treten auch Organstörungen wie zum Beispiel Herzfehler auf. Zwar sind weniger als 10 Prozent der Menschen mit Downsyndrom schwer geistig behindert, aber bei allen Betroffenen verläuft die geistige Entwicklung verzögert. Für die volle Entfaltung ihrer Möglichkeiten sind sie auf eine intensive Förderung in den ersten Lebensjahren angewiesen.

Veränderungen der Geschlechtschromosomen Monosomien und Trisomien treten auch bei den Geschlechtschromosomen auf. ↑3 Sie sind mit weniger starken Störungen verbunden: Das Y-Chromosom trägt nur sehr wenige Gene und überzählige X-Chromosomen werden beim Menschen fast vollständig inaktiviert. Daher sind Frauen mit einer Trisomie des X-Chromosoms völlig gesund. Sie lassen sich nur anhand ihres Karyogramms von anderen Frauen unterscheiden. Bei Männern mit zusätzlichem X-Chromosom allerdings sind die Hoden unterentwickelt, was zur Sterilität führt. Steril sind auch Frauen mit einer Monosomie des X-Chromosoms. Geistige Behinderungen treten durch Verteilungsfehler bei den Geschlechtschromosomen nicht auf.

normale Spermien (n) \ mutierte Eizelle (n)	23 + 1 XX	23 − 1 –
23 X	$2n$: 46 + 1 XXX Poly-X-Syndrom	$2n$: 46 − 1 X– Ullrich-Turner-Syndrom
23 Y	$2n$: 46 + 1 XXY Klinefelter-Syndrom	$2n$: 46 − 1 Y– Letal †
	Trisomien	**Monosomien**

3 Anomalien der Geschlechtschromosomen

Kurz und knapp **Wenn bei der Meiose homologe Chromosomen nicht sauber voneinander getrennt werden, entstehen sowohl Keimzellen mit überzähligen als auch solche mit fehlenden Chromatiden. Durch die Verschmelzung mit einer normalen Keimzelle bei der Befruchtung kommt es dann zu Trisomien bzw. Monosomien. Je nach betroffenem Chromosom führt dies zu mehr oder weniger schweren Schäden.**

Schon gewusst?

Häufigkeit von Trisomien
Die Häufigkeit von Trisomien hängt stark vom Alter der Mutter ab. ↑4 Dies hängt mit einer Besonderheit der Eizellreifung beim Menschen zusammen: Schon zum Zeitpunkt der Geburt befinden sich in den Eierstöcken der Frau alle Eizellen, die jemals heranreifen werden. In dieser frühen Phase der Eizellreifung sind die homologen Chromosomen schon paarweise aneinandergelagert. Reift in den Eierstöcken einer 35-jährigen Frau ein Ei heran, befindet sich dieses Ei also schon 35 Jahre in dieser frühen Phase der Eireifung. Entsprechend groß ist die Wahrscheinlichkeit, dass die homologen Chromosomen sich nun nicht mehr fehlerfrei trennen – haften sie doch schon so lange Zeit aneinander.

Alter der Mutter	Häufigkeit einer Trisomie 21 des Kindes
20	1 : 1 500
25	1 : 1 350
30	1 : 890
35	1 : 350
40	1 : 100
45	1 : 20

4 Häufigkeit von Trisomie 21

Arbeitsaufträge

1 Trisomien und Monosomien führen zu schweren Krankheiten oder sogar zum Tod. Eigentlich ist das doch gar nicht zu erwarten, weil jedes Gen mindestens einmal vorkommt. Erkläre, warum so schwere Störungen auftreten.

2 In Bild ↑3 sind verschiedene Anomalien der Geschlechtschromosomen dargestellt. Informiere dich über die dort ebenfalls genannten Krankheitsbilder.

3 Gesunde Eltern erwarten ein Kind. In den Familien der beiden sind bisher keine Erbkrankheiten aufgetreten. Wäre es dennoch möglich, dass ihr Kind mit Downsyndrom geboren wird? Begründe.

4 Verteilungsfehler bei den Geschlechtschromosomen sind oft nicht mit schwerwiegenden Leiden der Betroffenen verbunden. Erkläre, woran das liegen könnte.

Wenn Gene und Umwelt zusammenwirken

Eine Langzeituntersuchung an der Universität Jena hat ergeben, dass deutsche Schulkinder in den letzten 125 Jahren immer größer und immer schwerer wurden. Eine 14-jährige Schülerin ist heute durchschnittlich so groß und schwer wie eine erwachsene Frau im Jahr 1960. Aber auch die Erwachsenen haben zugelegt.
Was sind die Ursachen für die Größen- und Gewichtszunahmen?

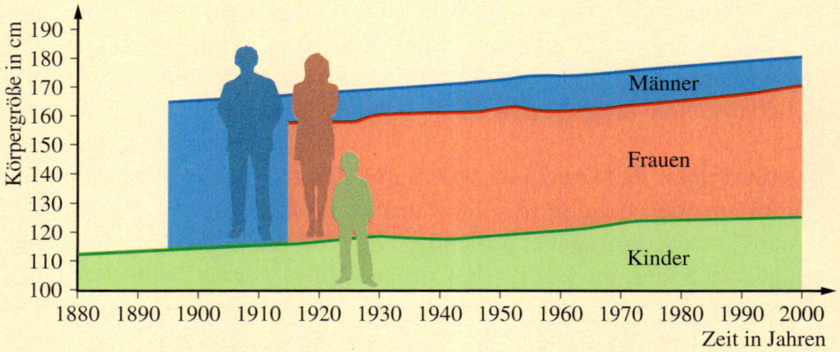

1 Die Körpergröße hat in den letzten 120 Jahren zugenommen.

Beobachten ***Untersuchen*** *Experimentieren*

Entwicklungsbeschleunigung

1 Setze die Daten aus der Jenaer Langzeituntersuchung ↑2, 3 in zwei Grafiken um, die die Zunahme von Körperhöhe und -gewicht zeigen.

2 Berechne, im welchem Ausmaß die Körperhöhe und das Körpergewicht von Jungen und Mädchen zwischen 1880 und 1995 zugenommen hat.

3 Wissenschaftler bezeichnen die Zunahme der Körperhöhe als Akzeleration, d. h. Entwicklungsbeschleunigung. Kannst du weitere Körpermerkmale und -vorgänge bei Kindern, Jugendlichen und Erwachsenen angeben, die zu dem Phänomen passen?

4 In mittelalterlichen Burgen sind die Türen viel niedriger und die Betten viel kleiner als heutzutage. Tatsächlich haben Messungen der Knochen aus dieser Zeit ergeben, dass das Wachstum der Männer im 12. Jahrhundert stagnierte und bis zum 18. Jahrhundert bis auf 169 cm sogar zurückging. Erst seit dem 19. Jahrhundert werden die Menschen wieder größer. Was kannst du daraus schließen?

	Jungen (in cm)	Mädchen (in cm)
1880	143,6	147,4
1932	153,5	155,1
1964	158,7	157,9
1995	164,6	163,0

2 Mittelwerte der Körperhöhe von 14-jährigen Schulkindern

	Jungen (in kg)	Mädchen (in kg)
1880	33,9	37,7
1932	45,5	46,0
1964	47,0	49,1
1995	51,2	53,1

3 Mittelwerte des Körpergewichts von 14-jährigen Schulkindern

GRUNDLAGEN: Das Zusammenwirken von Genen und Umwelt

Die meisten Merkmale des Menschen kommen nicht durch den Einfluss eines einzigen Gens, sondern polygen, d. h. durch das Zusammenspiel mehrerer Gene zustande. Bei polygen bedingten Merkmalen beobachtet man nicht nur zwei oder drei Phänotypen, sondern eine kontinuierlich abgestufte Vielfalt wie beispielsweise bei der Hautfarbe.
Die Vielfalt ist aber nicht nur genetisch bedingt, sondern multifaktoriell: Sie beruht in der Regel auf dem Zusammenwirken von mehreren Erbanla-

gen und Umweltfaktoren (z. B. bei der Hautfarbe die Sonnenbestrahlung). Bei den verschiedenen Merkmalen kann der jeweilige Einfluss von Genen und Umweltfaktoren sehr unterschiedlich sein – mal überwiegen die Gene und mal die Umweltfaktoren.

Körpergröße Für die Zunahme der Körpergröße im letzten Jahrhundert, die auch aus vielen anderen Ländern berichtet wird, werden vor allem veränderte Lebensbedingungen verantwortlich gemacht: gesündere Ernährung, bessere hygienische Verhältnisse und medizinische Versorgung. So ließe sich auch der Rückgang der Körpergröße im Mittelalter erklären. Damals waren Ernährung und hygienische Verhältnisse sehr schlecht. Aber auch wenn die Lebensbedingungen immer besser werden, wachsen die Menschen nicht bis in den Himmel. Es gibt einen genetisch vorgegebenen Spielraum für die Körpergröße, der zwar voll ausgeschöpft, aber nicht überschritten werden kann. Nach den Untersuchungen aus Jena haben wir inzwischen den Maximalwert fast erreicht.

Körpergewicht Vor allem wegen der Zunahme von übergewichtigen Kindern, Jugendlichen und Erwachsenen wird der genetische Einfluss auf das Körpergewicht intensiv erforscht.
Aus Familienuntersuchungen ist bekannt, dass mit einem übergewichtigen Elternteil etwa 25 Prozent der Kinder ebenfalls übergewichtig werden. Haben beide Eltern Übergewicht, werden etwa 75 Prozent der Kinder übergewichtig. Adoptierte Kinder zeigen keinerlei Ähnlichkeiten mit dem Körpergewicht der Adoptiveltern, aber große Übereinstimmung mit dem Körpergewicht der biologischen Eltern. Auch hier entwickeln 75 Prozent der Kinder Übergewicht, wenn beide Eltern übergewichtig sind. Neben dem genetischen Einfluss spielen aber auch ungünstige Ernährungs- und Bewegungsgewohnheiten eine Rolle, die oft von den Eltern übernommen werden.

Krankheiten Neben den klassischen Erbkrankheiten gibt es für viele andere Krankheiten eine mehr oder weniger ausgeprägte genetisch bedingte Veranlagung oder Anfälligkeit. Die Krankheit tritt erst in Erscheinung, wenn die entsprechenden Umweltfaktoren hinzukommen. So entwickeln nur solche Menschen einen Diabetes mellitus Typ II, die dazu genetisch veranlagt sind und übergewichtig werden. Ohne das Übergewicht bleibt die Krankheit aus – trotz genetischer Disposition.

Kurz und knapp **Bei multifaktoriell bedingten Merkmalen bewirken die Erbanlagen lediglich eine Veranlagung des Körpers – eine genetische Disposition. Erst wenn die entsprechenden Umweltfaktoren hinzukommen, bildet sich ein bestimmter Phänotyp aus.**

Zur Diskussion

Anzeige eines Anbieters:

Gentests für Privatpersonen
Für die Gesundheitsvorsorge werden zunehmend prädiktive genetische Tests eingesetzt. Das Ziel ist, rechtzeitig ein möglicherweise erhöhtes, von den Eltern ererbtes gesundheitliches Risiko zu erkennen, damit eine bessere Vorbeugung betrieben werden kann. Jeder Mensch, der in seiner Familie von Angehörigen weiß, die in relativ jungen Jahren an Thrombosen, Schlaganfall oder Herzinfarkt erkrankt sind, macht sich zu Recht Sorgen, ob er selbst vielleicht auch betroffen sein könnte. Mithilfe genetischer Tests kann das ererbte genetische Risiko sehr gut eingeschätzt werden.

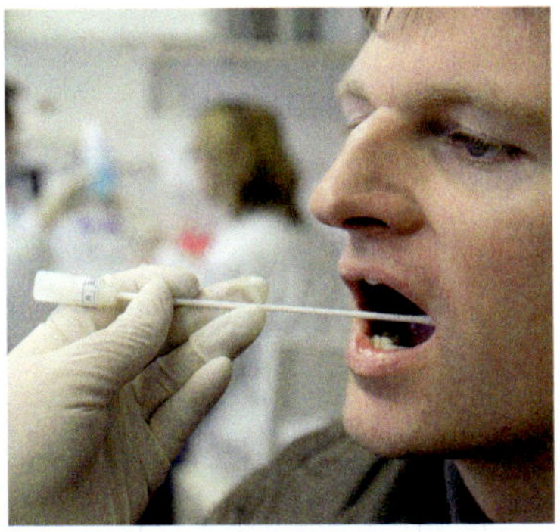

4 Eine Speichelprobe genügt für einen Gentest.

Arbeitsaufträge

1 Erläutere den Unterschied zwischen monogen bedingten Erbkrankheiten und multifaktoriell bedingten Erkrankungen.

2 Ist gesunde Ernährung und ausreichende Bewegung für Menschen mit einer genetischen Disposition für Übergewicht nutzlos?

3 Informiere dich im Internet über die Problematik des Einsatzes von Gentests für Privatpersonen.

Überblick

Vererbung
Vererbung ist die Weitergabe von Erbanlagen der Eltern an ihre Nachkommen. Da Eltern ihrerseits diese Anlagen von ihren Eltern erhielten, können Kinder also auch Erbanlagen ihrer Großeltern, Urgroßeltern usw. erhalten. Welche Erbanlagen ein Kind vom Vater bzw. der Mutter erhält, ist reiner Zufall. Daher sind Kinder ihren Eltern nur ähnlich, aber nicht gleich.

Die Lokalisation (der Ort)
Bei Lebewesen befindet sich im Zellkern jeder Zelle des Organismus ein gesamter Satz von Erbanlagen für den Aufbau des ganzen Organismus. Im Zellkern sind färbbare Strukturen erkennbar, das Chromatin. Es enthält die Erbinformationen. Teilt sich eine Zelle, wird das Chromatin verdoppelt und für den Transport in die Tochterzellen zu seiner Transportform, den Chromosomen, verkürzt. Jetzt ist der arttypische, doppelte (diploide) Chromosomensatz der Lebewesen im Mikroskop sichtbar. Für den Menschen beträgt er $2 \cdot 22 +$ XX (bzw. XY), also $2n = 46$.

Zellteilung
Bei der Mitose entstehen aus einer diploiden Mutterzelle zwei identische diploide Tochterzellen. Mitose ist die Grundlage der Zellteilung, der ungeschlechtlichen Fortpflanzung, der Klonierung sowie der Wundheilung.
Bei der Meiose erfolgt nach der ersten Teilung noch eine zweite Teilung der Zelle. Die entstehenden Tochterzellen haben deshalb nur einen einfachen (haploiden) Chromosomensatz. Meiose dient der Bildung von Geschlechtszellen. So wird garantiert, dass bei der Befruchtung von Eizellen durch Spermien wieder ein Lebewesen mit normal doppeltem (diploidem) Chromosomensatz entsteht.

Vererbungsregeln
Vererbungsregeln sind nach ihrem Entdecker GREGOR MENDEL benannt. Sie erklären, wie durch die Kombination der Erbanlagen bei der Befruchtung die Erbanlagen für die Ausbildung von Merkmalen weitergegeben werden. Sie erklären auch, warum wir unseren Eltern ähneln.

Mutation und Modifikation
Mutation und Modifikation können die Lebewesen verändern. Bei Modifikationen passt sich das Lebewesen der Wirkung von Umweltfaktoren an. Es ändert nur sein Erscheinungsbild. Modifikationen sind nicht erblich. Bei Mutationen ändern sich plötzlich die Erbanlagen und folglich auch das Erscheinungsbild eines Lebewesens. Mutationen sind erblich und werden daher an die Nachkommen weitergegeben. Ein Beispiel für Mutationen ist Trisomie 21. Hier liegt das Chromosom 21 des Menschen in jeder Körperzelle dreimal vor.
Jedes Lebewesen ist das Ergebnis des Zusammenspiels von Erbanlagen und Umwelt. Wer also eine besondere Begabung für Musik erbt, wird nur dann ein guter Musiker, wenn er auch die Möglichkeit zum Üben und Erlernen eines Instruments erhält.
Mutationen sind Ursache für Erbkrankheiten. Erbkrankheiten können plötzlich auftreten und sind noch nicht heilbar. Man kann betroffenen Menschen jedoch helfen und ihre Erkrankung dadurch mildern. Treten Mutationen in Körperzellen auf, können sie manchmal Krebs auslösen.

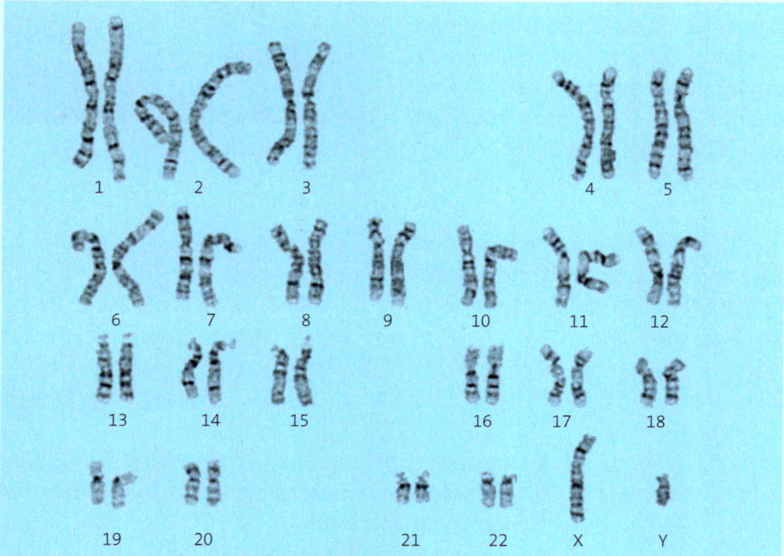

1 Chromosomensatz eines Menschen (♂)

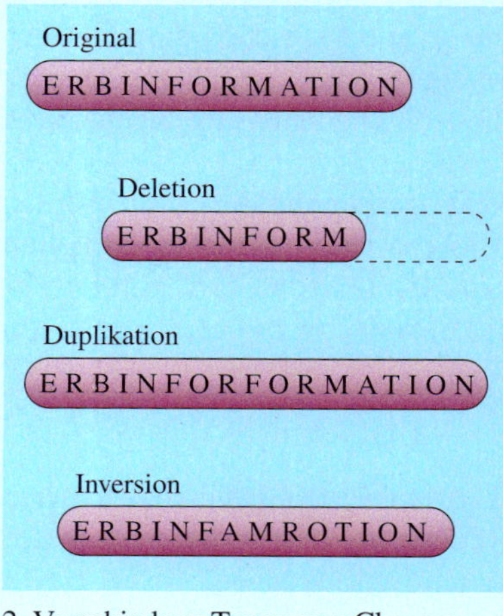

2 Verschiedene Typen von Chromosomenmutationen

Alles klar?

1 Nicht Merkmale, sondern Erbanlagen werden vererbt.
a Beschreibe, wo man im Körper Erbanlagen finden kann.
b Woraus bestehen Erbanlagen?
c Erkläre, warum die Erbanlagen in jeder Körperzelle in doppelter Ausfertigung vorliegen.
d Was versteht man unter der Arbeitsform und was unter der Transportform der Erbinformation?

2 Bei der Bildung von Geschlechtszellen läuft eine andere Form der Zellteilung ab als bei der Teilung von Körperzellen.
a Vergleiche die Erbanlagen von Mutterzelle und Tochterzellen bei der Mitose.
b Vergleiche die Erbanlagen von Mutterzelle und Tochterzellen bei der Meiose.
c Chromosomen werden als Transportform der Erbanlagen bezeichnet. Erkläre, warum eine solche Transportform für Zellteilungen benötigt wird.
d Warum ist der Vorgang der Meiose so wichtig? Was würde geschehen, wenn bei der geschlechtlichen Fortpflanzung zwei diploide Körperzellen verschmelzen würden?

3 Vererbung erfolgt nach festen Regeln.
a Unterscheide zwischen den Begriffen Gen und Allel. Wie viele Allele jedes Gens befinden sich in einer Körperzelle?
b Manchmal ähnelt ein Nachkomme nicht den Eltern, sondern den Großeltern. Erkläre.

4 Die Wunderblume blüht in den Farben rot, gelb und orange. Kreuzt man rote mit gelb blühenden Pflanzen, so gehen aus den Samen nur orange blühende Pflanzen hervor. Kreuzt man orange blühende Pflanzen untereinander, so gehen aus der Hälfte der Samen wieder orange blühende und aus je ¼ der Samen rot bzw. gelb blühende Pflanzen hervor. Erkläre. Benutze geeignete Symbole und stelle den Erbgang in einem Kreuzungsschema dar.

5 Beim Röntgen (Zahnarzt oder Krankenhaus) werden schwere Gummi-Bleimatten über den Unterleib gelegt und die Röntgenassistentin verlässt zum Röntgen den Raum. Erkläre.

6 Eineiige Zwillinge sind genetisch identisch. Sie ähneln sich sehr. Trotzdem sehen sie nie gleich aus. Ihre Fingerabdrücke sind beispielsweise sehr ähnlich, aber nicht gleich. Erkläre.

7 Gewinnt man aus einer Erdbeerpflanze Absenker, sind die Pflanzen genetisch identisch.
a Erkläre diesen Umstand.
b Setzt man diese Pflanzen auf unterschiedlichen Böden aus, sind ihre Erträge unterschiedlich. Erkläre.
c Welche Konsequenzen hat das für den Landwirt?

8 Ordne folgende Erscheinungen den Ursachen Mutation oder Modifikation zu:
– weiße Fellfarbe bei Eisbären
– unterschiedliche Wuchsgröße bei Zwillingen
– unterschiedliche Anzahl von Kartoffeln je Pflanze bei einer Kartoffelsorte auf einem Feld
– hellgrün bzw. dunkelgrün gefärbte Blätter an einer Pflanze
– sichelförmige statt scheibenförmige Blutzellen beim Menschen

9 Das Geschlecht des Menschen wird durch die Geschlechtschromosomen bestimmt. In einer Familie sind bisher 8 Söhne geboren. Ein 9. Kind ist unterwegs. Mit welcher Wahrscheinlichkeit wird es wieder eine Junge? Begründe mit einem einfachen Kreuzungsschema.

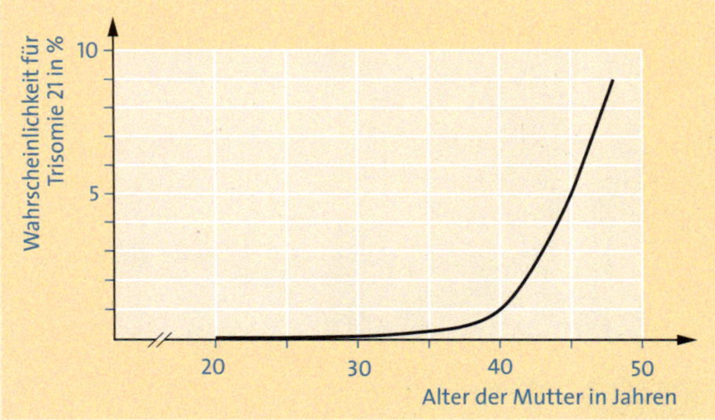

3 Häufigkeitswahrscheinlichkeit von Trisomie 21 bei Neugeborenen in Abhängigkeit vom Alter der Mutter

10 Bei der Bildung von Geschlechtszellen werden die Chromosomen nach dem Zufallsprinzip verteilt. Die Geschlechtszellen eines Menschen sind untereinander also nicht gleich. Eineiige Zwillingsbrüder heiraten eineiige Zwillingsschwestern. Werden die Kinder beider Paare gleich aussehen, sich nur ähneln oder ganz verschieden sein? Begründe deine Aussagen.

11 Bei einer Verletzung werden Zellen des Körpers z. B. der Haut oder der Blutgefäßwände zerstört. Nach mehreren Tagen ist die Wunde spurlos geheilt. Beschreibe den Zellteilungsprozess, der die Heilung bewirkt.

DNA – Grundlage der Merkmalsausprägung

Die DNA der Chromosomen ist Träger der Erbinformationen. Wie kann in einem Stoff die Information für den Aufbau eines ganzen Lebewesens gespeichert werden?

3 Was ist das Besondere an dem gentechnisch produzierten Insulin?

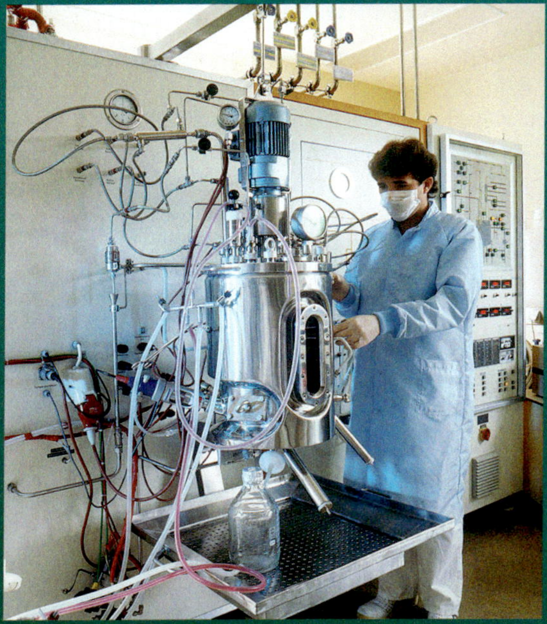

2 Heute produzieren gentechnisch veränderte Bakterien menschliches Insulin. Wie bringt man die Bakterien dazu, Insulin zu produzieren?

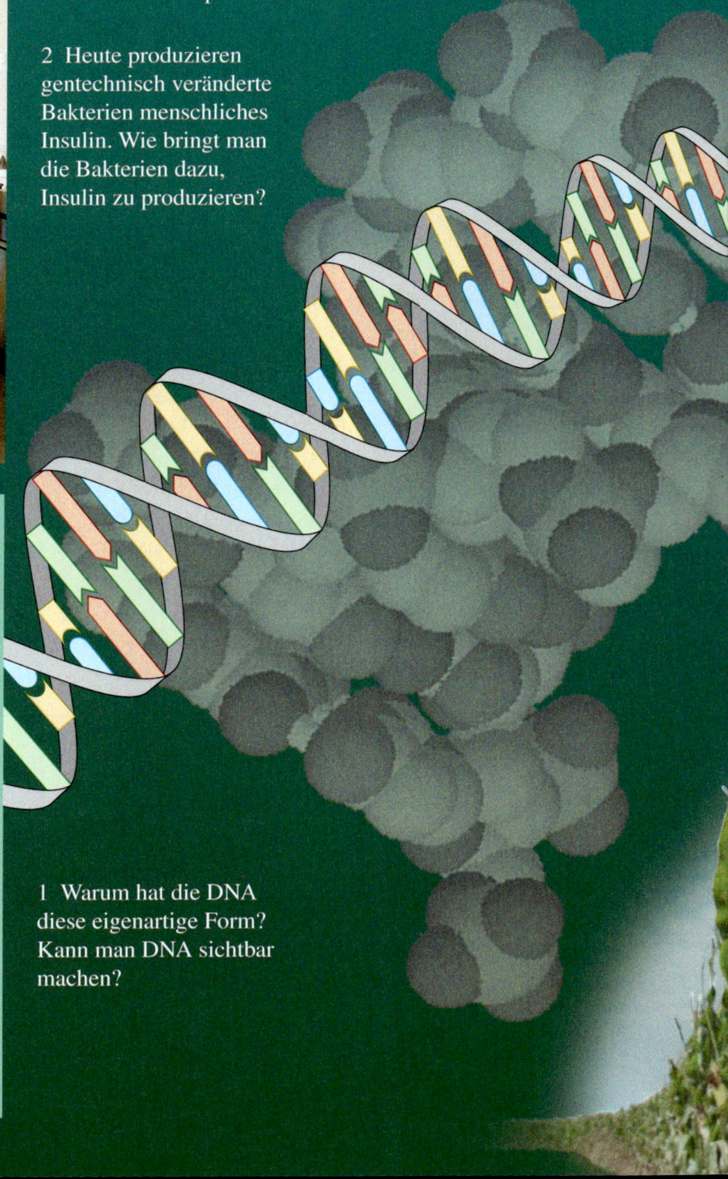

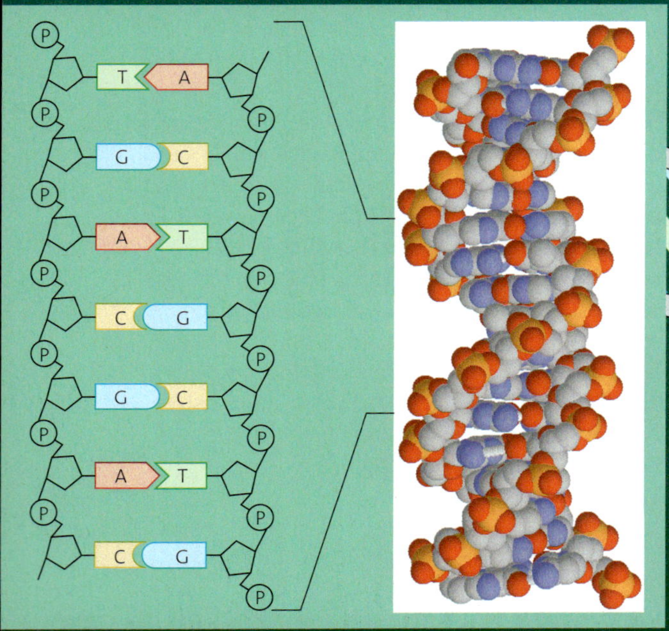

1 Warum hat die DNA diese eigenartige Form? Kann man DNA sichtbar machen?

Proteine sind die Grundbausteine der Zelle. Sie sind an der Ausprägung aller Merkmale beteiligt.

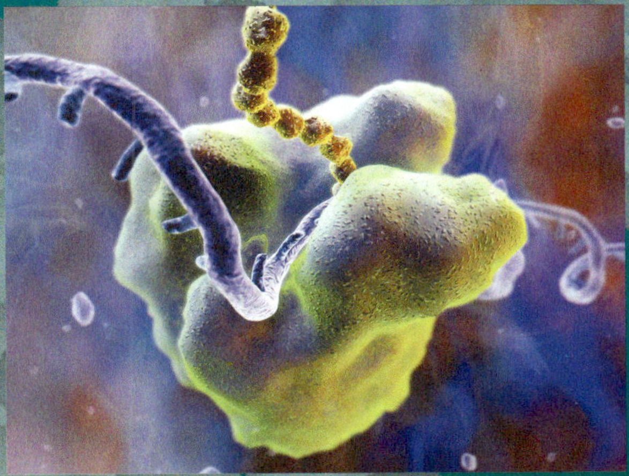

4 Wie wird aus einem Gen ein Merkmal?

5 Was haben vegetative Vermehrung, im Bild Erdbeerpflanzen mit Ablegern, und Klonen gemeinsam?

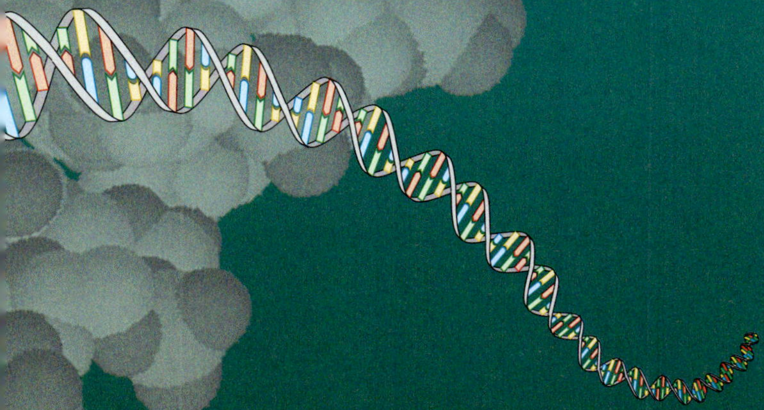

6 *„Mit einem Blatt Bryophyllum calycinum"* beginnt ein 1830 von GOETHE verfasstes Gedicht. Was hat diese Vermehrung mit der Vererbung zu tun?

7 Warum sind manche Menschen Gegner der Gentechnik?

Bau der DNA

Als 1953 JAMES D. WATSON und FRANCIS H. C. CRICK ihr Modell vom Bau der DNA veröffentlichten, ahnte noch keiner, welche Perspektiven sich daraus für die Wissenschaft ergeben würden. 60 Jahre später ist Gentechnik in aller Munde.
Wie aber kann eine Substanz wie die DNA Erbinformation speichern? Wie werden Merkmale vererbt? Was sind Erbkrankheiten und warum ist die Heilung von Erbkrankheiten noch nicht möglich? Was passiert beim Klonen?

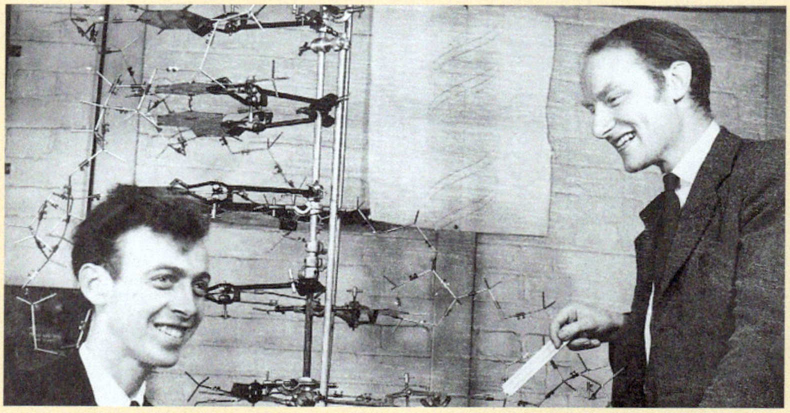

1 JAMES D. WATSON (links) und FRANCIS H. C. CRICK (rechts) mit einem Modell der DNA

Schon gewusst?

Bahnbrechende Entdeckung
DNA-Moleküle gehören zu den längsten in der Natur vorkommenden Molekülen. Die Struktur von DNA-Molekülen wurde als Ergebnis umfangreicher Forschungen 1953 erstmals von dem US-Amerikaner JAMES D. WATSON und dem Engländer FRANCIS H. C. CRICK beschrieben. Beide Forscher wurden dafür im Jahre 1962 mit dem Nobelpreis für Medizin ausgezeichnet. Die Aufklärung der DNA-Struktur war eine wesentliche Voraussetzung für weitere molekulargenetische Forschungen. So wurde inzwischen die Abfolge der Nukleotidbasen im menschlichen Erbgut ermittelt.

GRUNDLAGEN: Die Struktur der DNA

Räumlicher Bau Zur Synthese von Proteinen benötigt die Zelle Informationen über die Auswahl und Anordnung der Aminosäuren. Diese Informationen sind in der Desoxyribonukleinsäure (DNS oder engl. DNA; *acid* = Säure) gespeichert. Diese DNA ist ein fadenförmiges Riesenmolekül, das aus zwei umeinandergewundenen Nukleotidketten besteht. ↑2

Chemischer Bau Grundbausteine der DNA sind die Nukleotide. Ein Nukleotid besteht wiederum aus drei Bausteinen, einem Zuckermolekül, ei-

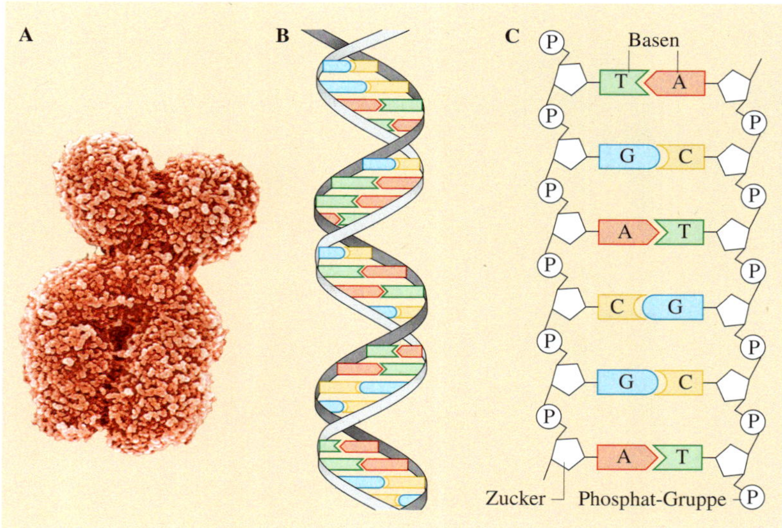

2 **A** rasterelektronenmikroskopisches Bild eines Chromosoms, **B** Modell der DNA-Doppelhelix, **C** Strukturformel der DNA

ner organischen Base und einem Phosphatrest. ↑3 Die Nukleotide sind in den Nukleotidketten hintereinander aufgereiht. Da vier verschiedene Basen, Adenin, Thymin, Guanin und Cytosin, zur Verfügung stehen, sind auch vier verschiedene Nukleotide möglich. Die beiden Nukleotidketten jedes DNA-Moleküls sind so angeordnet, dass sich die Basen nach der Basenbindungsregel gegenüberliegen und über Wasserstoffbrückenbindung miteinander verknüpft sind. So verbindet sich ein Adenin-Nukleotid immer mit einem Thymin-Nukleotid und ein Guanin-Nukleotid mit einem Cytosin-Nukleotid. ↑1 Diese sogenannte komplementäre Basenpaarung bedingt, dass ein Nukleotidstrang das Spiegelbild des anderen Nukleotidstranges bildet.

Kurz und knapp **Die in jedem Zellkern enthaltene DNA ist Träger der Erbinformation. Sie besteht aus zwei Nukleotidketten, die umeinandergewunden sind.**

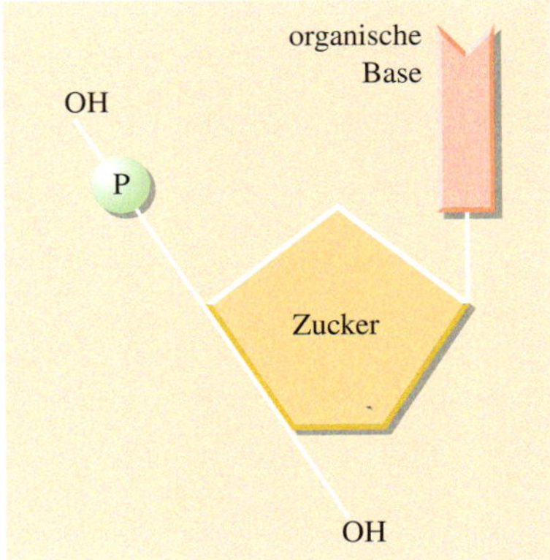

3 Zusammensetzung eines Nukleotids aus verschiedenen Bausteinen

Beobachten Untersuchen Experimentieren

Wir machen DNA sichtbar

Material: Tomate oder Zwiebel, Mörser, Wasser, waschaktive Substanz (z. B. Spülmittel), eisgekühlter Alkohol, Kochsalz, Kaffeefilter, Trichter, Becherglas, Glasstab, Reagenzgläser, Reagenzglasständer

Durchführung: Zerkleinere pflanzliches Material (z. B. Tomaten, Zwiebel) mittels eines Mörsers oder Pürierstabs im Becherglas.

Versetze das Pflanzenmaterial mit der gleichen Menge an Wasser sowie mit ca. 5 ml Natriumdodecylsulfat, Spülmittel oder einer anderen waschaktiven Substanz. Rühre ca. 5 min um, damit sich die Kernmembranen auflösen und die DNA freigesetzt werden kann.

Filtere das Gemisch durch einen Kaffeefilter. Überschichte nun vorsichtig das Filtrat mit eiskaltem Alkohol (ersatzweise auch eiskaltem Spiritus). Halte beide Gläser so zueinander geneigt, dass beim Übergießen des Filtrats mit dem Alkohol die Flüssigkeiten nicht vermischt werden. Stelle das Glas ab und beobachte einige Minuten.

Auswertung: An der Phasengrenze beider Flüssigkeiten werden bald die fadenförmigen DNA-Moleküle sichtbar. Mit einem Stab können sie aus der Flüssigkeit gezogen werden.

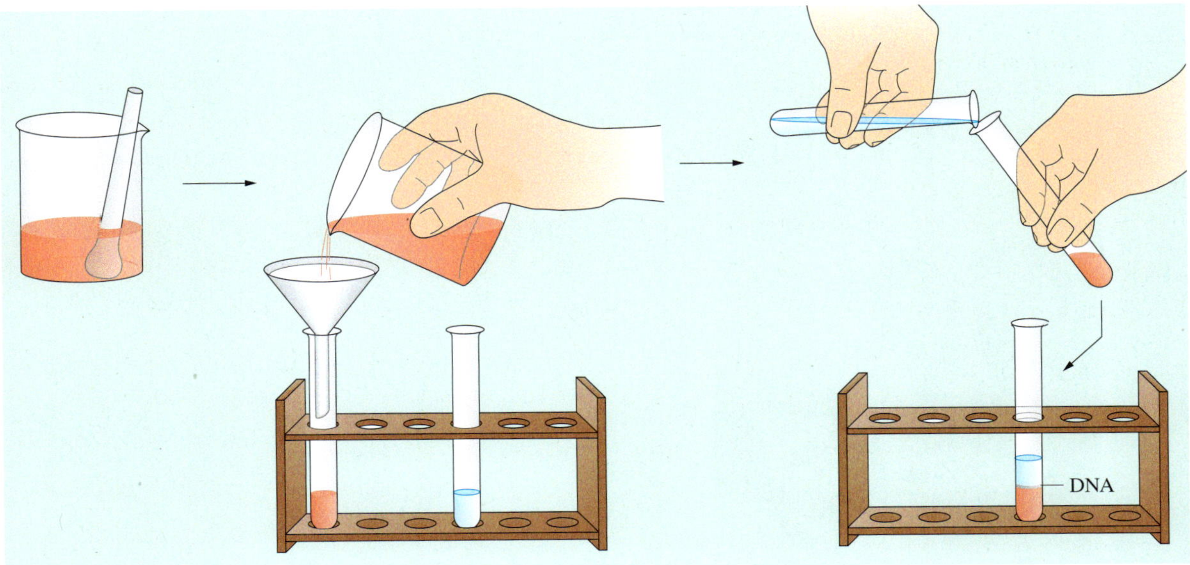

4 Gewinnung von DNA

EXKURS: Proteine sind die Träger aller Lebensvorgänge

Bezeichnung von Aminosäuren

Aminosäure	Abkürzung
Alanin	Ala
Arginin	Arg
Asparagin	Asn
Aspartat	Asp
Cystein	Cys
Glutamat	Glu
Glutamin	Gln
Glycin	Gly
Histidin	His
Isoleucin	Ile
Leucin	Leu
Lysin	Lys
Methionin	Met
Phenylalanin	Phe
Prolin	Pro
Serin	Ser
Threonin	Thr
Tryptophan	Trp
Tyrosin	Tyr
Valin	Val

Proteine sind Bausteine aller Zellen Alle Lebensvorgänge sind von Proteinen, früher sagte man Eiweiße, abhängig. Proteine haben im Leben des Organismus vielfältige Funktionen. So kann zum Beispiel der rote Blutfarbstoff Hämoglobin Sauerstoff aufnehmen bzw. abgeben, Proteine in den Muskeln ermöglichen Bewegungen, Immunproteine wehren Krankheitserreger ab und Enzyme wirken in Verdauungsprozessen. ↑1, 2

Bau der Proteine Proteine bestehen aus unterschiedlich langen Ketten von maximal 20 verschiedenen Aminosäuren, die miteinander verknüpft sind. Aminosäuren sind die Bausteine der Proteine. Die funktionsbestimmenden Merkmale der Proteine werden durch die Abfolge ihrer Aminosäurebausteine bestimmt. Schon der Austausch eines Aminosäurebausteins gegen einen anderen kann die Funktion des Proteins so verändern, dass ein Organismus schwer erkrankt oder nicht lebensfähig ist.
Ein Proteinmolekül kann aus Tausenden von Aminosäurebausteinen bestehen, jeder Aminosäurebaustein kann viele Male vorkommen. Die 20 verschiedenen Aminosäuren können unterschiedlich miteinander kombiniert werden und so sehr viele Varianten von Proteinmolekülen bilden. Deshalb hat jedes Lebewesen ganz individuelle körpereigene Proteine.
Auf der Abfolge der Aminosäurebausteine im Proteinmolekül beruht auch die Form, in der das Proteinmolekül aufgerollt und gefaltet ist. Dadurch erhält es eine bestimmte räumliche Gestalt, die seine spezielle Funktion in der Zelle bzw. im Organismus ermöglicht. Die Proteine in unserem Körper wirken z. B. als Enzyme, Hormone, Immunproteine und Strukturproteine.

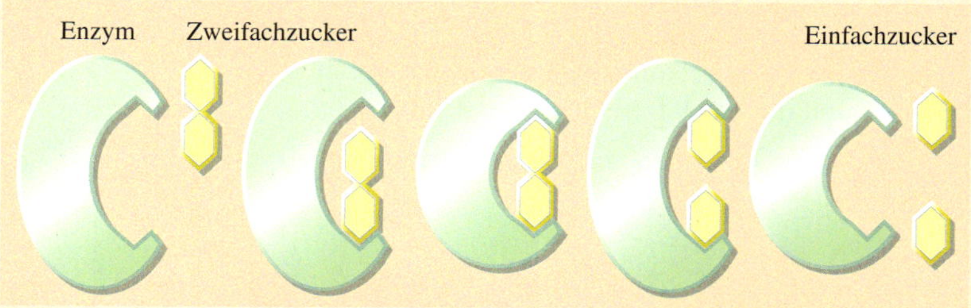

1 Wirkungsweise eines Enzyms, das Zweifachzucker in Einfachzucker spaltet

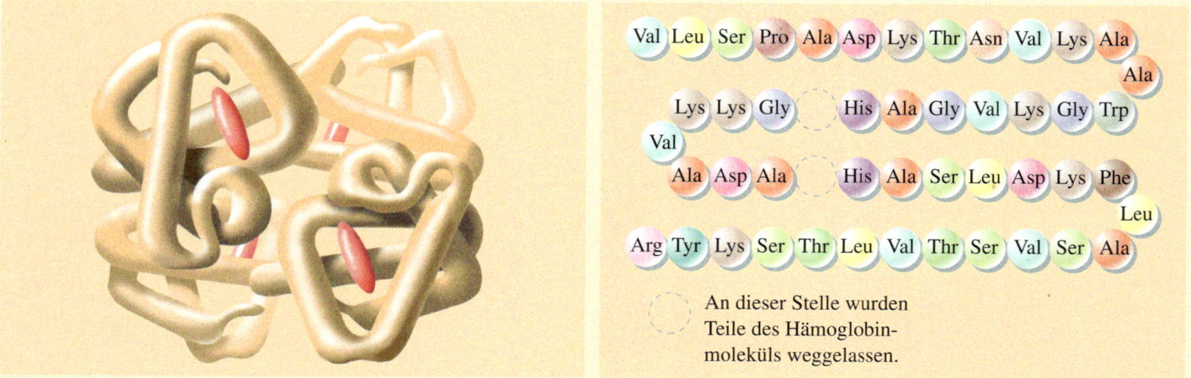

2 Modell eines Hämoglobinmoleküls (links), Teil der Abfolge von Aminosäurebausteinen im Hämoglobinmolekül (rechts)

Enzyme sind Proteine, die als Biokatalysatoren biochemische Prozesse im Körper beschleunigen. Sie gehen mit dem Ausgangsstoff, dem Substrat, eine Zwischenverbindung ein. Das Enzym ermöglicht die Umwandlung in die Endprodukte. Die Amylase sorgt im Mund für die Spaltung der Stärke, Pepsin spaltet im Magen Proteine, die mit der Nahrung aufgenommen wurden. Beides sind Verdauungsenzyme. ↑1

Hormone sind Botenstoffe des Körpers, die von Hormondrüsen gebildet, im Blut transportiert werden und Reaktionen des Körpers auslösen. Einige von ihnen sind auch Proteine. So reguliert z. B. Insulin unseren Blutzuckerspiegel.

Immunproteine, auch Antikörper genannt, werden von weißen Blutzellen (Leukocyten) gebildet. Sie reagieren mit den Fremdproteinen (Antigenen) und machen sie dadurch unschädlich. Durch diese Antigen-Antikörper-Reaktion werden eingedrungene Erreger bekämpft. Aus diesem Grund werden auch Organtransplantate vom Körper abgestoßen. Um dies zu verhindern, versucht man Organspender zu finden, deren Antigene denen des Empfängers sehr ähneln (z. B. nahe Verwandte). ↑3

Strukturproteine sind die Gerüstbausubstanzen der Zellen. Lebewesen verfügen über artspezifische, aber auch individuelle Proteine. Sie bestimmen Farbe, Form und Struktur aller Zellen und somit aller Organe.

Schon gewusst?

Ungeheure Vielfalt
Jede Organismenart ist durch Proteine charakterisiert, die nur bei dieser Art vorkommen. Manche Proteine gibt es nur bei einzelnen Individuen und deren Verwandten, beispielsweise bei Eltern und deren Nachkommen. Es gibt schließlich auch Proteine, die nur ein einziges Individuum besitzt.
Auf der Erde gibt es mindestens 4 Millionen Organismenarten. ↑S. 67 Man kann annehmen, dass bei jeder Art 100 – 10 000 verschiedene Proteinmoleküle vorkommen. Die Anzahl der auf der Erde vorkommenden unterschiedlichen Proteinmoleküle beträgt also 400 000 000 bis 10 000 000 000!

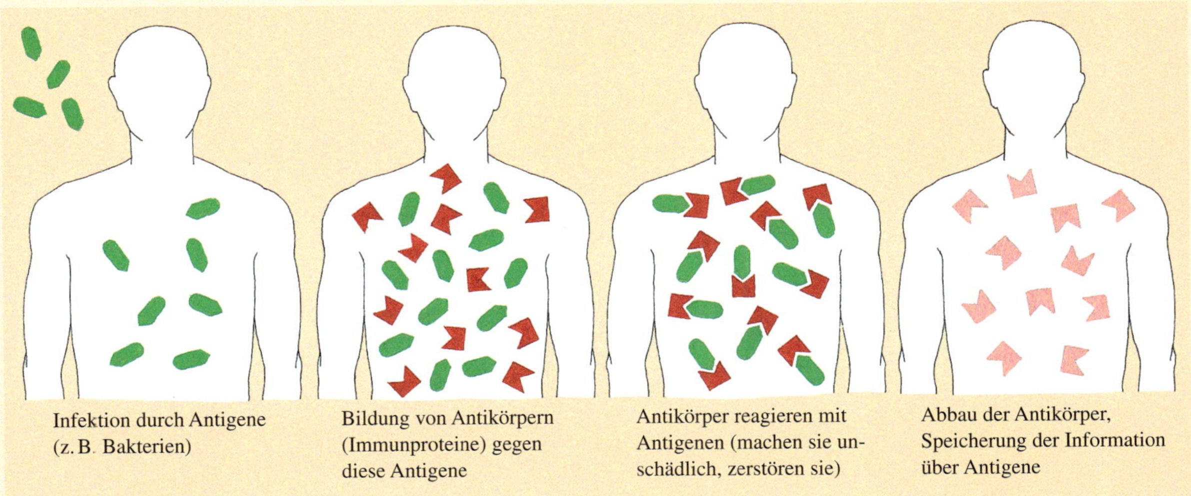

3 Erworbene Immunität durch das Überstehen einer Krankheit

Arbeitsaufträge

1 Erstelle eine Übersicht zu den Funktionen der Proteine im Körper und nenne je ein Beispiel.

2 Proteine können zwei (Dipeptid) bis einige Tausend Aminosäuren lang sein. Berechne die mögliche Anzahl an Proteinen mit je einer Länge von nur 10 Aminosäuren, die sich aus der Kombination von 20 verschiedenen Aminosäuren für ein Protein bilden ließen.

3 Im Stoffwechsel menschlicher Zellen können einige, aber nicht alle lebenswichtigen Aminosäuren gebildet werden. Begründe die Bedeutung einer abwechslungsreichen proteinhaltigen Ernährung besonders für Kinder.

Realisierung der genetischen Information

Die DNA ist der Träger der Erbinformationen.
Doch wie kann in einem Stoff wie der DNA die gesamte Information für den Aufbau eines Organismus enthalten sein? Wie kann diese Information in so komplexe Proteine wie das Hämoglobin und Insulin oder in den Aufbau von Zellen und Organen übersetzt werden?

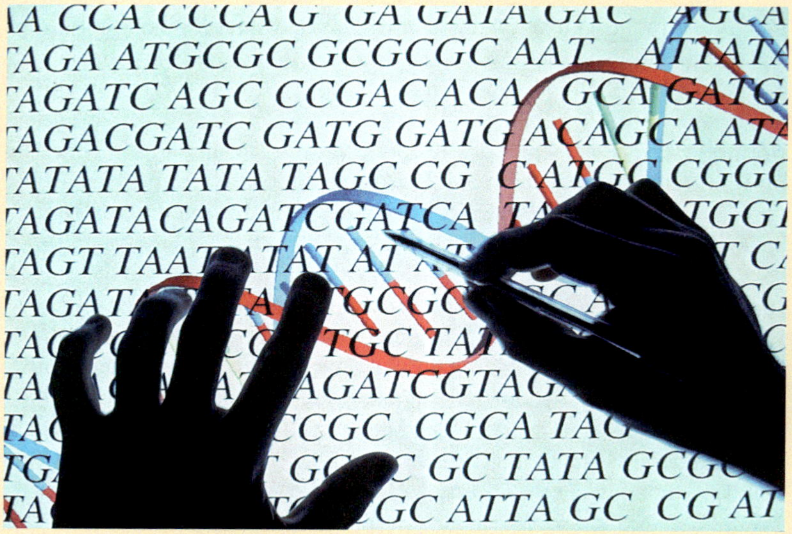

1 Der genetische Code des Menschen ist heute entschlüsselt.

Beobachten **Untersuchen** *Experimentieren*

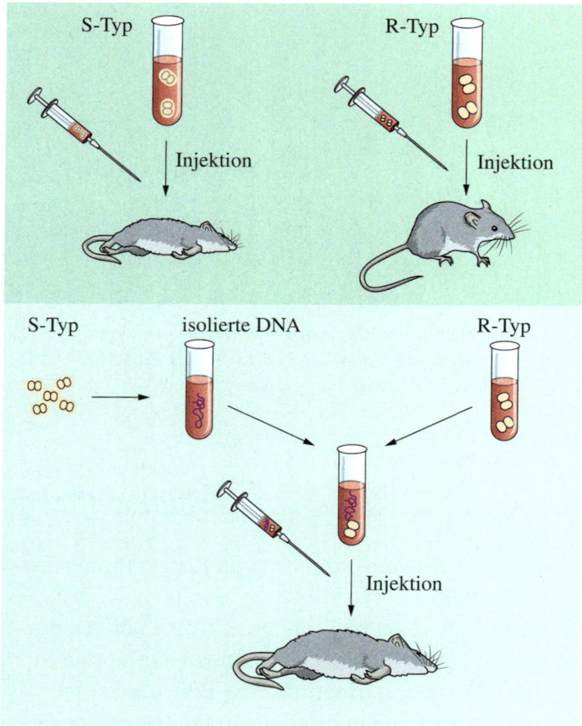

2 AVERYS Versuche 1944

Welcher Stoff trägt die Erbinformation?

1 Vom Erreger der bakteriellen Lungenentzündung existieren zwei Typen: Bakterien des S-Typs sind von einer Schleimhülle umgeben. Sie lösen gefährliche Krankheiten aus, da sie vom Immunsystem nur schwer angegriffen werden können. Bakterien des R-Typs fehlt diese Hülle. Sie sind daher harmlos.
Nachdem schon 1928 der englische Arzt GRIFFITH mit diesen Erregern experimentiert hatte, führte OSWALD AVERY 1944 entscheidende Versuche durch: Er isolierte die DNA aus Bakterien des S-Typ und mischte sie mit lebenden R-Typ-Bakterien. ↑2 Dadurch wurden die vorher harmlosen R-Typ-Bakterien hochinfektiös und töteten die Versuchstiere. Isolierte Proteine des S-Typs hatten diesen Effekt nicht.

a Vermute, warum R-Typ-Bakterien keine Lungenentzündung auslösen können.

b Was ist vermutlich mit den R-Typ-Bakterien passiert, sodass sie infektiös wurden?

c Weshalb beweisen AVERYS Versuche, dass die DNA und nicht Proteine die Träger der Erbinformation sind?

GRUNDLAGEN: Von der DNA zum Protein

Der genetische Code Grundbausteine aller Zellen sind Proteine mit ihrer typischen Aminosäurefolge. In der DNA liegt die Folge der Aminosäuren indirekt in der Basenfolge der Nukleotide verschlüsselt vor. Zum Aufbau der Proteine werden 20 verschiedene Aminosäuren benötigt. Drei aufeinanderfolgende Basen eines Nukleotidstrangs (z. B. GAG) stehen stellvertretend für den Einbau einer bestimmten Aminosäure im Protein und bilden damit den Verschlüsselungscode für eine Aminosäure. Diese Triplettcodes, kurz Tripletts, sind in der DNA hintereinander aufgereiht und kodieren so für die verschlüsselte Aminosäurefolge eines Proteins. ↑4 Soll ein Protein produziert werden, wird in der Zelle die Triplettfolge der DNA in die Aminosäurefolge des Proteins „übersetzt“ und so das Protein produziert. Einen solchen Abschnitt der DNA über mehrere Zwischenschritte aus hintereinander aufgereihten Tripletts, der für die Synthese eines Proteins kodiert, bezeichnet man klassischerweise als Gen. ↑S. 118 Auf jedem DNA-Molekül liegen viele Gene hintereinander. Beginn und Ende eines Gens werden durch spezielle Start- bzw. Stopptripletts gekennzeichnet.

Proteinsynthese Die Informationen für den Aufbau der Proteine sind im Zellkern dauerhaft gespeichert. Die Produktionsorte der Proteine, die Ribosomen, liegen jedoch im Zellplasma. ↑3 Ribosomen bestehen aus einer kleinen und einer großen Untereinheit. Die im Zellplasma befindlichen Aminosäuren werden von der Zelle selbst produziert oder stammen aus der Nahrung. Sie müssen zu den Ribosomen transportiert und dort in der Reihenfolge verbunden werden, die die DNA vorgibt.

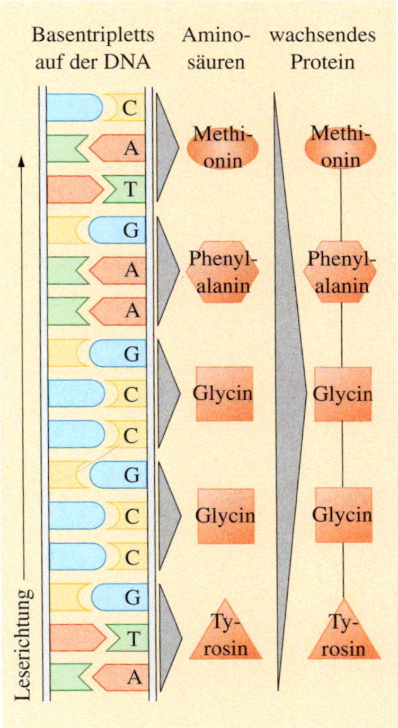

4 Informationsfluss von der DNA zum fertigen Protein. Proteine sind meist viele Hundert Aminosäuren lang.

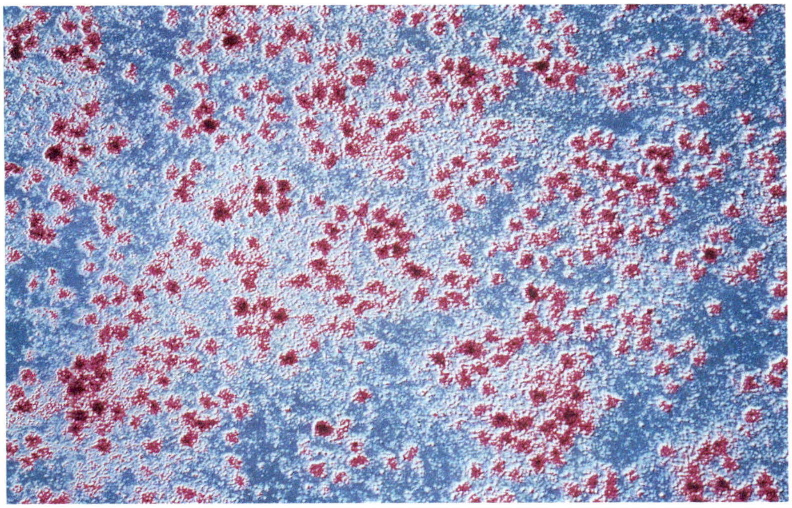

3 Elektronenmikroskopische Aufnahme von Ribosomen. Das Foto zeigt zahlreiche Ribosomen in einer Leberzelle.

Arbeitsaufträge

1 Beschreibe das Prinzip des genetischen Codes. Für welche Lebewesen gilt er?

2 Erläutere die Beziehungen zwischen Aminosäurebausteinen, organischen Basen und Tripletts.

Basiskonzept

Struktur und Funktion
Die besondere Struktur der DNA aus zwei komplementären Nukleotidsträngen bestimmt einerseits die Aminosäurefolge des Proteins und damit Merkmale und Eigenschaften des Organismus. Andererseits ist dadurch die identische Replikation der DNA und damit Weitergabe der Erbinformation bei der Fortpflanzung erst möglich. Diese besondere Struktur ist der Schlüssel zu den wichtigen Funktionen der DNA.

Transkription (Übertragung, Umschreibung) Die DNA kann den Zellkern nicht verlassen, sie ist zu groß für die Kernporen. Daher wird von dem Gen, das gerade abgelesen werden soll, eine einzelsträngige Kopie hergestellt, die sogenannte mRNA. Das „m“ steht für engl. *messenger* = Bote und RNA für Ribonukleinsäure. Sie unterscheidet sich von der DNA durch folgende Eigenschaften:
– Sie besteht nur aus einem Nukleotidstrang.
– In der mRNA ist statt der Base Thymin die Base Uracil und statt der Desoxyribose der Zucker Ribose eingebaut.
– Die mRNA enthält nur die Informationen für den Aufbau eines Proteins.

Bei der Transkription wird die Information der DNA durch die Bildung einer komplementären mRNA abgeschrieben. Dazu spaltet sich die DNA an einer gewünschten Stelle auf. Durch Enzyme gesteuert wird jetzt an jede Base der DNA eine komplementäre RNA-Base angelagert. Ist die Basenfolge der mRNA vollständig, löst sie sich ab, verlässt den Kern und wandert zum Ribosom. Dabei können auch mehrere RNA-Moleküle parallel produziert werden. Ist die mRNA-Synthese abgeschlossen, schließt sich die DNA an dieser Stelle wieder. Moderne Definitionen sagen, dass ein Gen ein Abschnitt der DNA ist, der die Information für die Bildung einer Ribonukleinsäure enthält. ↑2, 3

Schon gewusst?

Nicht alle Gene sind aktiv
Das Gen, das die „Bauanleitung“ für Hämoglobin enthält, ist in jeder Körperzelle vorhanden. Es ist nur in den meisten Körperzellen nicht aktiv. Forscher gehen davon aus, dass in einer ausdifferenzierten Säugetierzelle von den 60 000 verfügbaren Genen nur etwa 10 000 verschiedene Proteine hergestellt werden. Die Differenzierung der Zellen geschieht also dadurch, dass reguliert wird, welche Gene aktiv sind. Außerdem kann die Zelle kontrollieren, wann und wie oft ein bestimmtes Gen für die Herstellung eines Proteins genutzt wird. ↑1

Translation (Übersetzung) Bei der Translation am Ribosom wird die Basenreihenfolge der mRNA in die Aminosäurereihenfolge eines Proteins umgesetzt. Die im Zellplasma befindlichen Aminosäuren werden von speziellen Transport-RNA-Molekülen (tRNA) gebunden. Diese besitzen eine Stelle mit einem freien Basentriplett. Zu jeder Aminosäure gehört eine tRNA mit einem bestimmten Triplett. Die tRNA kann aufgrund dieser Bauweise nur die Aminosäure binden, die ihrem Triplett entspricht. Befindet sich im Ribosom ein freies Triplett der mRNA, so wird ein komplementäres Triplett einer tRNA gebunden. Liegen nun zwei tRNA-Moleküle mit ihren Aminosäuren im Ribosom nebeneinander, so werden die Aminosäuren durch Enzyme verbunden. Im nächsten Schritt wird eine neue tRNA an das nächste mRNA-Triplett angelagert und das bestehende

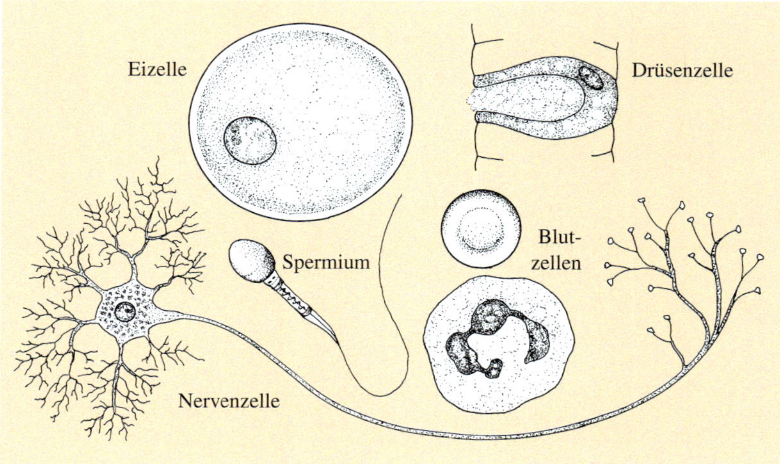

1 Verschiedene Zellen unseres Körpers bilden verschiedene Proteine.

Dipeptid auf die neu angekommene Aminosäure übertragen. So entsteht Aminosäure für Aminosäure das Protein. Die tRNA-Moleküle werden wieder frei und suchen neue Aminosäuren. Ist das Protein fertig, löst es sich vom Ribosom und faltet sich selbstständig in seine endgültige Form. Die mRNA kann zur Produktion mehrerer Proteine verwendet werden. ↑2, 3

Zellen bilden verschiedene Proteine Wissenschaftler untersuchten die Zusammensetzung der Proteine in verschiedenen Zellen. Dabei fanden sie, dass es viele Proteine gibt, die in allen Zellen vorhanden sind.
Jede Zelle stellt aber noch spezielle Proteine her, die für ihre einzigartigen Eigenschaften verantwortlich sind. So wird bei Säugern das Hämoglobin ausschließlich in Vorläuferzellen der roten Blutkörperchen gebildet – in keiner anderen Körperzelle. ↑1

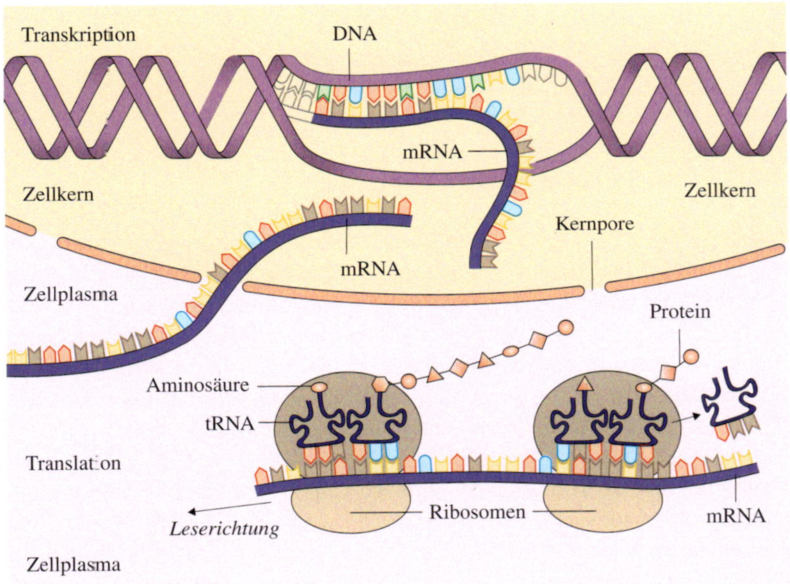

2 Von der DNA zum Protein (vereinfachtes Schema der Proteinsynthese)

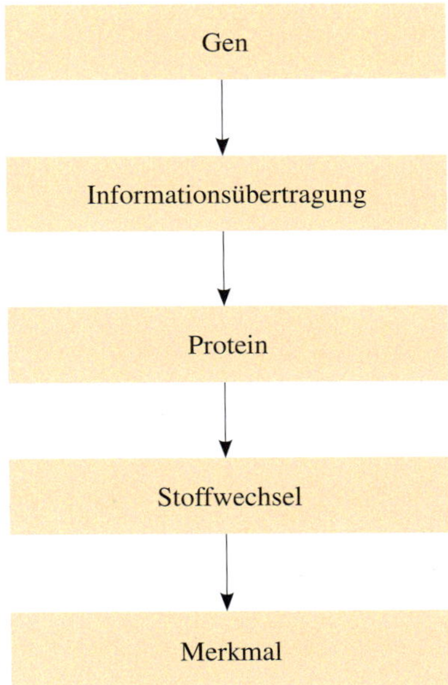

3 Vereinfachte Genwirkkette

Kurz und knapp **Der genetische Code ist der Schlüssel für die Übertragung der genetischen Information. Die Proteinsynthese erfolgt in zwei Schritten: Bei der Transkription wird die Information der DNA durch Bildung einer komplementären mRNA abgeschrieben. Die mRNA verlässt den Kern und lagert sich am Ribosom an. Bei der Translation lagern sich tRNA-Moleküle mit freien Tripletts und dazugehöriger Aminosäure komplementär an der mRNA an. Die Aminosäuren werden zum Protein verbunden.**

Arbeitsauftrag

1 Antibiotika werden gegen bakterielle Infektionskrankheiten eingesetzt. So hemmt Rifampicin die Bildung von mRNA, Chloramphenicol verhindert die Verknüpfung von Aminosäuren zum Protein und Tetracyclin unterbindet die komplementäre Basenpaarung von tRNA- und mRNA-Molekülen. Begründe die Wirksamkeit der Antibiotika anhand des Prozesses der Proteinsynthese.

Bakterien als fleißige Helfer

Bakterien bestehen nur aus einer einzigen kernlosen Zelle. Ihre rasche Vermehrung ermöglicht ihnen eine sehr schnelle Anpassung an veränderte Umweltbedingungen. In der Biotechnologie nutzt man die Fähigkeiten von Bakterien.
Wie helfen Bakterien bei der Käseherstellung und was machen sie in einer Kläranlage?

1 Milch und Nahrungsmittel, die es ohne Bakterien nicht gäbe

GRUNDLAGEN: Bakterien und Biotechnologie

Lebensmittel An der Käseherstellung sind vor allem Milchsäurebakterien beteiligt. Sie leben in der Milch und wandeln deren Milchzucker durch Gärung, also unter Sauerstoffabschluss, in Milchsäure um. Die Bakterien nutzen die bei der Milchsäuregärung frei werdende Energie für ihre Lebensvorgänge. Die Milchsäure lässt die Milch gerinnen, sodass sich die dünnflüssige Molke vom proteinreichen Käsebruch trennt. Dieser ist das Ausgangsprodukt für die Käseherstellung. ↑1

Umweltschutz In Kläranlagen wird Abwasser in mehreren Reinigungsstufen wieder aufbereitet. Hauptakteure sind dabei die Bakterien in der biologischen Reinigungsstufe. Hier bauen sie organische Abfallstoffe im Klärschlamm ab. Speziell gezüchtete Bakterien sind heute in der Lage, chemisch verseuchte Böden und sogar Sprengstoff zu entsorgen.

Biogas Im Schlamm von Gewässern, in Sümpfen, aber auch im Darm von Tieren sind Methanbakterien aktiv. Bei ihrer Zersetzungsarbeit entstehen Methan und Kohlenstoffdioxid. Methan ist ein sehr energiereiches Gas, das man verheizen kann. In modernen Biogasanlagen werden die Methanbakterien mit Gülle und Stallmist gefüttert. Aus dem Dung einer Kuh gewinnt man täglich etwa zwei Kubikmeter Biogas.

Kurz und knapp **In der Biotechnologie wird die Tätigkeit von Bakterien u. a. zur Herstellung von Käse und Milchprodukten genutzt. Bakterien werden auch zur Beseitigung von Umweltschäden eingesetzt.**

Schon gewusst?

Bakterien in der frühen Seefahrt
1497 beklagte der portugiesische Seefahrer VASCO DA GAMA, dass bei der Überfahrt nach Indien viele seiner Matrosen schwer an Skorbut erkrankten.
Nicht so bei den Holländern. Seit ihre Matrosen regelmäßig rohes Sauerkraut aßen, erkrankte auf ihren Schiffen niemand mehr an Skorbut. Heute kennt man den Grund: Skorbut entsteht durch Vitamin-C-Mangel. Im Sauerkraut wandeln Milchsäurebakterien den im Zellsaft der fein zerschnittenen Kohlblätter enthaltenen Zucker zu Milchsäure um. Diese konserviert das Vitamin C, das im Kohl reichlich vorkommt.

Arbeitsaufträge

1 Begründe, weshalb sich Bakterien besonders gut für die biotechnologische Nutzung eignen.

2 Vergleiche die Gärung von Hefepilzen und Milchsäurebakterien miteinander.

Beobachten Untersuchen **Experimentieren**

Bakterien sind überall

Bringt man Bakterien auf geeignete Nährböden, vermehren sie sich in wenigen Tagen bereits so stark, dass man die dabei entstehenden Bakterienkulturen mit bloßem Auge erkennen kann. Dies ist eine Möglichkeit, um das Vorhandensein von Bakterien auch dort nachzuweisen, wo sie aufgrund ihrer geringeren Anzahl nicht sichtbar sind.

1 Herstellen der Nährböden

Material: 2–3 sterile Plastikpetrischalen, Zellstoff, Alufolie, Nährgelatine aus der Apotheke, Erlenmeyerkolben, Glasstab, Gasbrenner, Dreifuß, destilliertes Wasser

Durchführung: Zunächst rührt ihr die Nährgelatine mit lauwarmem destilliertem Wasser im Erlenmeyerkolben an. Dann wird die Lösung über dem Gasbrenner etwa 30 Minuten gekocht und anschließend mit einem Zellstoffstopfen sowie einer Haube aus Alufolie verschlossen. Lasst die Lösung abkühlen. Flammt den Rand des Erlenmeyerkolbens ab, bevor ihr die Petrischalen etwa zu einem Drittel befüllt. Verschließt diese sofort mit ihrem Deckel. Nach dem Erkalten der Gelatine könnt ihr die Versuche starten. ↑2

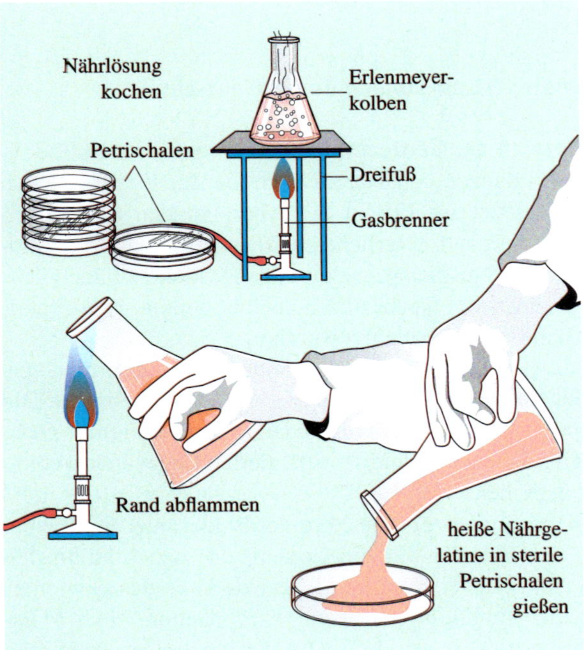

2 Herstellung von Nährböden für Bakterienkulturen

Richtiger Umgang mit Bakterien:
- Während der Versuchsarbeiten weder essen noch trinken.
- Petrischalen nach dem Beimpfen verschließen. **Sie dürfen nicht mehr geöffnet werden.**
- Petrischalen nach den Versuchen fachgerecht entsorgen (Lehrkraft).
- Nach den Versuchen und den Aufräumarbeiten Hände gründlich waschen.

2 Bakterien auf der Haut

Material: 2 mit Nährgelatine befüllte Petrischalen, Klebeband, Folienstift, Seife

Durchführung: Berührt mit den Fingerkuppen einer ungewaschenen Hand den Nährboden. Legt anschließend den Deckel auf die Petrischale und verschließt sie zusätzlich mit einem Klebeband. Beschriftet den Deckel mit „Hände ungewaschen“. Wascht nun die Hände sehr gründlich mit Seife. Wiederholt den Versuch mit einer zweiten Petrischale. Beschriftet diese mit „Hände gewaschen“. Die Petrischalen beider Versuchsteile werden an einen warmen Ort gebracht. Hier bleiben sie etwa 3 Tage.

Auswertung: Übernehmt das unten abgebildete Beobachtungsprotokoll in euer Heft. ↑3
Kontrolliert täglich zweimal die verschlossenen Petrischalen. Tragt die Beobachtungsergebnisse in das Protokoll ein. Gebt jeweils den Tag und die Uhrzeit der Beobachtung an.
Wertet das Protokoll aus. Fasst die Ergebnisse in einem kurzen Versuchsbericht zusammen.
In manchen Selbstbedienungsläden werden frische, unverpackte Backwaren angeboten. Nehmt dazu kritisch Stellung.

Ausweitung: Führt den gleichen Versuch mit Geldmünzen durch:
Verwendet dabei entsprechend der Beschreibung oben ungereinigte und mit einem Desinfektionsmittel behandelte Münzen.

Beobachtungsprotokoll

	Hände	
Datum und Uhrzeit	ungewaschen	gewaschen
...	...	...

3 Beobachtungsprotokoll

Was ist Gentechnik?

Von den Wundern, die die Gentechnik vollbringen kann, ist in den Medien viel zu lesen. Da ist von krankheitsresistenten Nutzpflanzen die Rede und von Bakterien, die Medikamente für den Menschen herstellen. Das klingt sehr nützlich.
Was ist an der Gentechnik so besonders, dass sie so viele neue Möglichkeiten eröffnet?

1 Bioreaktor zur Produktion von menschlichem Insulin mithilfe von gentechnisch veränderten Darmbakterien

Beobachten Untersuchen Experimentieren

Gentechnik in den Medien

1 Sammle Berichte aus dem Internet und verschiedenen anderen Medien, in denen das Wort „Gentechnik" vorkommt.
Werte diese Berichte nach den folgenden Gesichtspunkten aus:

a Wird der Begriff in dem Bericht erklärt und, wenn ja, wie wird er definiert?
b Werden die Vorteile der gentechnischen Anwendung erwähnt?
c Welche Risiken der gentechnischen Methoden werden in dem Bericht genannt?

2 Der genetische Code ist universell.

GRUNDLAGEN: Erbgutveränderungen durch Gentechnik

Was ist das Besondere an der Gentechnik? Schon seit über 10 000 Jahren züchten Menschen Pflanzen und Tiere. Durch die Zucht reichern sich verschiedene Veränderungen im Erbgut an. Aber bei den klassischen Züchtungsmethoden ist man auf natürliche, zufällig auftretende Mutationen angewiesen. Will man beispielsweise eine blaue Sonnenblume züchten, muss man warten, bis eine Pflanze zufällig bläulich blüht. Diese spontane Mutation kann dann weitergezüchtet werden.
Die Gentechnik macht es möglich, gezielte Veränderungen am Erbgut vorzunehmen. Zudem ist man dabei nicht auf arteigene Gene beschränkt. Die wesentlichen Erfolge der Gentechnik beruhen darauf, dass artfremde Gene eingeschleust werden können, die dem so veränderten Organismus völlig neue Eigenschaften verleihen.
Beispielsweise wurde Maispflanzen das Gen eines Bakteriums übertragen. Dieses Gen enthält den Bauplan für ein Protein, das den schlimmsten Maisschädling, den Maiszünsler, vergiftet. Aber wie kann das Gen eines Bakteriums immer noch funktionieren, wenn es ins Genom einer Maispflanze gerät? Die Antwort ist so verblüffend wie einfach: Der genetische Code ist universell. Alle Lebewesen verschlüsseln ihre Erbinformation auf

die gleiche Weise. ↑2 Daher wird ein bestimmtes Gen immer in die gleiche Aminosäuresequenz übertragen, sei es im Körper einer Maus, eines Menschen oder einer Möhre.

Grundoperationen der Gentechnik Die Übertragung eines Gens von einer Art auf eine völlig andere ist im Detail sehr kompliziert, aber das zugrunde liegende Prinzip ist recht einfach. ↑3
Zunächst muss man das gewünschte Gen aus der DNA der Spenderart ausschneiden. Hierfür werden sogenannte Restriktionsenzyme eingesetzt. Sie zerschneiden die DNA immer an einer bestimmten Basenfolge. Dann werden die Bruchstücke der DNA, die das gewünschte Gen enthalten, in die Erbsubstanz von bestimmten Bakterien oder Viren eingebaut, die als „Genfähren“ dienen. Der Begriff Genfähre wurde gewählt, weil diese Bakterien und Viren in der Lage sind, das gewünschte artfremde Gen gemeinsam mit ihrer eigenen DNA in die Wirtszellen einzuschleusen. Man kann artfremde DNA auch durch Mikroinjektion in den Zellkern einschleusen. Bei beiden Methoden wird bei den so veränderten Lebewesen nun die artfremde DNA genauso wie die eigene DNA in ein Protein übersetzt. Dadurch erhalten sie die gewünschten Eigenschaften der Spenderart.

Gentechnik für Landwirtschaft und Medizin Das erste gentechnisch veränderte Lebewesen war ein Darmbakterium. Ihm wurde das menschliche Gen für das Hormon Insulin eingepflanzt. Dadurch wurden die Bakterien befähigt, menschliches Insulin zu bilden, das zur Behandlung von Diabetikern gebraucht wird. Früher musste Insulin aus den Bauchspeicheldrüsen geschlachteter Rinder und Schweine isoliert werden. Man brauchte über 50 Tiere, um ein Gramm Insulin zu gewinnen.
Eine relativ neue medizinische Anwendung ist das Pharming. Hierbei werden Ziegen oder Schafen menschliche Gene übertragen, damit sie menschliche Proteine, die als Medikamente gebraucht werden, mit der Milch abgeben. ↑4 Mithilfe der Gentechnik werden oft Nutzpflanzen verändert. Die schädlingsresistente Maissorte ist nur ein Beispiel. Es gibt gentechnisch veränderte Sojasorten, die gegen ein Unkrautbekämpfungsmittel resistent sind. Felder mit diesen Sorten können mit diesem Gift unkrautfrei gehalten werden, ohne dass die Sojabohnen selbst geschädigt werden. Asiatische Genetiker haben eine Reissorte entwickelt, die – anders als herkömmlicher Reis – viel Provitamin A enthält. Dieser sogenannte Goldreis soll die Ernährungssituation der Bevölkerung verbessern helfen.

Kurz und knapp **Unter den Begriff Gentechnik fallen Methoden, die einen gezielten Eingriff ins Erbgut erlauben. Dabei können auch artfremde Gene ins Genom der Zielzellen eingeschleust werden. Die so veränderten Arten erhalten dadurch Eigenschaften der Spenderart. Gentechnik kommt hauptsächlich in Medizin und Landwirtschaft zur Anwendung.**

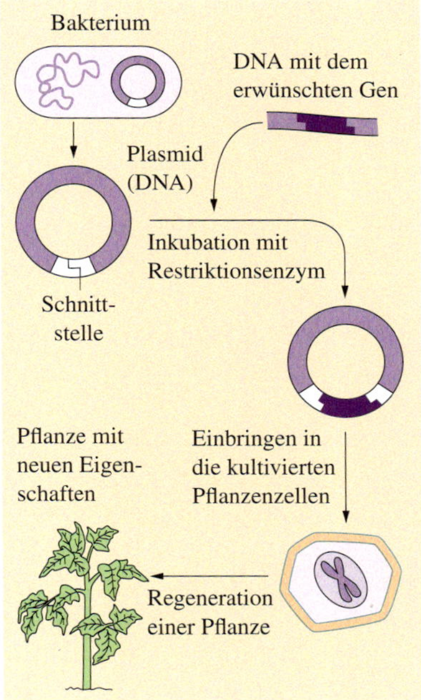

3 Übertragung artfremder DNA

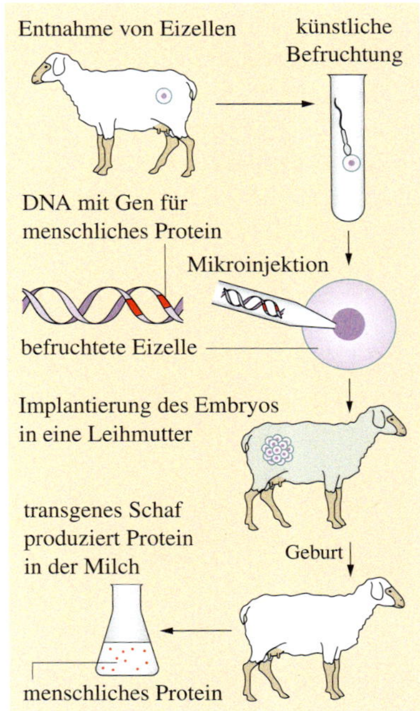

4 Produktion menschlichen Proteins

Arbeitsaufträge

1 Besteht zwischen der Kombinationszüchtung und der Gentechnik ein grundsätzlicher Unterschied? Begründe.

2 Erkläre am Beispiel der gentechnischen Insulinproduktion, warum Gentechnik nur deshalb funktioniert, weil der genetische Code universell ist. ↑4

Pflanzen- und Tierzucht

Wenn man verschiedene Hunderassen miteinander vergleicht, findet man extreme Unterschiede – viel größere als zwischen Wolf und Schakal. Kaum zu glauben, dass alle Hunderassen zur selben Tierart gehören.
Wie konnte der Mensch aus einer einzigen Art so verschiedene Rassen hervorbringen? Und welche Ziele verfolgte er dabei?

1 Alle Hunderassen stammen vom Wolf (links) ab.

Beobachten Untersuchen Experimentieren

Zuchtziele früher und heute

1 Bei der Jagdszene rechts wurde ein Ur erlegt, ein zweites wurde lebend gefangen. Ergeben sich aus dieser Darstellung vielleicht Hinweise auf die Anfänge der Tierzucht? ↑2

a Welche Ziele hat man wohl anfangs bei der Tierzucht verfolgt?

b Informiere dich im Internet und in Fachbüchern, welche Ziele heute bei der Zucht von Tieren und Pflanzen verfolgt werden.

2 Assyrerkönig ASSURNASIRPAL bei der Jagd auf Wildrinder (Ur). Nach einem Relief aus Mesopotamien um 1000 v. Chr.

GRUNDLAGEN: Züchtung von Pflanzen und Tieren

Die Anfänge der Züchtung Bereits in der Steinzeit, vor etwa 12 000 Jahren, begannen die Menschen Ackerbau und Viehzucht zu treiben. Wahrscheinlich wurden zunächst essbare Wildpflanzen angebaut. Wild lebende Tiere wurden gezähmt und an die Gefangenschaft gewöhnt. Doch schon bald begann eine gezielte Auslese: Die steinzeitlichen Bauern bauten vorzugsweise die Pflanzen weiter an, deren Früchte ihnen am besten schmeckten und die sich am besten verarbeiten und lagern ließen. Sie ließen nur die Tiere zur Weiterzucht zu, die besonders friedfertig waren und die ihnen viel Fleisch, Milch oder Eier lieferten. Vor der Weiterzucht erfolgte also eine Auslese. Obwohl den Bauern noch nichts über Vererbung bekannt war, begannen sie, durch diese Auslesezüchtung die kultivierten Arten zu verändern. Allmählich entstanden Nutztiere und -pflanzen, die den Wildformen, von denen sie abstammen, kaum noch ähnelten. ↑3 Bis zum Ende des 19. Jahrhunderts war die Auslesezüchtung die einzige Möglichkeit, Pflanzen und Tiere mit erwünschten Eigenschaften hervorzubringen.

3 Relative Größen von Wildart und Kulturform verschiedener Nutzpflanzenarten

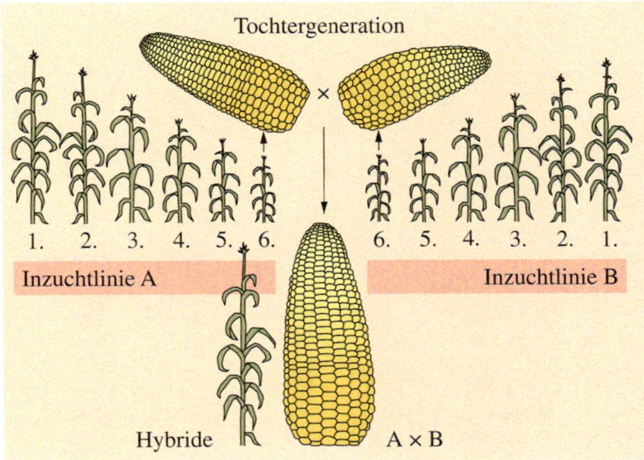

4 Erzeugung einer Hochleistungssorte durch Hybridzüchtung

Kombinationszüchtung Schließlich schaffte man es, die erwünschten Eigenschaften von verschiedenen Sorten gezielt miteinander zu kombinieren. Kreuzt man beispielsweise eine Weizensorte mit geringem Ertrag, die aber frosthart ist, mit einer zweiten Art, die zwar hohe Erträge liefert, aber frostanfällig ist, dann tauchen vermutlich in der zweiten Tochtergeneration auch Exemplare mit hohem Ertrag auf, die winterhart sind. Hat man so die gewünschte Merkmalskombination erreicht, versucht man Homozygotie zu erzeugen, damit die Merkmalskombination stabil bleibt. Viele heute gebräuchliche Hochleistungsrassen sind so entwickelt worden.

Hybridzüchtung Besonders in der Pflanzenzucht stellte sich heraus, dass heterozygote Individuen oft größer und widerstandsfähiger sind als homozygote. ↑4 Bei der Züchtung von Mais, Tomate, Sonnenblume oder Schweinen macht man sich diesen Heterosiseffekt gezielt zunutze. Hier werden zunächst durch Inzucht, also Kreuzung untereinander, reinerbige Linien von möglichst unterschiedlichen Rassen erzeugt. Dann werden aus diesen Inzuchtlinien Hybriden gezüchtet. Diese sind wegen ihrer hohen Erträge sehr begehrt. Da sich der Heterosiseffekt in den Folgegenerationen verliert, können die Hybriden nicht über Samen vermehrt werden. Sie müssen stets durch Einkreuzung der Inzuchtlinien neu erzeugt werden.

Kurz und knapp **Seit dem Beginn von Ackerbau und Viehzucht verändern Menschen Tier- und Pflanzenarten durch Auslesezüchtung. Dabei werden nur Individuen mit erwünschten Eigenschaften weitervermehrt. In neuerer Zeit erlauben Kombinations- und Hybridzüchtung eine gezieltere Vorgehensweise bei der Züchtung von Nutztieren und -pflanzen.**

Schon gewusst?

Merkmale von Kulturformen
Die zur Ernährung angebauten Kulturpflanzen sind oft viel größer als die Wildarten, von denen sie abstammen. Bitter- und Giftstoffe sind meist kaum noch enthalten. Oft können sich Kulturpflanzen nicht mehr ohne Hilfe des Menschen vermehren. Extreme Beispiele hierfür sind Banane, Ananas und Zitrusfrüchte, die gar keine Samen mehr ausbilden. Nutztiere setzen oft viel mehr Fleisch und Fett an als die Stammform. Sie wachsen schneller, sind früher geschlechtsreif und können mehr Junge pro Jahr zur Welt bringen. Typisch für Haustiere ist auch der Verlust der Haare oder der üblichen Fellfärbung. Bei vielen Haustierrassen ist das Gehirn kleiner und die Sinne sind weniger empfindlich als bei der Stammform.

Arbeitsaufträge

1 Vergleiche mithilfe von Bild ↑3 die Kulturform des Mais mit der Wildart, von der der Mais abstammt.
2 Erkläre, welche Vorteile die Kombinationszüchtung gegenüber der Auslesezüchtung hat.
3 Entwirf einen Versuch, mit dem du überprüfen kannst, ob der Heterosiseffekt bei einer Hybrid-Tomatensorte wirklich in den Folgegenerationen nachlässt.

 Exkurs

Moderne Züchtungstechniken

Der Mensch hat mithilfe der klassischen Methoden leistungsfähige Pflanzensorten und Tierrassen züchten können. Aber er stößt hier auf Grenzen: Verschiedene Pflanzen- und Tierarten lassen sich nicht beliebig miteinander kreuzen. Und die meisten Nutztiere können im Lauf ihres Lebens viel weniger Nachkommen hervorbringen, als die Züchter sich das wünschen. Neue, biotechnologische Methoden erweitern die Möglichkeiten erheblich. Sollte man sich dieser Möglichkeiten ungeniert bedienen oder gibt es dabei ethische Grenzen?

1 Gewebekulturen der Kartoffel

Mehr Nachkommen pro Tier In der Tierzucht werden auch heute noch klassische Methoden wie Kombinations- oder Hybridzüchtung angewendet. Da diese Zuchtmethoden sehr langwierig sind, haben Tiere, die den Wünschen des Züchters entsprechen, einen sehr hohen Wert. Von diesen Tieren hätte man gern möglichst viele Nachkommen.

In der Viehzucht war es früher üblich, die Kühe zur Begattung zum Dorfstier zu bringen. Auf diese Weise konnte ein Stier allerhöchstens 100 Nachkommen pro Jahr zeugen. Heute werden Kühe in der Regel künstlich besamt: Mit dem in kleine Portionen aufgeteilten Sperma eines einzigen Bullen können jedes Jahr über tausend Kälber gezeugt werden. ↑2

Bei der Nachzucht wertvoller Hochleistungskühe ist das Problem noch gravierender. Eine Kuh kann normalerweise immer nur ein Kalb auf einmal austragen. So wurde der Embryonentransfer entwickelt. Hierbei wird die Kuh zunächst mit Hormonen behandelt, die bewirken, dass nicht nur ein Ei aus dem Eierstock freigesetzt wird, sondern sogar bis zu 40. Diese unbefruchteten Eier werden mit dem Sperma eines Bullen künstlich besamt. Nach einigen Tagen entwickeln sich Embryonen aus den befruchteten Eiern. Noch bevor sich die Embryonen in der Gebärmutter der Kuh einnisten können, werden sie entnommen. Jeder einzelne Embryo wird nun einer Leihmutter eingepflanzt. So erhält man zahlreiche Nachkommen einer Kuh. ↑3

Die Tiere, die durch künstliche Besamung und/oder Embryonentransfer zur Welt kommen, sind Geschwister. Sie weisen genauso große genetische Unterschiede auf wie natürlich gezeugte Geschwister.

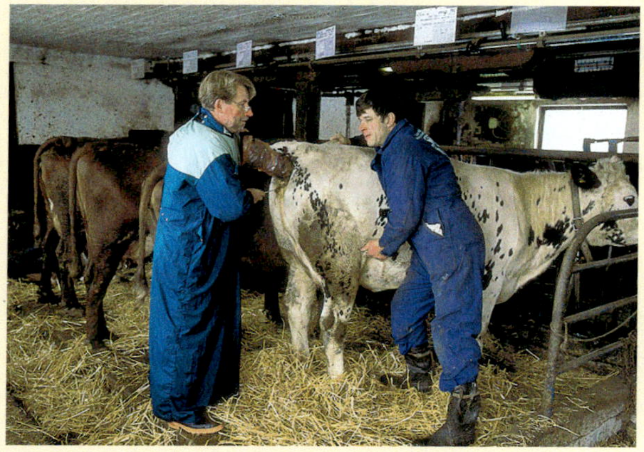

2 Künstliche Besamung einer Kuh

3 Geschwister-Kälber, gezüchtet durch Embryonentransfer

Exkurs

Klonen – genetische Vielfalt unerwünscht Ist ein Züchter endlich am Ziel seiner Bemühungen angelangt, möchte er möglichst viele Exemplare seiner neuen Sorte oder Rasse heranziehen, ohne dass die gewünschten Eigenschaften bei den Folgegenerationen wieder verloren gehen. Genetisch identische Kopien wären hier ideal. Solche als Klone bezeichnete Kopien lassen sich heute züchten. Bei Tieren ist dies recht schwierig und daher wirtschaftlich meist nicht sinnvoll. Pflanzen aber werden schon seit langer Zeit kloniert und die Biotechnologie bietet heute noch weitere Möglichkeiten dazu.
Viele Pflanzen bilden für ihre vegetative Vermehrung von Natur aus Klone ihrer selbst. Denn die Ausläufer der Erdbeere, die Brutzwiebeln des Knoblauchs oder die Kartoffelknollen sind nichts anderes als genetisch identische Kopien der Mutterpflanze. Viele Gehölze lassen sich künstlich über Stecklinge vermehren. Diese Möglichkeiten nutzt der Mensch schon seit Jahrhunderten.
Heute besteht auch die Möglichkeit, Pflanzen zu klonieren, die sich selbst nicht vegetativ vermehren. Dabei werden in geeigneten Nährlösungen aus Pflanzenteilen wie Blattstückchen, Pollen, Einzelzellen oder Protoplasten wieder ganze Pflanzen regeneriert.
Die Protoplastenkultur erweist sich als besonders leistungsfähig. ↑4 Hierbei werden die Zellwände von Gewebestücken durch Enzyme abgebaut. Übrig bleiben Protoplasten, also nackte Einzelzellen ohne Zellwand. Diese Protoplasten lassen sich in Nährmedien zu ganzen Pflanzen heranzüchten. Unter bestimmten Bedingungen gelingt es sogar, Protoplasten verschiedener Arten miteinander zu verschmelzen, die auf natürlichem Weg nicht kreuzbar sind. ↑5

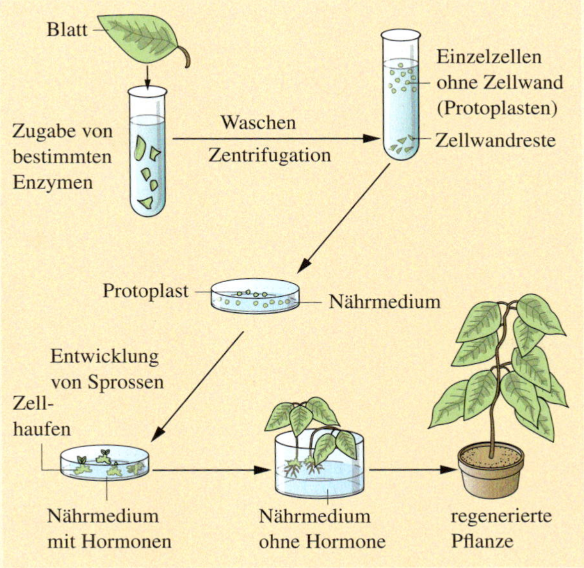

4 Regeneration ganzer Pflanzen aus Protoplasten

Viele Chromosomensätze für große Früchte Colchicin, das Gift der Herbstzeitlose, verhindert die Ausbildung von Spindelfasern bei der Zellteilung und somit auch die Trennung der Chromosomen bzw. Chromatiden. Mit diesem Gift kann man daher diploide Keimzellen herstellen. Kommen diese Keimzellen zur Befruchtung, entstehen neue Sorten mit einem vierfachen Chromosomensatz. Sorten mit einem vervielfachten Chromosomensatz, die also polyploid sind, haben meist größere Zellen und damit oft auch größere Früchte. Viele Nutzpflanzensorten sind polyploid.

Arbeitsauftrag

1 Suche weitere Informationen zu modernen Züchtungstechniken im Internet. Gib dazu Begriffe wie Tierzucht, Pflanzenzucht, Klonierung, Kalluskultur, Mutationszüchtung oder Embryonentransfer in eine Suchmaschine ein.

5 Tomoffel: Die Verschmelzung der Zellen von Tomate und Kartoffel erzeugt Tomaten an und Kartoffeln unter der Pflanze.

Zur Diskussion Züchtung von Mausmodellen – ethisch vertretbar?

Marie sitzt vor dem Käfig, in dem ihre niedlichen Mäuse munter umherrennen. Im Nebenraum hört sie ihren kleinen Bruder husten. Er leidet an Mukoviszidose, einer Stoffwechselkrankheit, die durch eine Genmutation bedingt ist.
Marie hat davon gehört, dass Wissenschaftler sogenannte Knock-out(K.-o.)-Mäuse gezüchtet haben, bei denen gezielt das Gen ausgeschaltet wurde, das auch bei ihrem Bruder nicht mehr funktionsfähig ist. Solche K.-o.-Mäuse sollen helfen, die Krankheit zu erforschen und Therapien zu entwickeln. Doch sehr viele Tiere müssen dafür sterben.

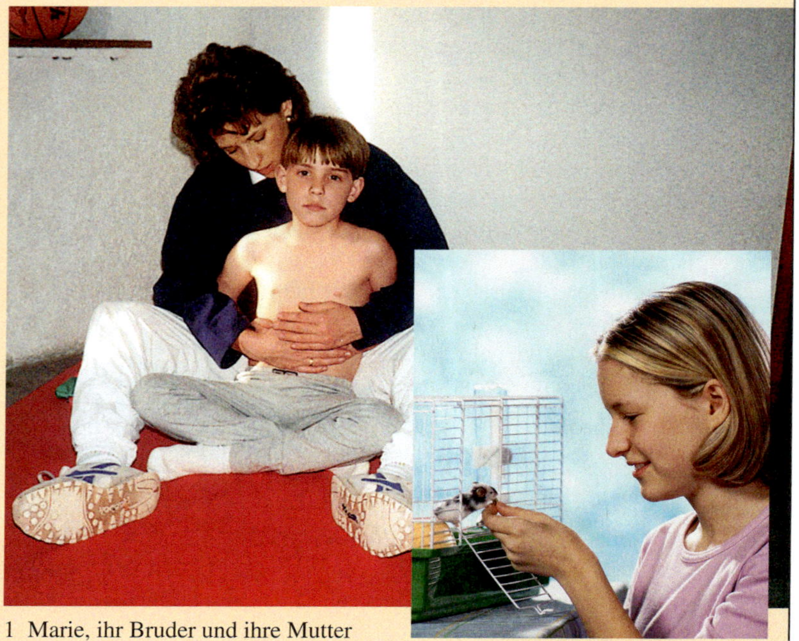

1 Marie, ihr Bruder und ihre Mutter

Aus ethischer Sicht besteht hier ein Dilemma: Muss der Mensch auf Tiere Rücksicht nehmen oder kann er sie nach seinem Ermessen technisch verändern und nutzen?

Wissenschaftliche Probleme
Die Züchtung von Knock-out-Mäusen ist möglich, da sich das Erbgut von Maus und Mensch in weiten Teilen entspricht. Sie ist jedoch mit einem hohen experimentellen Aufwand verbunden. Schwangeren Weibchen werden Embryonen entnommen, diese werden gentechnisch manipuliert und erneut in Weibchen eingesetzt. Die Jungtiere müssen anschließend noch auf ihre Ausfallerscheinungen hin untersucht und charakterisiert werden. Bei all diesen Schritten müssen sehr viele Versuchstiere operiert und getötet werden.

Ethische Probleme
Das Ziel der Züchtung solcher „Krankheitsmodelle“ wie der Mukoviszidose-Maus ist es, menschliches Leiden zu vermindern. Man hofft auf diese Weise, neue Erkenntnisse über die Entstehung von Krankheiten zu erhalten und die Wirkungsweise von Genen verstehen zu lernen. Doch bedeutet dies stets, dass Tiere gezüchtet werden, die genetisch defekt sind und darunter mehr oder weniger stark leiden müssen. Mukoviszidose-Mäuse zeigen zum Beispiel schwere Verdauungsschäden und viele sterben in den ersten Monaten daran.
Es ist notwendig, die körperlichen und psychischen Risiken für die Tiere zu prüfen und sie gegen die Forschungsziele abzuwägen.

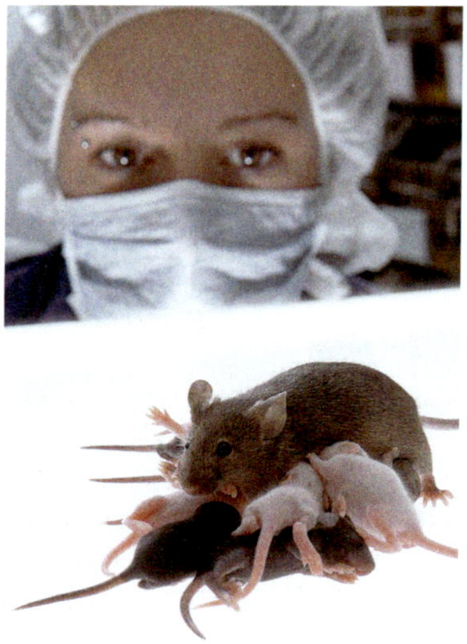

2 Tierpflegerin mit einer transgenen Labormausfamilie

Zur Diskussion Züchtung von Mausmodellen – ethisch vertretbar?

Sind K.-o.-Mäuse ethisch vertretbar?
Die Antwort auf diese Frage ist natürlich davon abhängig, von welchen Werten man ausgeht. Im Bereich der Tierethik werden verschiedene Moralkonzeptionen vertreten.

Anthropozentrische Argumentation
(griech. *anthropos:* Mensch, *kentros:* Mittelpunkt)
Der Mensch nimmt die zentrale Stelle in der Welt ein, da nur er als vernunftbegabtes Wesen angesehen wird. Wenn etwas für den Menschen Nutzen hat, ist alles andere untergeordnet. Nur wenn Eingriffe in die Natur Folgen für den Menschen haben, werden sie verurteilt. Anthropozentriker haben keine grundsätzlichen Bedenken gegen K.-o.-Mäuse.

Pathozentrische Argumentation
(griech. *pathos:* Leid, Schmerz)
Der Mensch hat Pflichten gegenüber Lebewesen, die Schmerz und Leid empfinden. Besitzen Tiere gleiche Eigenschaften wie Menschen, zum Beispiel Leidensfähigkeit, müssen sie aus moralischen Gründen auch gleich behandelt werden. Pathozentriker sind gegen Tierversuche, wenn dabei große Schmerzen oder Leid bei den Tieren hervorgerufen wird.

Biozentrische Argumentation
(griech. *bios:* Leben)
Tiere und alle anderen Lebewesen besitzen einen Selbstzweck und Eigenwert. Dieser ist unabhängig von der Nützlichkeit für den Menschen. Der Mensch hat die Pflicht, die Würde aller Lebewesen zu achten und zu schützen. Eine gentechnische Veränderung des Erbguts verletzt diese Würde. Biozentriker sind gegen die Herstellung von K.-o.-Mäusen.

3 Die Vertreter der einzelnen Gruppen können sich von einem weiteren Gruppenmitglied „den Rücken stärken“ lassen.

Arbeitsaufträge

1 Rollenspiel: In einer Fernsehrunde soll das Problem der K.-o.-Mäuse diskutiert werden. Dazu wurden Vertreter der verschiedenen Interessengruppen eingeladen: Unternehmer der Pharmaindustrie, Tierschützer, Wissenschaftler, Eltern von Betroffenen mit Erbkrankheiten, Betroffene, Theologen und Juristen.

a Bildet Gruppen, die sich mit jeweils einer Rolle auseinandersetzen, und sammelt durch Recherche in den verschiedenen Medien Argumente für die jeweilige Rolle.

b Bestimmt jeweils einen Vertreter aus jeder Gruppe und einen Moderator für das Rollenspiel. Führt dann die Diskussionsrunde durch.

c Ordnet die Argumente den ethischen Moralkonzeptionen zu.

d Formuliere für dich persönlich ein Urteil und nenne die Konsequenzen, die sich daraus ergeben.

Überblick

DNA
Die DNA ist der Träger der Erbinformationen. Sie befindet sich in den Zellen und ist in den Chromosomen organisiert. Die DNA bildet ein fadenförmiges Makromolekül (Riesenmolekül), das aus zwei umeinandergewundenen Nukleotidsträngen besteht. Chemische Bausteine eines Nukleotids sind je ein Zuckermolekül, eine organische Base sowie ein Phosphatrest. Die Nukleotidstränge sind nach der Basenbindungsregel verbunden. Dabei sind jeweils Thymin und Adenin sowie Guanin und Cytosin durch Wasserstoffbrückenbindung miteinander verbunden. Aufgrund ihres doppelsträngigen Aufbaus kann sich die DNA vor jeder Zellteilung identisch verdoppeln.

Proteine
Proteine sind die Grundbausteine von jedem Lebewesen. Sie steuern die meisten Lebensprozesse in Zellen und prägen somit die typischen Merkmale eines Organismus. Eigenschaften und Funktionen eines Proteins werden durch die Abfolge seiner Aminosäuren bestimmt. Die Reihenfolge dieser Aminosäuren ist durch die Basenfolge in der DNA festgelegt. Dabei bilden je drei aufeinanderfolgende Basen der DNA einen Schlüsselcode für den Einbau einer bestimmten Aminosäure.

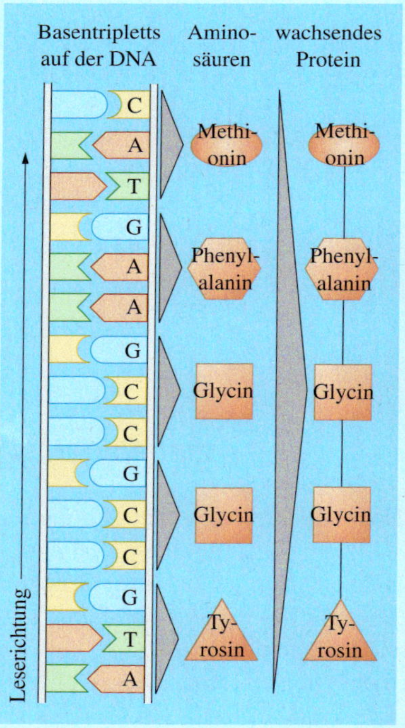

1 Informationsfluss von der DNA zum fertigen Protein

Proteinbiosynthese
In der Proteinbiosynthese wird die Basenfolge der DNA in die Aminosäurenfolge des Proteins übersetzt. Die Proteinbiosynthese ist also der entscheidende Prozess zur Realisierung der Erbinformation. Sie besteht aus zwei Schritten, der Transkription und der Translation. ↑1
Bei der Transkription erfolgt die Umschreibung einzelner DNA-Abschnitte in die komplementäre mRNA. Bei der Translation wird dann diese Information in eine Reihenfolge von Aminosäuren, also ein Protein, übersetzt. Dieses Protein ist dann für die Ausprägung des Merkmals verantwortlich.

Pflanzen- und Tierzucht
Pflanzen- und Tierzucht werden schon seit Jahrtausenden zum Nutzen des Menschen betrieben. Zunächst betrieb man nur Auslesezüchtung. Durch Kreuzen von Individuen wurde in der Kombinations- und Hybridzüchtung der Züchtungserfolg verbessert.
Durch Gentechnik kann man heute gezielt das Erbgut eines Lebewesens verändern. Aus einem Spenderorganismus isolierte DNA wird dabei in einen Empfängerorganismus übertragen. Dazu benutzt man Viren, Bakterien oder Plasmide als Genfähren. Die gentechnisch veränderten Organismen haben neue, den Bedürfnissen des Menschen angepasste Eigenschaften erworben. Dabei kann es sich z. B. bei Pflanzen um eine Resistenz gegen einen Schädling oder um einen höheren Nährstoffgehalt handeln.
Aufbauend auf der Kenntnis der Mitose lassen sich heute Lebewesen mit den gewünschten Eigenschaften sehr schnell vermehren. Dieses als Klonierung bekannte Verfahren wird in der Pflanzenproduktion als vegetative Vermehrung bezeichnet.

2 Beim Brutblatt werden in den Einbuchtungen der Blätter Brutknospen gebildet

1 Die DNA ist der Träger der Erbinformationen. Beschreibe den räumlichen und chemischen Bau der DNA.

2 Bei der Realisierung der Erbinformation wird diese in Proteine übersetzt.

a Erläutere die Bedeutung der Proteine für den Organismus.

b Beschreibe, wie der Aufbau der Proteine in der DNA verschlüsselt ist.

c Beschreibe den Prozess der Proteinbiosynthese. ↑3

3 Antibiotika sind Medikamente, die gegen Bakterien eingesetzt werden. Sie hemmen z. B. die Bildung von mRNA. Begründe, warum Antibiotika Kranke heilen.

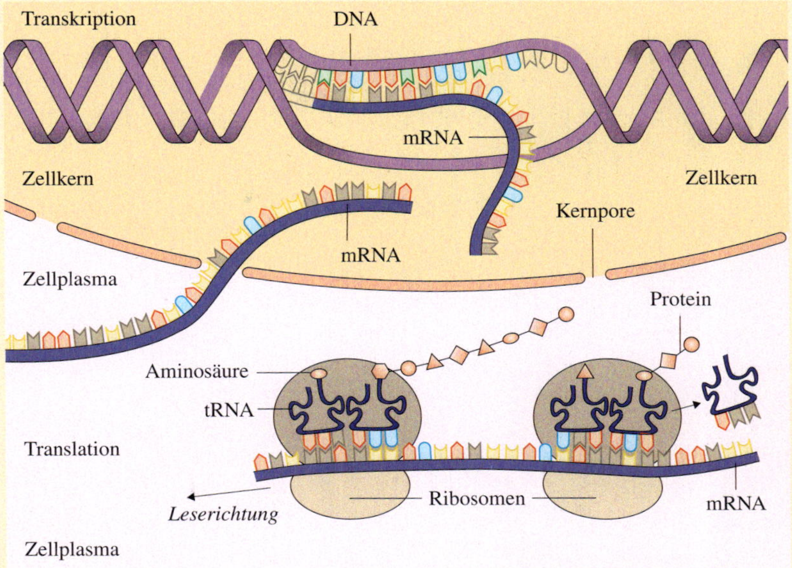

3 Von der DNA zum Protein (vereinfachtes Schema der Proteinsynthese)

4 Werden Antibiotika nicht nach Anweisung des Arztes eingenommen, können einige Bakterien überleben. Manchmal treten dann Bakterien auf, die widerstandsfähig (resistent) gegen ein oder sogar mehrere Antibiotika geworden sind. Suche nach Erklärungen für die Bildung von Resistenzen.

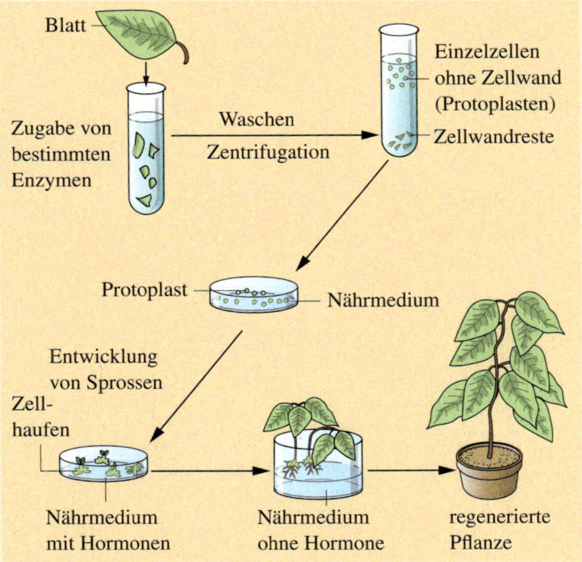

4 Regeneration ganzer Pflanzen aus Protoplasten

5 Klonierung ist ein biotechnologisches Verfahren.

a Informiere dich im Internet, welche Unterschiede zwischen Biotechnologie und Gentechnik bestehen.

b Erläutere den Begriff Klonierung.

c Begründe, warum man Klonierung auch als praktische Anwendung der Mitose bezeichnen kann.

d Was haben Klonierung und vegetative Vermehrung gemeinsam? ↑4

6 Die Gentechnik hat die traditionellen Züchtungsmethoden revolutioniert.

a Beschreibe das Prinzip herkömmlicher Züchtungsmethoden am Beispiel der Auslesezüchtung.

b Wodurch entstehen bei klassischen Züchtungsmethoden neue Varianten?

c Durch gentechnische Verfahren sind Züchter nicht mehr an Artgrenzen gebunden. Erkläre.

7 Hibakushas sind Japaner mit einem Ausweis, der sie als Nachkommen von Atombombenopfern ausweist. Sie selbst haben aber nie den Abwurf der Bombe erlebt. Ihnen steht in Japan kostenlose medizinische Betreuung zu. Begründe, warum diese Menschen häufig auf Nachkommen verzichten!

8 Gentechnik und Klonen werden von einigen Menschen abgelehnt. Trage Argumente zusammen, die für bzw. gegen die Anwendung dieser Verfahren sprechen.

Evolution

Es ist eine Tatsache, dass das Leben auf unserer Erde vor Millionen von Jahren völlig anders war als das Leben heute. Fossilien erzählen etwas über dieses vergangene Leben. Die Veränderung von Lebewesen mit der Zeit bezeichnet man als Evolution. Evolution funktioniert nach bestimmten Regeln. Mit ihrer Hilfe können wir auch unsere eigene Herkunft und Entwicklung besser verstehen.

1 Wie sah das Leben auf unserer Erde früher aus?

2 Was verraten Fossilien über die Geschichte des Lebens?

3 Welche Erkenntnisse gewann DARWIN bei seinen Besuchen auf den Galapagosinseln? Welche Rolle spielen Riesenschildkröten dabei?

4 Wie kommt es, dass wir im Unterschied zu den Menschenaffen auf zwei Beinen gehen?

5 Sind wir alle Afrikaner?

6 Woran erkennt man eine Art, warum sind Arten wichtig für die Evolution?

7 Ein berühmter Naturwissenschaftler fertigte solche Zeichnungen von Radiolarien an. Er verbrachte den größten Teil seines Lebens in Thüringen. Wie war sein Name?

8 Warum und wie können sich Lebewesen verändern?

Die ersten Lebewesen

Die ältesten bekannt gewordenen Lebensspuren sind Fossilien bakterienähnlicher Lebewesen, die von Biologen in etwa 3,5 Milliarden Jahre alten Gesteinen in Westaustralien gefunden wurden. Die Entwicklung des Lebens auf der Erde begann aber wahrscheinlich schon etwa 500 Millionen Jahre früher. Erste Lebewesen haben sich vermutlich schrittweise aus nicht lebenden organischen Stoffen entwickelt. Wie können wir uns diese Evolution vorstellen?

1 In solchen Gesteinen wurden die ältesten Fossilien gefunden.

GRUNDLAGEN: Hypothesen zur Entstehung des Lebens

Uratmosphäre Diese enthielt in einer bestimmten Entwicklungsphase vor allem Wasserdampf, Kohlenstoffdioxid, Stickstoff, Ammoniak, Methan und Wasserstoff, aber keinen freien Sauerstoff. Nach weiterer Abkühlung verflüssigte sich der Wasserdampf, fiel als heißer Regen zur Erde und bildete Seen und Ozeane. UV-Strahlung der Sonne, Blitze und radioaktive Strahlen konnten als Energiequellen einwirken. Man spricht von der Ursuppe (Urozean).

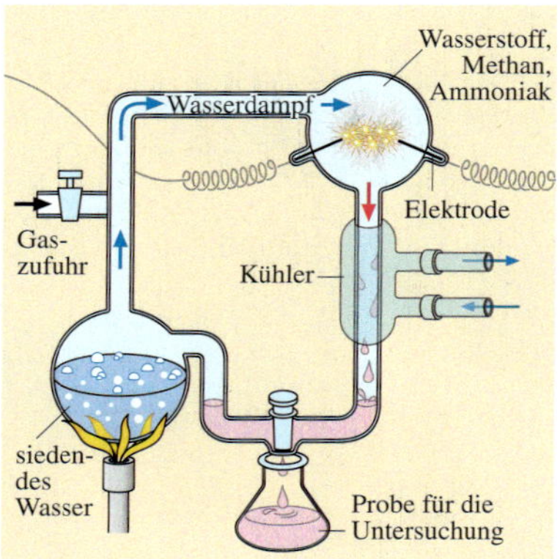

2 Prinzip des Versuchs von MILLER

Das MILLER-Experiment Das berühmte Experiment des Chemiestudenten STANLEY MILLER von 1953 stellt das Atmosphäre-Ozean-System der frühen Erde dar. ↑2 Der mit Wasser befüllte Kolben symbolisiert den Ozean. Beim Erhitzen entsteht Wasserdampf, der in den großen Kolben aufsteigt. Dieser enthält Gase, die die Uratmosphäre darstellen. Die elektrischen Entladungen imitieren die Blitze von Gewittern. Unter dem Einfluss dieser Energie reagieren die Gase miteinander. In einem solchen Gemisch können gegen die umgebende Lösung abgegrenzte Reaktionsräume, Koazervate und Mikrosphären, entstehen. ↑5, 6 Auch Aminosäuren, die Bausteine pflanzlichen und tierischen Lebens, entstehen.

Entstehung organischer Verbindungen Die organischen Verbindungen, die sich gebildet hatten, reagierten unter dem Einfluss von ultravioletter Strahlung, elektrischer Entladung, Wärme und Gasen zu größeren Biomolekülen. Es bildeten sich Nukleinsäuren und Proteine. Aus diesen Bausteinen und weiteren organischen Verbindungen entstanden Bakterien und weitere, einzellige Lebewesen in einem komplizierten Prozess. ↑4

Die Entstehung der Vielzelligkeit Einzellige Lebewesen schlossen sich zu losen Verbänden zusammen. Aus den zunächst noch selbstständigen Einzellern entstanden Kolonien von Vielzellern mit einer gewissen Arbeitsteilung, ähnlich der Kugelalge Volvox, einer pflanzlichen Zellkugel unserer Süßgewässer. Damit war der Weg zu höheren Lebensformen, die aus einer Vielzahl von Zellen mit unterschiedlichen Aufgaben bestehen, bereitet.

Zusammensetzung der Atmosphären einiger Planeten

	Mars	Erde	Venus
Luftdruck (bar)	0,007	1	100
Temperatur in °C	– 60	10	480
Kohlenstoffdioxid	95,3 %	0,03 %	93 % – 98 %
Stickstoff	2,7 %	78,08 %	2 % – 5 %
Wasserdampf	0,03 %	1 %	0,1 %

3 Die Kugelalge Volvox

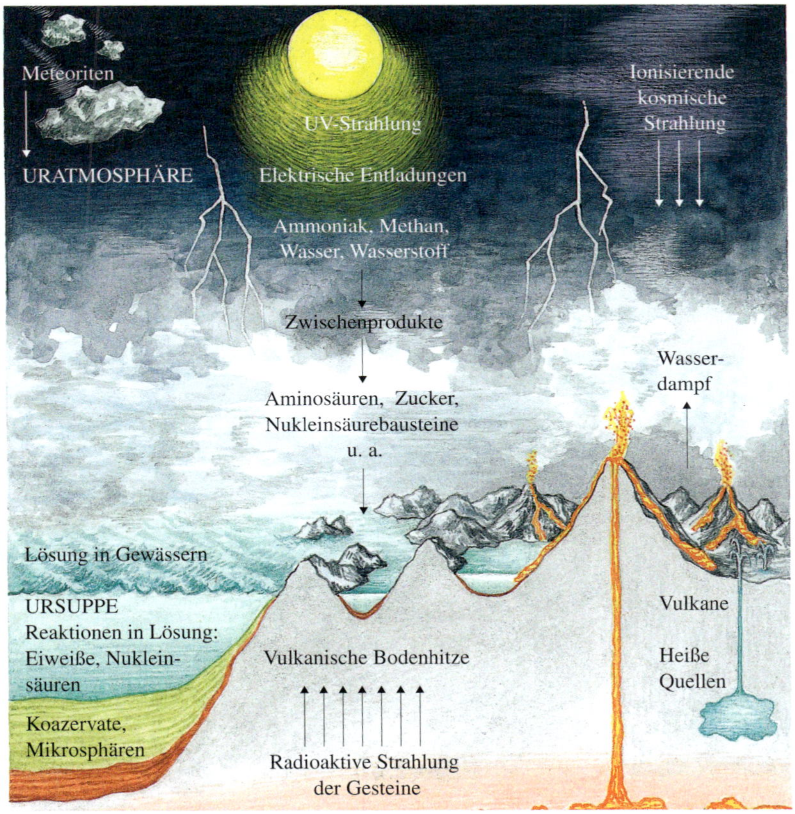

4 Entstehung organischer Verbindungen auf der Urerde (chemische Evolution)

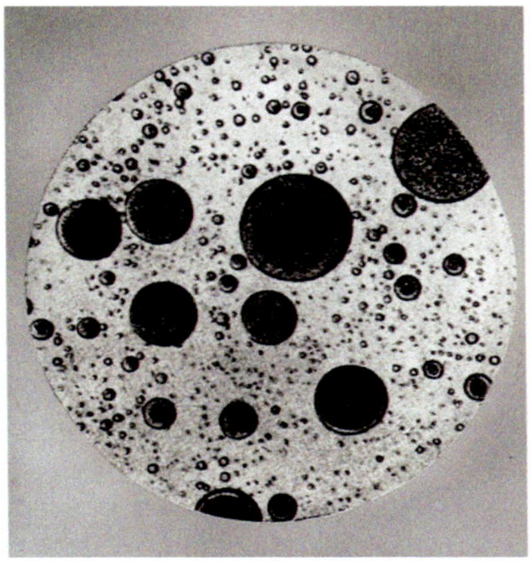
5 Experimentell erzeugte Koazervate

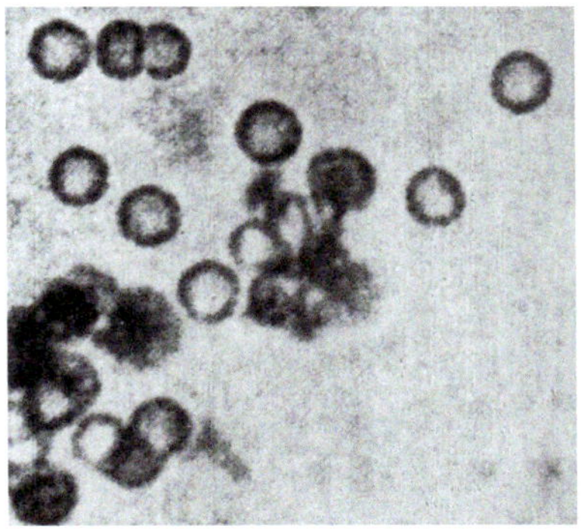
6 Experimentell erzeugte Mikrosphären

Kurz und knapp **Im Urozean bildeten sich zunächst durch chemische Vorgänge organische Stoffe. Schrittweise entwickelte sich zelluläres Leben.**

Arbeitsaufträge

1 Erläutere das MILLER-Experiment.

2 Welche Bedingungen lagen in der Uratmosphäre vor?

Andere Zeiten, andere Lebewesen

Kaum zu glauben, dass dieses seltsam aussehende Tier mit fünf Augen und einem Rüssel mit einer Zange an der Spitze auf unserem Planeten jemals gelebt hat. Wann hat Opabinia, so der Name des Tiers, gelebt? Warum lebt Opabinia heute nicht mehr und seit wann gibt es Leben auf dem Land?

1 Opabinia

Beobachten Untersuchen Experimentieren

Vom Wasser ans Land

Als die ersten Tiere das feste Land besiedelten, gab es bereits seit mehr als 3 Milliarden Jahren Leben im Wasser. Das Leben an Land stellt an die Lebewesen andere Anforderungen. Tiere brauchen eine möglichst gleichmäßige Zufuhr von Wasser und Nahrung sowie hinreichend Sauerstoff zur Atmung. Sie vertragen keine allzu großen Temperaturschwankungen im Tages- und Jahresverlauf.

1 Stelle zusammen, wie sich die Lebensbedingungen im Wasser und an Land für Tiere zur Zeit des Silurs unterschieden haben. ↑2

2 Welche Voraussetzungen mussten erfüllt sein, bevor Tiere das Land beständig für sich erobern konnten?

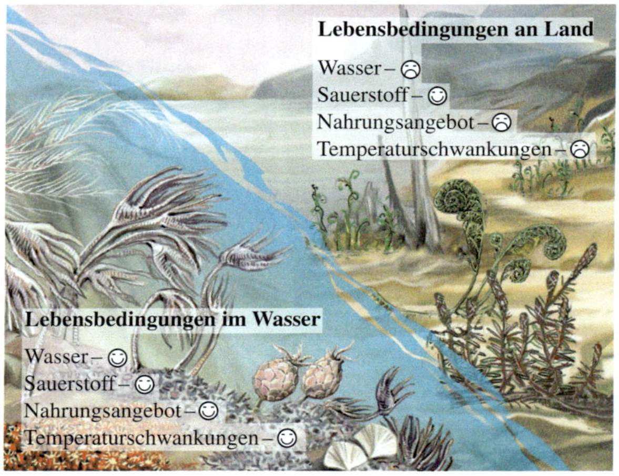

2 Lebensbedingungen im Wasser und an Land im Silur (438–410 Mio. Jahre v. Chr.)

GRUNDLAGEN: Vom Wasser zum Land

Wasser war der erste Lebensraum Die Erde ist etwa 4,6 Milliarden Jahre alt. Es hat ungefähr 800–900 Millionen Jahre gedauert, bis sich im Wasser die ersten Lebewesen entwickelten.

Als das Leben „explodierte" Im Kambrium (543–490 Mio. Jahre v. Chr.) entstanden sehr schnell fast alle der Tier- und Pflanzenformen, die auch in heutigen Meeren zu finden sind – darunter die Wirbeltiere, zu denen wir Menschen zählen. Diese kurze, aber für das Leben auf der Erde wichtige Zeitspanne der Erdgeschichte wird deshalb als Kambrische Explosion bezeichnet.

3 Andere Zeiten, andere Lebewesen

Eroberung des Festlands Zum Ende des Silurs (438–410 Mio. Jahre v. Chr.) besiedelten Lebewesen zum ersten Mal das Festland. Dessen Eroberung gestaltete sich schwierig, weil das lebensnotwendige Wasser an Land äußerst knapp ist. Ohne Mechanismen zur Verminderung der Wasserabgabe an die Luft können Lebewesen das Festland als Lebensraum nicht besiedeln. Ihr weitgehend wasserundurchlässiges Außenskelett ermöglichte unter den Tieren zunächst Spinnen, Skorpionen und Tausendfüßern den Gang an Land. ↑3 Die ersten landlebenden Pflanzen wie Cooksonia hatten schon wurzelähnliche Gebilde zur Verankerung im Boden und zur Wasseraufnahme, Leitungsbahnen zum Wassertransport und feste holzartige Strukturen, die die Pflanzen aufrecht hielten. Die Abgabe von Wasser wurde bei ihnen wie bei heutigen Pflanzen durch Wachsschichten auf der Oberfläche von Pflanzenteilen eingeschränkt.

Nachzügler an Land Die ersten Wirbeltiere an Land findet man erst Millionen von Jahren später im Devon (410–355 Mio. Jahre v. Chr.). Es waren frühe Amphibien, die sowohl im Wasser als auch an Land lebten. Sie konnten das Land als Lebensraum nutzen, weil sie wie alle heutigen Wirbeltiere über Laufbeine zur Fortbewegung verfügten und den Sauerstoff aus der Luft aufnehmen konnten. Fische sind dazu nicht in der Lage, da ihre Kiemen verkleben, wenn sie nicht ständig feucht gehalten werden.

Kurz und knapp **Die ersten Lebewesen auf unserem Planeten entstanden im Wasser. Die Eroberung des Festlands als Lebensraum erforderte Anpassungen an die veränderten Lebensbedingungen.**

Zur Diskussion

Wie kommt es zu einem Massenaussterben?
9 von 10 Arten, die unsere Erde einmal besiedelt haben, sind heute verschwunden. Zum Teil sind dafür mehrmals auftretende Massenaussterben verantwortlich. Als Gründe hierfür werden genannt:
- Einschläge von riesigen Meteoriten ↑4
- Ausbrüche von Supervulkanen (z. B. Krater des Yellowstone-Nationalparks in den USA)
- Veränderungen des Klimas aufgrund von Kontinentalbewegungen
- das Auftreten neuer Raubtiere

Nach den Massenaussterben legte die Evolution ungeheuer an Geschwindigkeit zu, sodass in kurzer Zeit eine Vielzahl neuer Arten entstanden ist.

4 Außerirdische Ursachen für Massenaussterben?

Arbeitsaufträge

1 Ermittle, wo es in Thüringen Museen und Ausstellungen zur Evolution des Lebens in der Region gibt. Stelle mit entsprechendem Informationsmaterial für ein ausgewähltes Erdzeitalter dar, welche Landschaftsformen das Gebiet prägten.
2 Dinosaurier haben über mehr als 100 Millionen Jahre das Leben auf dem Land geprägt. Finde mithilfe des Internets heraus, wann die Dinosaurier auf der Erde erschienen sind und wie sich die Formen dieser Lebewesen im Lauf der Zeit verändert haben.
3 Recherchiere und erörtere, was das Wort „aussterben“ bedeutet.

Was ist Evolution?

Noch im späten Mittelalter war man überzeugt davon, dass alle Lebewesen in einem einmaligen Schöpfungsakt geschaffen wurden und sich unverändert erhalten haben. Fossilienfunde und die Übereinstimmungen im Bau vieler Lebewesen ließen aber Zweifel daran aufkommen. Bereits im 18. Jahrhundert vermuteten Wissenschaftler, dass Arten nicht neu geschaffen werden, sondern sich aus älteren Arten entwickeln. CHARLES DARWIN war jedoch der Erste, der umfassende Theorien der Evolution, eines Hervorgehens von Arten aus gemeinsamen Vorfahren, entwarf.
Wie kam er auf seine Theorien?

1 Brückenechse und Fossil einer Echse. Sind heute lebende Arten aus früheren Arten entstanden?

GRUNDLAGEN: Entwicklung des Evolutionsgedankens

Unterschiedliche Vorstellungen Schon früh begannen die Menschen vieler Kulturen, sich Gedanken über den Ursprung des Lebens zu machen. Bekannt sind die Texte des Alten Testaments, nach denen Gott die Welt in sieben Tagen erschuf. Auch die griechischen Philosophen der Antike beschäftigten sich mit dem Ursprung des Lebens. PLATON (428/427–348/347 v. Chr.) sah einen Demiurg, einen Schöpfergott, als Baumeister des Kosmos. ARISTOTELES (384–322 v. Chr.) glaubte an die Entstehung von Lebewesen aus toten Stoffen. Bis weit über das Mittelalter stellten sich Gelehrte vor, dass z. B. Fische und Frösche aus Schlamm entstehen könnten. CARL VON LINNÉ (1707–1778), der Begründer der binominalen (auch binären) Nomenklatur, war von der Konstanz der Arten überzeugt. Er war der Meinung: „Es gibt so viele Arten wie das unendliche Wesen im Anfang geschaffen hat." ↑2 GEORGES DE CUVIER (1769–1832) vertrat die Auffassung, dass die Lebewesen durch Naturkatastrophen mehrfach vernichtet und dann neu erschaffen wurden. JEAN-BAPTISTE DE LAMARCK (1744–1829) erkannte die Veränderlichkeit der Arten und versuchte dies zu erklären. Er war davon überzeugt, dass der Gebrauch bzw. Nichtgebrauch von Organen zu ihrer Veränderung führt. Seiner Auffassung nach wurden die so erworbenen Eigenschaften vererbt. Die entscheidenden Hinweise lieferte schließlich CHARLES DARWIN (1809–1882).

Kurz und knapp **Bis Ende des 18. Jahrhunderts herrschte überwiegend die Vorstellung von der Konstanz der Arten, welche von einem Schöpfer erschaffen wurden.**

Schon gewusst?

CARL VON LINNÉ
Er führte die binominale (binäre) Nomenklatur ein, die bis heute Bestand hat. Jeder Tier- und Pflanzenart wurde ein wissenschaftlicher Gattungs- und Artname zugeordnet. Die Zauneidechse heißt dementsprechend *Lacerta agilis L.* (nach LINNÉ).

2 CARL VON LINNÉ und GEORGES DE CUVIER

Historisches Auf Umwegen zur Vorstellung von der Entstehung der Arten

Lamarcks Erklärungsansätze
Bereits zu Zeiten vor Darwin versuchten Naturforscher, den Artenwandel auf naturwissenschaftlicher Grundlage zu erklären. Als einer der ersten entwickelte Jean-Baptiste de Lamarck eine Theorie über die Ursachen des Artenwandels, die er 1809 veröffentlichte. ↑4 Dabei ging er, wie später auch Darwin, davon aus, dass Arten einen kontinuierlichen Wandel durchlaufen. Als Ursache dieses Wandels nahm er einen „Trieb" zur Vervollkommnung an, der allen Lebewesen innewohnt. Die Veränderungen im Körperbau, die zu einer besseren Angepasstheit führen, erklärte Lamarck folgendermaßen: Intensiv genutzte Körperteile werden größer und stärker und vervollkommnen sich bei einer Art im Lauf der Zeit, nicht gebrauchte Organe verkümmern dagegen. Die Veränderungen, die bei einem Lebewesen durch Gebrauch oder Nichtgebrauch von Körperteilen entstehen, werden von diesem an seine Nachkommen vererbt.

3 Jean-Baptiste de Lamarck

Schwächen der Theorie Der Schwachpunkt von Lamarcks Theorie liegt darin, dass bislang noch nie beobachtet werden konnte, dass erworbene Merkmale an die Nachkommen vererbt werden. Durch den Gebrauch oder Nichtgebrauch von Organen wird also die genetische Information nicht verändert. Die Kinder eines Kraftsportlers zum Beispiel, der sich große Muskeln antrainiert hat, haben daher keine größeren Muskeln als die Kinder von Nichtsportlern. Nur wenn sie selbst viel trainieren, wächst ihre Muskulatur stärker als bei einem Nichtsportler.

Darwins Reise mit der Beagle
Im Jahr 1831 brach der nur 22-jährige englische Naturforscher Charles Darwin mit dem Forschungsschiff HMS Beagle zu einer fünfjährigen Reise in verschiedene Erdteile auf. ↑4 Dabei sammelte er zahlreiche Exemplare verschiedener Tier- und Pflanzenarten und fertigte umfangreiche Aufzeichnungen über sie an.

Eine andere Tierwelt Bei seinen Expeditionen lernte Darwin beispielsweise Kolibris, Nandus, die Beuteltierart Opossum, Ameisenbären und Faultiere kennen. Diese andersartigen Lebewesen erstaunten ihn. Darwin hatte nämlich erwartet, dass die Tier- und Pflanzenwelt Südamerikas der in vergleichbaren Klimazonen Afrikas ähneln würde. Auf die ganz eigene Geschichte der Tierwelt Südamerikas deuteten auch die von ihm entdeckten Fossilien hin, die den existierenden Arten sehr ähnlich waren.
Auf den Galapagosinseln beobachtet Darwin neben untereinander sehr ähnlichen Finkenarten (Darwinfinken), die sonst nirgendwo vorkamen, auch urtümliche Riesenschildkröten und Echsen. Er stellte fest, dass die Inseln vulkanischen Ursprungs sind, das Lavagestein jedoch noch wenig verwittert war.

Die Erde verändert sich In Chile fand Darwin weit oberhalb der Küste Fossilien von Muscheln und anderen Meeresbewohnern. Er nahm an, dass der Kontinent sich einst langsam über den ursprünglichen Meeresspiegel gehoben hatte. Angeregt durch weitere Beobachtungen kam er zu der Überzeugung, dass sich die Erdoberfläche in sehr langen Zeiträumen tief greifend verändert. Dies aber stand für ihn im Widerspruch zu der traditionellen Vorstellung von der Unveränderlichkeit der Arten. Konnten die Tier- und Pflanzenarten diese einschneidenden Veränderungen unverändert überdauert haben?

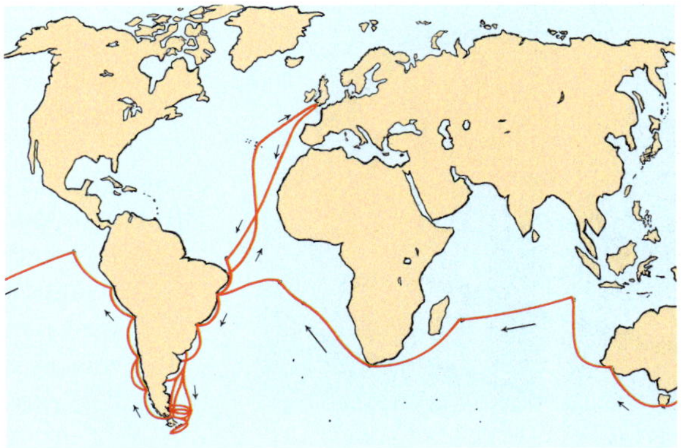
4 Reiseroute der „Beagle"

GRUNDLAGEN: Grundaussagen Darwins zur Entstehung der Arten

Basiskonzept

Entwicklung
Alle Tier- und Pflanzenarten haben sich in langen Zeiträumen aus anderen, früher lebenden Arten entwickelt.

Zweifel an der Unveränderlichkeit der Arten Als Darwin England verließ, war er noch überzeugt davon, dass jede Art unabhängig von anderen Arten erschaffen worden war. Die Eindrücke, die er auf seiner Reise mit der Beagle gewann, ließen ihn aber zunehmend an dieser Vorstellung zweifeln. Seine Zweifel wurden nach seiner Rückkehr verstärkt, als sich bei genauer Untersuchung des gesammelten Materials herausstellte, dass auf den Galapagosinseln viele Tier- und Pflanzenarten vorkamen, die sonst nirgendwo auf der Welt zu finden waren, den Arten vom südamerikanischen Festland aber stark ähnelten. Beispielsweise waren die Inseln von 14 sehr nahe verwandten Finkenarten bewohnt, die alle einer anderen Finkenart auf dem südamerikanischen Festland glichen. Diese Finken werden heute der Verwandtschaft der Ammern zugeordnet. ↑1

1 Darwinfinken: Der Spechtfink (oben) stochert mit einem Stachel nach Insekten. Der Opuntiengrundfink (unten) ist ein Körnerfresser.

„Struggle for life" Bei seinen Überlegungen kam Darwin eine Abhandlung zu Hilfe, die er im Jahr 1838 zufällig gelesen hatte. Der Autor, Thomas Malthus, beschrieb darin die Folgen des schnellen Bevölkerungswachstums und kam zu dem Schluss, dass bei einer fortlaufenden Zunahme der Bevölkerung die Nahrung nicht mehr ausreichen würde und ein Großteil im „Struggle for life", dem „Kampf ums Dasein", umkommen müsste. Darwin schreibt über diesen Moment: „„... da ich hinreichend darauf vorbereitet war, den überall stattfindenden Kampf um die Existenz zu würdigen, ... kam mir sofort der Gedanke, dass unter solchen Umständen günstige Abänderungen (vorteilhafte Variationen von Lebewesen) dazu neigen, erhalten zu werden. Das Resultat hiervon würde die Bildung neuer Arten sein."
Aufgrund solcher und vieler anderer Beobachtungen entwickelte Darwin in den acht Jahren nach seiner Rückkehr umfassende Theorien zur Entstehung der Arten, in denen er nicht nur die Abstammung der heutigen Lebewesen von früheren, anders aussehenden Formen darlegte, sondern auch die Ursachen für den Artenwandel beschrieb.

Darwins Evolutionstheorien Darwin zögerte immer wieder, seine Theorien zu veröffentlichen. Erst als sich abzeichnete, dass andere Forscher ähnliche Gedanken hatten und ihm zuvorkommen könnten, schloss er sein Werk ab und präsentierte es am 24. November 1859 der Öffentlichkeit.

Darwins Schlussfolgerungen mündeten in dem bahnbrechenden Werk „On the Origin of Species by Means of Natural Selection", in dem er seine Vorstellung von der Entstehung der Arten in insgesamt fünf verschiedenen Theorien beschrieb:
- Arten verändern sich und entwickeln sich ständig weiter (Theorie von der Evolution an sich).
- Die Veränderung erfolgt in kleinen Schritten.
- Die verschiedenen Arten stammen von gemeinsamen Vorfahren ab.
- Die Zahl der Arten nimmt im Lauf der Zeit zu.
- Besser angepasste Tiere haben bessere Überlebens- und Fortpflanzungschancen als weniger gut angepasste Artgenossen. Sie werden von der Umwelt ausgewählt oder selektiert (Theorie von der natürlichen Selektion).

Die Reaktion der Öffentlichkeit Die Öffentlichkeit reagierte auf DARWINS Buch teilweise entsetzt, da seine Theorien bedeuteten, dass Menschen und Tiere gemeinsame Vorfahren haben. Affen und Menschen waren demnach sehr nahe miteinander verwandt! Auch viele Wissenschaftler lehnten die Evolutionstheorien ab und vertraten nach wie vor die Unveränderlichkeit der Arten seit ihrer Schöpfung.
Im Lauf der Zeit fanden seine Theorien aber immer mehr Anerkennung. Es gab immer mehr Hinweise dafür, dass Tier- und Pflanzenarten aus früher lebenden Arten hervorgegangen sind.

Die Evolutionstheorie wird zur Tatsache Ein entscheidender Durchbruch waren dabei Fossilienfunde, die zeigten, dass sich die heute lebenden Pferde aus kleinen, mehrzehigen Ausgangsarten entwickelt hatten. Die grundsätzliche Richtigkeit von DARWINS Vorstellungen wurde auch durch die Entdeckung von Übergangsformen, wie beispielsweise dem Brückentier *Archaeopteryx*, bestätigt – ganz so, wie DARWIN es vorausgesagt hatte. DARWIN konnte zu seiner Zeit noch nicht die Ursachen der Variabilität erklären, da die genetischen Grundlagen fehlten. Auch der Ausspruch „Struggle for life" lässt sich nicht immer vollständig auf die Lebewesenwelt übertragen.
Die Theorie von der Evolution an sich, also vom Wandel der Arten, wurde zu einer Tatsache, die von kaum einem Wissenschaftler mehr bezweifelt wurde.

2 CHARLES DARWIN

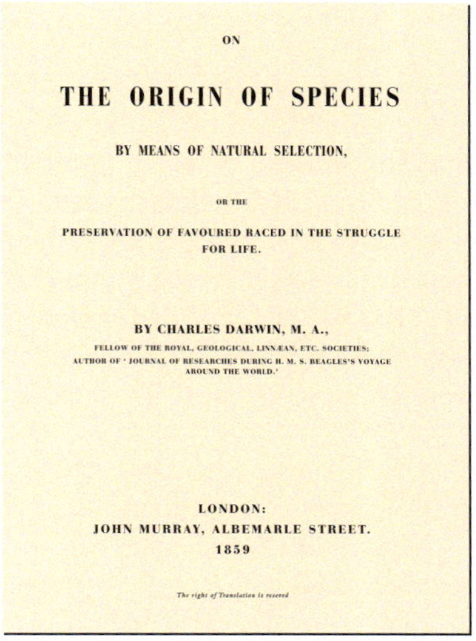

ON

THE ORIGIN OF SPECIES

BY MEANS OF NATURAL SELECTION,

OR THE

PRESERVATION OF FAVOURED RACED IN THE STRUGGLE FOR LIFE.

BY CHARLES DARWIN, M. A.,

FELLOW OF THE ROYAL, GEOLOGICAL, LINNÆAN, ETC. SOCIETIES;
AUTHOR OF 'JOURNAL OF RESEARCHES DURING H. M. S. BEAGLES'S VOYAGE AROUND THE WORLD.'

LONDON:
JOHN MURRAY, ALBEMARLE STREET.
1859

The right of Translation is reserved

3 Titelseite von DARWINS Buch aus dem Jahr 1859

Kurz und knapp **Mit Evolution bezeichnet man den Prozess der Veränderung der Lebewesen auf der Erde. CHARLES DARWIN veröffentlichte im Jahr 1859 die ersten umfassenden Theorien zur Evolution.**

Arbeitsaufträge

1 Was verstehst du unter der Schöpfungsgeschichte? Nenne Befürworter.

2 DARWIN sah einen Widerspruch zwischen der Existenz der Finkenarten auf den Galapagosinseln und dem biblischen Schöpfungsbericht. Erkläre.

3 DARWINS Buch „Die Entstehung der Arten" galt zu seiner Zeit den meisten Menschen als radikales Werk. Beurteile diese Einschätzung aus Sicht der damaligen Zeit.

4 Was versteht DARWIN unter dem „Struggle for life"? Erläutere mit eigenen Worten.

5 Wie hätten die meisten von DARWINS Zeitgenossen die Unterschiede zwischen Südamerikas und Afrikas Tier- und Pflanzenwelt erklärt? Wie würdest du die Beobachtungen DARWINS in Südamerika erklären?

6 Erkläre, welche Anregung DARWIN für seine Theorien aus der Tier- und Pflanzenzucht erhalten haben könnte.

Beobachten Untersuchen Experimentieren

Evolutionsgedanken im Wandel

Bis zum Ende des 18. Jahrhunderts sah man keinen Grund, an der Unveränderlichkeit der Arten zu zweifeln. Grundlage dieser Überzeugung war der biblische Schöpfungsbericht. Dies ist verständlich, wenn man sich klarmacht, dass ein Mensch während der Zeitspanne seines eigenen Lebens keinen Wandel der Arten feststellen kann. Erst als sich die Berichte über die Vielfalt der Pflanzen und Tiere häuften, besonders auch in Übersee, setzte sich die Auffassung durch, dass Arten veränderlich sind. Nun wurden verschiedenste Theorien zur Evolution veröffentlicht.

1 Von LAMARCK zu DARWIN

a Beschreibe die Mechanismen der Evolution nach LAMARCK. ↑1

b Nenne die grundlegenden Aussagen der DARWINschen Evolutionstheorien.

c Betrachte die Bilder zur Evolution der Giraffen. ↑3
Erkläre die unterschiedlichen Ansätze von DARWIN und LAMARCK.

d LAMARCK erklärt die schlechte Sehfähigkeit von Maulwürfen damit, dass deren Augen aufgrund langen Nichtgebrauchs mehr und mehr verkümmert sind. Wie hätte DARWIN argumentiert?

e Erstelle einen Kurzvortrag über das Leben sowie die Leistungen von CHARLES DARWIN. Nutze dazu die Texte ↑S. 139–141, Fachliteratur und das Internet.

2 ERNST HAECKEL denkt weiter

a Begründe, weshalb ERNST HAECKEL auch als deutscher DARWIN bezeichnet wird.

b Erläutere wichtige wissenschaftliche Leistungen HAECKELS.

c Betrachte den von HAECKEL entwickelten Stammbaum. ↑5
Was ist das Besondere an diesem Stammbaum zur damaligen Zeit?

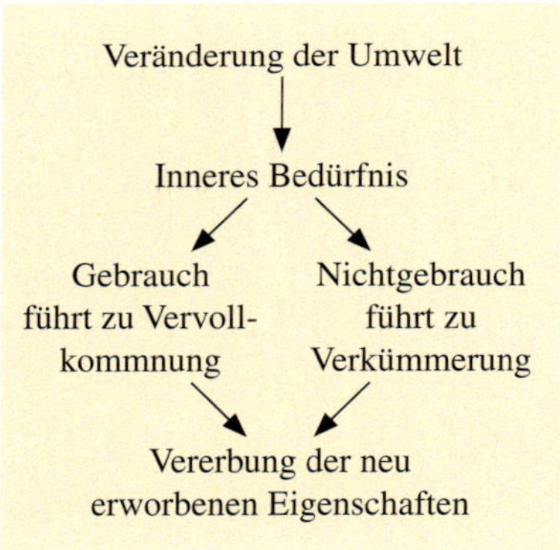

1 LAMARCKS Erklärung der Evolution

2 In der Villa Medusa, einst HAECKELS Wohnhaus, kannst du viel über den Wissenschaftler erfahren.

3 „LAMARCKS Giraffe" (links) und „DARWINS Giraffen" (rechts)

Historisches ERNST HAECKEL – der deutsche DARWIN

4 ERNST HAECKEL

ERNST HAECKEL (1834–1919) lehrte Zoologie an der Universität Jena. ↑4 In Deutschland vertrat und verteidigte er die Auffassungen von DARWIN. HAECKEL beschäftigte sich u. a. auch mit der Ausarbeitung von Stammbäumen, in welche er den Menschen integrierte. ↑5 HAECKEL bezog den Menschen in den evolutionären Entwicklungsgedanken mit ein und postulierte dessen Abstammung von ausgestorbenen affenähnlichen Stammeltern, was zur damaligen Zeit harte Kritik auslöste. Er führte über 90 größere Reisen durch, auf denen Skizzenbuch und Malzeug ständige Begleiter waren. Besonders faszinierte ihn die Schönheit und Symmetrie vieler niederer Meerestiere, so auch der Radiolarien. Eine bedeutende wissenschaftliche Leistung HAECKELS war die Formulierung der biogenetischen Grundregel. ERNST HAECKEL stand mit CHARLES DARWIN in brieflichem Kontakt. Publikationen HAECKELS waren u. a. die „Generelle Morphologie der Organismen", „Natürliche Schöpfungsgeschichte", „Die Welträtsel" und „Die Lebenswunder".

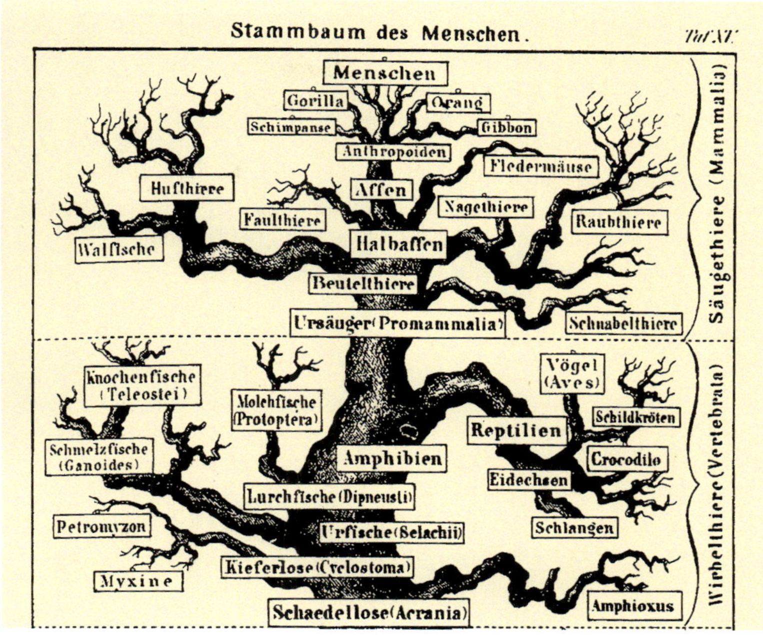

5 Stammbaum nach HAECKEL

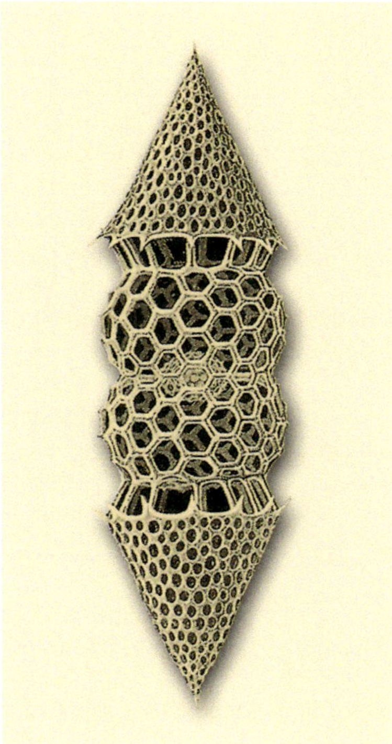

6 Radiolarien oder Strahlentierchen sind einzellige Lebewesen mit kunstvollen Gehäusen.

Das Phyletische Museum in Jena

Hauptthemen des Museums sind die Stammesgeschichte (Phylogenese) der Lebewesen sowie Evolutionstheorien. Gleichzeitig kann man die Verbindung von Kunst und Natur bewundern. Dieses von ERNST HAECKEL begründete Museum sollte allen Menschen die Entwicklung der Lebewesen anschaulich verdeutlichen. ↑7

7 Das Phyletische Museum in Jena mit zoologisch-paläontologischen Sammlungen

Der Aufstieg dunkler Birkenspanner

Die Überraschung des englischen Schmetterlingssammlers muss groß gewesen sein, als er seinen schwarzen Fund betrachtete. Es handelte sich bei dem Tier eindeutig um einen Falter mit dem Namen Birkenspanner, aber diese Tiere waren normalerweise hell, hatten lediglich ein paar dunkle Sprenkel.
Warum war dieses Tier völlig schwarz?

1 Heller und dunkler Birkenspanner auf einem Baumstamm

Beobachten Untersuchen Experimentieren

Woher kommt die dunkle Färbung?

Den ersten dunklen Birkenspanner hat ein Schmetterlingssammler 1848 in einer ländlichen Gegend in Großbritannien gefunden. In den folgenden Jahren stießen Sammler immer häufiger auf die dunklen Falter. Besonders zahlreich traten die dunklen Tiere in Städten auf. Dort hatten sich durch die Industrialisierung die Ruheplätze der Falter auf Bäumen stark verändert. Die einstmals hellen Stämme und Äste wurden unter anderem durch die Ablagerung von Ruß zunehmend dunkel gefärbt.

1 Überlege, wodurch die dunkle Körperfarbe bei Birkenspannern bewirkt werden könnte. Notiere deine Vermutungen.

2 Welche Vermutungen von anderen Schülerinnen und Schülern hältst du für wahrscheinlich, welche kannst du ausschließen?

Einige Erklärungen von Schülerinnen und Schülern zur Entstehung der dunklen Farbe bei Birkenspannern:

Der Birkenspanner
- ... hat rußbedeckte Blätter gefressen und ist dadurch dunkel geworden.
- ... hat gesehen, dass sich seine Umwelt verändert hat und, weil er sich tarnen musste, hat er sich gedacht: „Ich werde auch dunkel." Dann ist er dunkel geworden. Seine veränderte Farbe hat er an die Nachkommen vererbt.
- ... ist ein Mutant.
- ... passt sich der Farbe seines Untergrunds an. Wenn der Untergrund hell ist, ist er auch hell, auf dunklem Untergrund schaltet er auf dunkle Farbe um.
- ... ist je nach Geschlecht gefärbt; nur die Weibchen sind hell, die Männchen sind dunkel.

GRUNDLAGEN: Gene, Enzyme und die Farbe der Birkenspanner

Was den Birkenspanner schwarz macht Die dunkle Färbung des Birkenspanners wird durch den Farbstoff Melanin bewirkt. Je mehr Melanin vorhanden ist, umso dunkler ist ein Tier gefärbt. Wie viel Melanin gebildet wird, hängt von der Menge und der Leistungsfähigkeit eines Enzyms ab, das Aminosäuren in Melanin umwandelt. ↑2

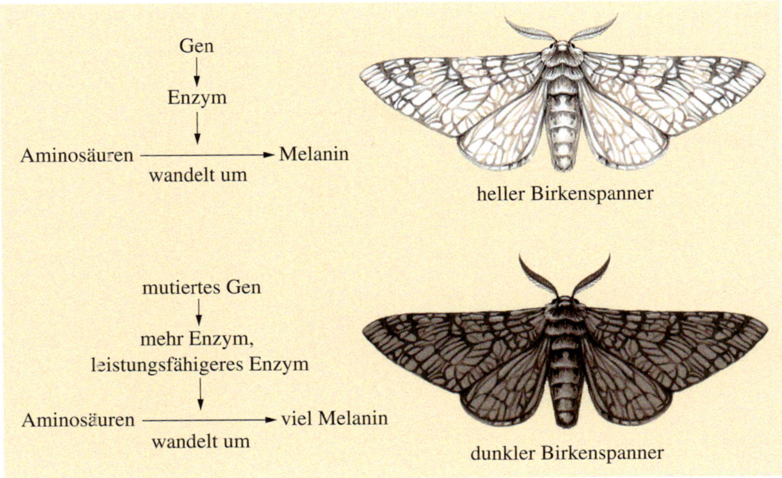

2 Melaninsynthese

Schon gewusst?

Kleine Unterschiede
Bei allen Lebewesen unterscheiden sich die Individuen innerhalb einer Population und von Generation zu Generation geringfügig voneinander. Ursache dafür ist ihre genetische Variabilität. Sie kommt durch Mutation, Neukombination von Allelen und Modifikation zustande.
Diese geringfügigen Unterschiede ermöglichen die Anpassung einzelner Individuen an sich verändernde Umweltbedingungen.

Ursachen der Variabilität Lebewesen einer Population unterscheiden sich. Ursachen dieser Unterschiede können Umwelteinflüsse sein. Dabei ändert sich nur der Phänotyp. Diese Modifikationen sind nicht erblich. Treten jedoch Mutationen auf, ändert sich auch der Genotyp. Lebewesen unterscheiden sich also nicht nur im Phänoptyp, sondern auch im Genotyp. Das Zusammenwirken von Genen und Umwelt führt immer zu einem einmaligen Lebewesen, dem Individuum.

Mutation und Neukombination als Evolutionsfaktoren Zufällige Veränderungen eines Gens werden als Mutationen bezeichnet. Treten sie in Keimzellen auf, werden sie auch vererbt. Selten werden sie durch äußere Einflüsse wie UV-Strahlung ausgelöst. Durch Fortpflanzung innerhalb der Population werden die Gene mit anderen Genen kombiniert. So entsteht in jedem Lebewesen eine individuelle Genkombination. Jedes Lebewesen stellt dabei nur einen Ausschnitt aus dem Genpool, der Gesamtheit der Gene einer Population, dar. Dieser Genpool wird durch Mutationen, Zuwanderung von Tieren aus einer anderen Population oder Abwanderung ständig verändert. So kann sich eine Art allmählich verändern.

Kurz und knapp **Mutation und Neukombination sind die Ursachen der Variabilität, der innerartlichen Merkmalsvielfalt. Ein einfaches Beispiel ist der Birkenspanner.**

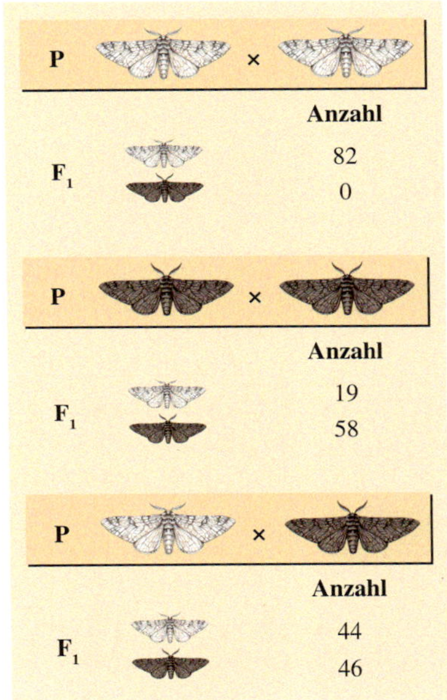

3 Mögliche Nachkommen der Kreuzung von Birkenspannern

Arbeitsaufträge

1 Setze dich mit einem Partner zusammen. Erläutert euch gegenseitig, welche der Anfangsvermutungen, die Schülerinnen und Schüler zur Entstehung der dunklen Färbung bei Birkenspannern geäußert haben, zutreffen und welche nicht. Begründet eure Meinungen.

2 Bei einem Kreuzungsversuch zwischen zwei dunklen Birkenspannern sind 19 helle und 58 dunkle Nachkommen entstanden. ↑3 Welches Ergebnis hättest du nach Kenntnis des Erbgangs erwartet? Wie erklärst du dir die Abweichung von dem erwarteten Ergebnis?

3 Viele Menschen meinen, dass alle Mutationen schädlich sind. Erörtert, ob dies zutrifft.

Selektion als Evolutionsfaktor

Keine 50 Jahre nach dem ersten Fund eines dunkel gefärbten Birkenspanners schien ganz Großbritannien voll von diesen Tieren. Helle Falter gab es in Großstädten fast gar keine mehr.
Wodurch wurde es verursacht, dass die eine Form eines Lebewesens durch eine andere Form der gleichen Art fast völlig verdrängt wird?

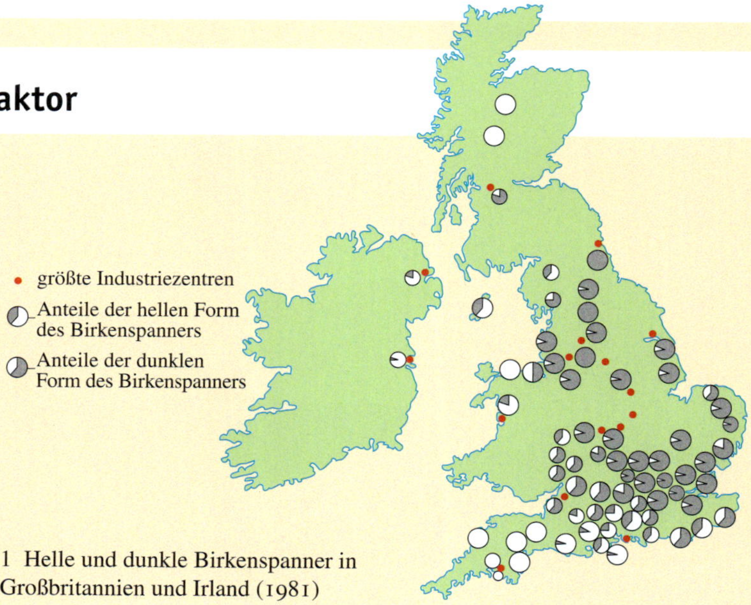

1 Helle und dunkle Birkenspanner in Großbritannien und Irland (1981)

Beobachten Untersuchen Experimentieren

Natürliche Auslese spielen

Mit einem einfachen Spiel könnt ihr euch natürliche Auslese (Selektion) vor Augen führen. Die Spielausstattung müsst ihr vorher herstellen.
Material: schwarz-weiß gesprenkeltes Spielfeld, 100 schwarze und weiße Plättchen, Stoppuhr
Durchführung: Je nach Anzahl der Spielausstattungen können mehrere Gruppen gebildet werden. Die Rollen des Spielleiters, des Zeitnehmers und von 2 Beutegreifern werden jeweils in der Gruppe vergeben. Spielleiter und Zeitnehmer verteilen die Plättchen auf dem Spielfeld, die Beutegreifer dürfen dabei nicht zusehen.
Auf das Kommando des Zeitnehmers haben die Beutegreifer 15 Sekunden Zeit, so viele Plättchen wie möglich von der Unterlage abzusammeln. ↑2 Sie dürfen sich dabei nicht nach vorne beugen und auch nicht mit der Hand über die Unterlage streichen.
Nach Ablauf der Zeit werden die restlichen Plättchen von der Platte abgestreift, gezählt und in einer Tabelle protokolliert. ↑3
Für jeweils fünf übrig gebliebene Plättchen der gleichen Farbe wird ein weiteres hinzugegeben, die neue Anzahl protokolliert.
Das Ablesen der Plättchen wird mehrmals wiederholt.
Auswertung: Stellt in einem Liniendiagramm dar, wie sich die Anzahl der weißen und der schwarzen Plättchen in den Durchläufen verändert.

Durch welche Faktoren kann die Plättchenanzahl beeinflusst werden? Nennt mindestens zwei.
Diskutiert, ob der von euch durchgeführte Modellversuch zu einer Erklärung für das Häufigwerden der dunklen Birkenspanner in britischen Großstädten beitragen kann.

2 Natürliche Auslese im Spiel

	Anzahl Plättchen	
	dunkel	hell
Beginn	50	50
nach dem 1. Durchlauf		
nach dem 2. Durchlauf		
nach dem 3. Durchlauf		

3 Beispielprotokoll des Spielverlaufs

GRUNDLAGEN: Evolutionsfaktoren wirken zusammen

Wie Selektion wirkt Die Umwelt stellt an jedes Lebewesen Anforderungen, die über dessen Überlebensfähigkeit entscheiden. Im Fall der Birkenspanner sind es die Farbe der Ruheplätze auf den Bäumen und die Existenz von Fressfeinden, die bestimmen, ob eher dunkle oder helle Birkenspanner überleben und sich fortpflanzen können. Sind die Ruheplätze dunkel, werden mit größerer Wahrscheinlichkeit die dunklen Birkenspanner überleben, da die Fressfeinde die hellen Tiere leichter auffinden und fressen können. In diesem Fall sind die dunklen Tiere an ihre Umgebung besser angepasst. ↑4 Verfärben sich die Ruheplätze so, dass die hellen Falter eher getarnt sind, überleben eher die hell gefärbten Tiere. Die unterschiedlichen Umweltbedingungen bewirken unterschiedliche Überlebens- und damit Fortpflanzungschancen der Lebewesen.

4 Variabilität und natürliche Selektion durch Fressfeinde: Die helle Form des Birkenspanners (oben) ist auf dunkler Baumrinde gut sichtbar. Dunkle Birkenspanner (unten) sind auf dieser Rinde gut getarnt.

Natürliche Selektion Man unterscheidet verschiedene Formen der Selektion. Bei der stabilisierenden Selektion verändern sich die Umweltbedingungen nicht. Es werden die bereits angepassten Organismen bevorzugt. Ein Beispiel ist die Erhaltung des mittleren Geburtsgewichts bei Säuglingen. Die Anzahl überlebender Neugeborener mit mittlerem Geburtsgewicht ist viel größer als die Anzahl von Neugeborenen mit sehr hohem oder sehr niedrigem Geburtsgewicht. Bei der transformierenden Selektion bewirken veränderte Umweltbedingungen, dass Individuen mit neuen Merkmalen bevorzugt werden (z. B. dunkle Birkenspanner). Bei der spaltenden Selektion wirken mehrere verschiedene Umweltbedingungen, sodass die Veränderung der Arten in mehrere Richtungen erfolgt. Dadurch entstehen gleich zwei oder mehrere Arten. Beispiel dafür sind die unterschiedlichen Marienkäferarten. ↑S. 148

Künstliche Selektion Die heutigen Hunderassen sind das Ergebnis einer über Jahrtausende erfolgten Auslese der Züchter. Dabei wählt ein Züchter jeweils zwei Elterntiere aus, die ihm besonders geeignet erscheinen, und verwendet sie zur Weiterzucht. Diese sogenannte künstliche Auslese ist auch ein wichtiges Werkzeug, um die Nahrungsgrundlage der Menschen in Zukunft zu sichern. Unsere Nutztierrassen sind ebenso wie die Getreidesorten durch künstliche Auslese aus ihren Wildformen entstanden. ↑S. 124–125

Kurz und knapp **Die Merkmalsvielfalt der Individuen einer Population entsteht durch Mutation und Neukombination. Selektion bewirkt, dass die Merkmale der am besten angepassten Individuen im Genpool der Population zunehmen. Angepasstheit an die Umwelt ist das Ergebnis der natürlichen Selektion.**

Arbeitsaufträge

1 Erläutere die Begriffe Variabilität ↑S. 145 und Selektion am Beispiel der Birkenspanner.

2 Beschreibe, wodurch sich natürliche und künstliche Selektion unterscheiden.

3 Überlege, wie an ihre Umwelt gut angepasste Lebewesen bzw. Arten (z. B. Wüstenpflanzen, Wüstentiere, Polartiere) entstanden sein könnten. Erläutere deine Vermutungen.

Die synthetische Evolutionstheorie

2, 7, 10 oder auch 20 – entgegen einer verbreiteten Meinung geben die Punkte nicht das Alter des Marienkäfers an. Vielmehr ist die Zahl der Punkte charakteristisch für verschiedene Marienkäferarten.
Wie aber unterscheidet man verschiedene Arten und wie entstehen Arten? Wie wirken die Evolutionsfaktoren bei der Entstehung neuer Arten zusammen?

1 Unterschiedliche Marienkäferarten

Beobachten Untersuchen Experimentieren

Woran erkennt man eine Art?

Vielleicht daran, ob sie sich von anderen Arten äußerlich unterscheidet? Wenn ja, worin liegt das geringste Ausmaß an Unterschiedlichkeit, ab dem von zwei Arten gesprochen werden kann? Lange Zeit waren diese Fragen ungelöst. Erst der Evolutionsbiologe ERNST MAYR gab darauf eine befriedigende Antwort: „Die Vorstellung, was eine Art ist, stützt sich auf zwei Beobachtungen: Arten bestehen aus Populationen und Populationen gehören zur selben Art, wenn sie sich untereinander erfolgreich kreuzen können, ihre Nachkommen also auch wieder fruchtbare Nachkommen hervorbringen können."

2 Maulesel und Maultier

1 Was ist für E. MAYR das entscheidende Kriterium zur Abgrenzung von zwei Arten?

2 Maulesel und Maultier sind Kreuzungen von Pferd und Esel. ↑2 Handelt es sich bei Maulesel und Maultier jeweils um eigene Tierarten?

3 Ein Pferd besitzt 64 Chromosomen, ein Esel 62. Maulesel und Maultier haben folglich eine ungerade Chromosomenzahl. Welche Folgen hat das für die Bildung von Keimzellen in der Meiose?

GRUNDLAGEN: Biologische Arten

Was ist eine Art? Zu einer Art zählen alle Lebewesen, die sich miteinander fortpflanzen können und dabei fruchtbare Nachkommen hervorbringen. Eine Art ist also eine Fortpflanzungsgemeinschaft. Die genaue Anzahl der Pflanzen- und Tierarten ist nicht bekannt. Bisher sind etwa 1,6 Millionen Arten beschrieben worden. Schätzungen gehen aber davon aus, dass rund 9 Millionen Arten die Erde bevölkern.

Zusammenwirken der Evolutionsfaktoren Durch Rekombination und Mutation sind die Individuen einer Population verschieden. Jeder Organismus besitzt einen Teil des Genpools einer Population. Ständig wirkt auch die Selektion auf die Population ein. Dadurch verändert sich die Art allmählich, was zu einer neuen, angepassten Art führen kann. Oft wirkt jedoch noch einer dritter Evolutionsfaktor, die Isolation.

Isolation als Evolutionsfaktor Damit aus einer Art zwei oder mehr neue Arten entstehen können, müssen mindestens zwei Teilpopulationen der Art genetisch voneinander getrennt (isoliert) sein. Genetische Trennung bedeutet, dass eine Fortpflanzung zwischen Mitgliedern der beiden Teilpopulationen unterbunden ist. Aufgrund von Neukombinations-, Mutations- und Selektionsereignissen können sich unter diesen Umständen die Teilpopulationen so weit genetisch auseinanderentwickeln, dass sich die Mitglieder der Teilpopulationen nicht mehr miteinander fortpflanzen können. In diesem Fall hat eine Aufspaltung der Stammart in zwei Tochterarten stattgefunden. ↑4

Geografische Isolation Die Trennung von Populationen kann auf unterschiedliche Weise erreicht werden. In Nordamerika leben z. B. mehrere Arten von Leopardenfröschen, die aus einer gemeinsamen Stammart hervorgegangen sind. Ihre Teilpopulationen waren über lange Zeit räumlich voneinander getrennt. Während der Phase der Trennung haben sich die Teilpopulationen zu zwei neuen Arten auseinanderentwickelt. ↑3

Schon gewusst?

Geschwindigkeit der Artbildung
Ungewöhnlich schnell hat eine Aufspaltung in neue Arten bei ostafrikanischen Buntbarschen stattgefunden. Im Malawi-See hat es nur 15 000 Jahre gedauert, bis dort eine Reihe von neuen Buntbarscharten entstanden ist, die sonst nirgends auf der Welt vorkommen. Im Durchschnitt dauert es ein bis zwei Millionen Jahre bis zu einer vollständigen genetischen Trennung zweier Arten. Die Forscher rätseln immer noch über die Geschwindigkeit der Artbildung im Malawi-See.

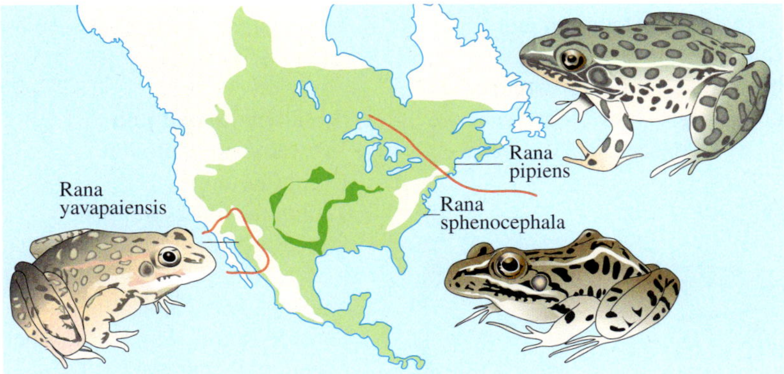

3 Bildung zweier Arten von Leopardenfröschen durch geografische Isolation

4 Modell der Artbildung

Kurz und knapp **Die synthetische Evolutionsbiologie beschreibt das Zusammenwirken der Evolutionsfaktoren Mutation, Neukombination, Isolation und Selektion bei der Artneubildung.**

Arbeitsaufträge

1 Erläutere die geografische Isolation an einem Beispiel. Wie können sich Teilpopulationen genetisch auseinanderentwickeln?

2 Schlage im Lexikon nach, was man unter dem Wort Sorte versteht. Unterscheide die Bedeutung des Wortes von der des Wortes Art.

3 Informiere dich über die Besonderheiten der Tier- und Pflanzenwelt auf Madagaskar. Warum konnte sich hier eine so einzigartige Artenvielfalt entwickeln?

Fossilien – Zeugen vergangenen Lebens

Wenn Forscher Versteinerungen von Tieren, Skeletten oder Knochen finden, stehen sie vor der Frage nach dem Alter und zu welcher Tierart der Knochen gehört.
Wie finden sie das heraus? Wie kommt es, dass Knochen Millionen von Jahren erhalten bleiben? Wie lässt sich ihr Alter bestimmen?

1 An einer Ausgrabungsstelle

Beobachten Untersuchen Experimentieren

Fossilienmodelle aus Gips

Mit den folgenden Anleitungen kannst du nachvollziehen, wie Versteinerungen entstehen.

1 Abdruck

Material: pro Arbeitsgruppe 2 Kunststoffschälchen, Muschelschale, Vaseline, Hartkleber, Gips, Löffel, Wasser
Durchführung: ↑2

a Bildet Arbeitsgruppen von 2–4 Schülern.
① Rührt den Gips in einem Schälchen an. Achtet darauf, dass er nicht zu dünnflüssig ist.
② Füllt den Gips in das zweite Schälchen, bis es etwa zur Hälfte gefüllt ist. Bestreicht die Muschel beidseitig dünn mit Vaseline. Legt nun die Muschelhälfte flach auf und drückt sie in den Gips.
③ Wenn der Gips hart ist, streicht die Oberfläche dünn mit Vaseline ein.
④ Bedeckt die Muschel nun ganz mit Gips. Nach dem Aushärten könnt ihr den Gipsblock und die Muschel herauslösen. Die Abdruckhälften werden noch weiterverwendet.

b Protokolliert euer Vorgehen.

c Skizziert oder fotografiert eure Abdrücke vor der Weiterverwendung und fügt sie an das Protokoll an.

d Vergleicht eure Ergebnisse. Wo gab es Schwierigkeiten?

2 Herstellung von Fossilienmodellen

2 Steinkernmodell und Versteinerungsmodell

Durchführung:

a Teilt eure Arbeitsgruppen in zwei Hälften auf. Bestreicht zunächst beide Abdruckhälften mit Vaseline. Die eine Hälfte füllt nun den Raum, den die Muschel eingenommen hatte, mit Gips aus, die andere Hälfte mit Hartkleber als Ersatz für die Versteinerungssubstanz. Stellt die Modelle an einen warmen und trockenen Ort. Wartet ein paar Tage und ihr könnt das Steinkernmodell vorsichtig herauslösen.

b Die Arbeitsgruppen stellen ihre Ergebnisse vor und besprechen gemeinsam, worin die Unterschiede und die Gemeinsamkeiten der drei Modelle liegen.

GRUNDLAGEN: Fossilien als Belege der Evolution

Fossilisation und Fossilienformen Normalerweise werden Lebewesen nach ihrem Tod zersetzt. Die Entstehung von Fossilien, die Fossilisation, kann auf unterschiedliche Weise erfolgen. ↑3 Versteinerungen entstehen, wenn die organischen Stoffe eines Lebewesens durch Kieselsäure oder Kalk zersetzt werden oder wenn die organischen Stoffe rasch von Sedimenten wie Sand oder Schlamm bedeckt werden. Bei der Zersetzung der organischen Stoffe bleibt ein Hohlraum zurück, der sich mit mineralischen Stoffen auffüllt und durch den Druck der darüberliegenden Erdschichten allmählich versteinert. Auf ähnliche Weise entwickeln sich Abdrücke. ↑4 Fossilien von Pflanzen findet man als Inkohlungen bei der Bildung von Braun- und Steinkohle. Hartteile sind erhalten gebliebene anorganische Strukturen von Organismen wie Knochenreste, Schildkrötenpanzer oder Schalen von Weichtieren. Lebewesen bzw. deren Reste können u. a. durch Einschluss in Eis, Bernstein oder Kieselsäure erhalten bleiben (z. B. Insekteneinschlüsse in Bernstein). ↑5 Trockenheit, Kälte (Eis) oder Gifte können dazu führen, dass abgestorbene Lebewesen nicht vollständig zersetzt werden. Es können Mumien entstehen. Wenn sich die Umgebungsbedingungen ändern, also zum Beispiel das Eis schmilzt, in das die Mumien eingelagert waren, verwesen sie schnell. Ein Beispiel ist „Ötzi“, eine etwa 5 300 Jahre alte Gletschermumie aus den Ötztaler Alpen. Sie wird heute in einem Museum in Bozen in einer Kühlzelle aufbewahrt.

Altersbestimmung von Fossilien Viele Gesteine entstehen als Ablagerungen, die man Sedimente nennt. Sandstein und Kalkstein sind die bekanntesten Ablagerungsgesteine. Durch die ständige Zufuhr von Sedimenten nimmt im Lauf der Zeit die Dicke der Gesteinsschichten zu. Je dicker eine Schicht ist, umso mehr Zeit war in der Regel für ihre Bildung nötig. Je weiter unten die Schicht liegt, umso älter ist die Gesteinsschicht normalerweise. Die Schichtung von Gesteinen ist eine Möglichkeit, Rückschlüsse auf das Alter von Fossilien zu ziehen. Man kann das Alter von Fossilfunden auch mithilfe von Leitfossilien ermitteln (siehe rechte Spalte).

4 Fossiler Abdruck

5 Bernsteineinschluss

Kurz und knapp **Fossilien sind erhalten gebliebene Reste oder Spuren von Lebewesen vergangener Erdzeitalter. Man kennt unterschiedliche Formen wie z. B. Einschlüsse, Mumifizierungen und Hartteile.**

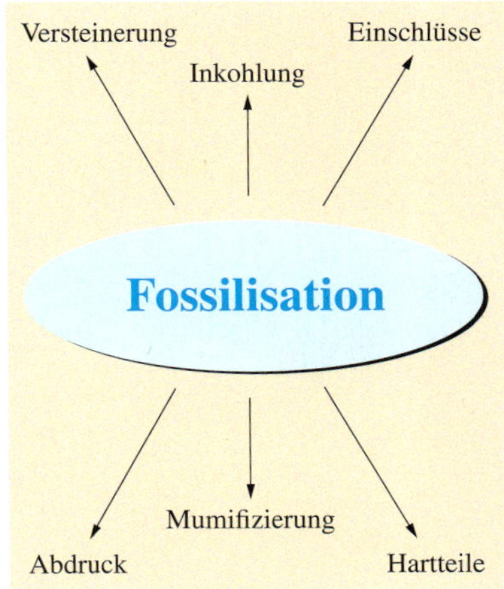

3 Formen der Fossilisation

Schon gewusst?

Die Altersbestimmung von Gesteinsschichten wird dadurch erleichtert, dass manche Fossilien nur in einer ganz kleinen Zeitspanne der Erdgeschichte vorkommen. Hat man erst einmal das Alter dieser Fossilien bestimmt, kann man auf das Alter der Gesteinsschicht schließen. Solche besonderen Fossilien nennt man Leitfossilien.

6 Der Ammonit *Dactylioceras* ist ein Leitfossil des Juras (208 – 144 Mio. Jahre v. Chr.).

Arbeitsaufträge

1 Welche Formen von Fossilien kann man an den Muschelkalkhängen um Jena finden? Nenne Beispiele.

2 Erläutere den Fachbegriff Fossilisation.

3 Was ist ein Donnerkeil?

Saurier besiedelten die Erde

1

Fleischfresser *Tyrannosaurus rex* ist als der größte an Land lebende Fleischfresser der Welt bekannt. Er lief auf zwei kräftigen Hinterbeinen. Seine Vordergliedmaßen waren stark verkleinert und über ihre Funktion gibt es verschiedene Hypothesen. Oft nimmt man an, dass sie zum Festhalten der Beute dienten. Das Gewicht des Schädels konnte er mit dem Schwanz als Gegengewicht ausbalancieren. ↑1

Pflanzenfresser *Brachiosaurus* gilt mit seinen 30 m Körperlänge als das größte bekannte Landtier aller Zeiten. Für seine riesige Körpergröße hatte er ein verhältnismäßig kleines Gehirn im Kopf. Man vermutet, dass er ein viel größeres Gehirn in der Nähe der Schwanzwurzel hatte, das seine Bewegungen steuerte. Er lebte vermutlich halb untergetaucht an den Uferregionen von Seen, um sein großes Gewicht zu entlasten. ↑2

2

Fischsaurier Wie ihr Name bereits verrät, waren die Fischsaurier an ein Leben im Wasser angepasst. Ihre Gliedmaßen und der Schwanz waren zu Flossen umgebildet. Die Fortbewegungsweise wird der unserer heutigen Delfine ähnlich gewesen sein. Da sie eine Lunge besaßen, mussten sie zum Atmen ebenfalls auftauchen. Sie wurden bis zu 6 m lang und ihr Gebiss eignete sich hervorragend für den Fischfang. ↑3

3

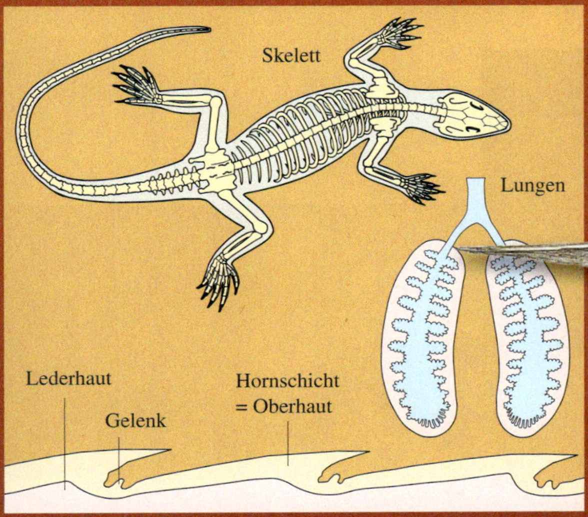

4 Grundbauplan der Saurier und der heute lebenden Echsen (Reptilien)

Flugsaurier Sie erreichten Größen von bis zu 8 m Flügelspannweite. Es gab aber auch Vertreter, die nur etwa 20–30 cm groß wurden. Ihre Flügel wurden von einer Flughaut an den Vordergliedmaßen und einem verlängerten „kleinen Finger" gebildet. Sie segelten im Gleitflug von Baum zu Baum oder in Aufwinden von Gebirgszügen und Küstengebieten. Dort ernährten sie sich von Fischen. ↑5

5

Im Erdmittelalter, einer Zeit, die vor 255 Millionen Jahren begann und vor ca. 65 Millionen Jahren endete, beherrschten die Saurier alle Lebensräume.
Neben den vielen verschiedenen Formen der an Land lebenden Pflanzenfresser und Fleischfresser gab es auch noch viele Saurierarten, die im Wasser lebten, und weitere Arten, die die Luft als Lebensraum eroberten. Allen gemeinsam war ein Grundbauplan mit vier Gliedmaßen und je fünf Fingern oder Zehen. In der Angepasstheit an den jeweiligen Lebensraum und die Lebensweise entwickelten sich über lange Zeiträume hinweg Abweichungen von diesem Grundbauplan.

6 Möglicherweise der Auslöser für das Aussterben der Saurier: ein Meteoriteneinschlag

Arbeitsaufträge

1 Fertigt weitere biologische Steckbriefe zu den verschiedenen Lebensformen der Saurier und ihrer Angepasstheit an den Lebensraum an. Klärt zuvor, welche Informationen sie enthalten sollen und wie sie gestaltet werden können.

2 Vergleiche den Körperbau eines Fischsauriers mit dem eines heute lebenden Delfins sowie den eines Flugsauriers mit dem einer Fledermaus. Stelle Gemeinsamkeiten und Unterschiede zusammen und formuliere, was für diese Tierarten „Angepasstheit an einen Lebensraum" bedeutet.

3 Die Saurier und viele andere Tier- und Pflanzenarten starben vor etwa 65 Millionen Jahren auf der gesamten Erde aus. Als Ursache wird allgemein eine Klimaveränderung angenommen. Der Auslöser war vermutlich ein riesiger Meteoriteneinschlag, der gewaltige Flutwellen erzeugte und so viel Staub und Asche in die Atmosphäre schleuderte, dass nur wenig Wärme von der Sonne auf die Erdoberfläche gelangte und die Temperaturen weltweit über eine lange Zeit sanken. ↑6
Informiere dich über die Merkmale und Eigenschaften von Kriechtieren (Reptilien) und stelle begründete Vermutungen über die Folgen der Abkühlung für die mit heutigen Reptilien verwandten Saurier auf. ↑4

Sie sind unter uns – lebende Fossilien

Nicht alle Tier- und Pflanzenarten haben sich im Laufe der Evolution verändert. Einige sehen heute noch genauso aus wie vor vielen Millionen Jahren. Ein Beispiel dafür ist der Quastenflosser *Latimeria*, der sich über etwa 70 Millionen Jahre fast nicht verändert hat.
Was hat sie im Sinne des Überlebens so erfolgreich gemacht? Welche weiteren lebenden Fossilien gibt es?

1 Heute lebender Quastenflosser (unten) und fossiler Quastenflosser (oben)

Beobachten Untersuchen Experimentieren

Lebende Fossilien

1 Begründe mithilfe der Bilder, weshalb Haie, Perlboot und Pfeilschwanzkrebs als lebende Fossilien bezeichnet werden. ↑2–7

2 Stelle Vermutungen darüber zusammen, weshalb sich diese Arten über die Zeit nicht verändert haben oder ausgestorben sind.

2 Fossiler Hai (Doggenhai, 28 cm, 150 Mio. Jahre)

3 Fossiles Perlboot (*Nautilus*, 18 cm, 150 Mio. Jahre)

4 Fossiler Pfeilschwanzkrebs (*Mesolimulus*, 14 cm, 146 Mio. Jahre)

5 Heute lebender Hai

6 Heute lebender *Nautilus*

7 Heute lebender Pfeilschwanzkrebs *(Limulus)*

GRUNDLAGEN: Lebende Fossilien unter Tieren und Pflanzen

Überleben in der Abgeschiedenheit Der Quastenflosser *Latimeria* weist mit seinen muskulösen, quastenförmigen Flossen mit knöchernem Skelett viele altertümliche Merkmale auf, die ihn den Quastenflossern aus dem Zeitalter Devon ähneln lassen. ↑1 Seine nächsten Verwandten sind längst ausgestorben, während er in 200 m Tiefe im Indischen Ozean lebt, einem Lebensraum, der sich seit Millionen von Jahren kaum verändert hat. Ebenso überdauerte das Perlboot *Nautilus* die Zeiten in der Tiefsee.

Urweltpflanzen am Wegesrand Auch ein Spaziergang im Wald kann uns in die Urzeit versetzen. Manche Pflanzen, die dort vorkommen, gab es schon vor vielen Millionen Jahren wie Farnpflanzen oder Schachtelhalme. ↑9 Die Schachtelhalme und Baumfarne des Karbonzeitalters vor 345–280 Millionen Jahren erreichten allerdings aufgrund des feuchtwarmen Klimas die Höhen heutiger Bäume. ↑11 Auch der heute natürlicherweise in Asien vorkommende Ginkgo-Baum ist ein lebendes Fossil. ↑10 Seine Vorfahren waren Zeitgenossen der Saurier und des *Archaeopteryx* im Jura genannten Zeitalter vor etwa 195–135 Millionen Jahren. ↑8

8 Jura: fossiler Ginkgo

9 Schachtelhalm

10 Blatt des Ginkgo-Baums

11 Karbon: fossiler Schachtelhalm

Kurz und knapp **Manche Tier- und Pflanzenarten haben sich in ihren Merkmalen über Millionen von Jahren nicht wesentlich verändert. Man nennt sie lebende Fossilien.**

Arbeitsaufträge

1 Stell dir vor, du hast eine jüngere Cousine oder einen jüngeren Cousin. Schreibe einen Brief, in dem du erklärst, was ein lebendes Fossil ist. Benutze Beispiele. Welche Bilder würdest du beifügen?

2 Erstellt biologische Steckbriefe zu lebenden Fossilien. Überlegt vorher, welche Gestaltungsmöglichkeiten es gibt.

Der fossile Urvogel – ein Beleg der Evolution?

Fossilien belegen, dass Vögel erst sehr spät auf der Erde erschienen sind.
Woher sind sie gekommen? Mit welchen Tierarten sind sie verwandt? Welche Vorfahren hatten sie? Die Aufklärung dieser Fragen hilft zu verstehen, wie die Evolution der Vögel wahrscheinlich abgelaufen ist.

1 *Archaeopteryx* lebte vor mehr als 140 Millionen Jahren.

Beobachten **Untersuchen** Experimentieren

Sind Vögel die Nachfahren der Saurier?

Von dem Urvogel *Archaeopteryx* gibt es weltweit nur elf fossile Exemplare. ↑1 Für die Wissenschaftler ist er nicht nur sehr wertvoll, weil er so selten ist, sondern auch, weil er eine Übergangsform darstellt. Er besitzt Merkmale, die sonst nur Reptilien oder nur Vögel aufweisen, aber nicht bei beiden gemeinsam auftreten. Solche Tierarten nennt man auch Brückentiere.

1 Erstelle mithilfe von Bild ↑2 eine Tabelle, in der du Merkmale von *Archaeopteryx*, Reptil und Vogel gegenüberstellst.

2 Begründe, weshalb es unwahrscheinlich ist, dass Vögel sich aus Flugsauriern entwickelt haben.

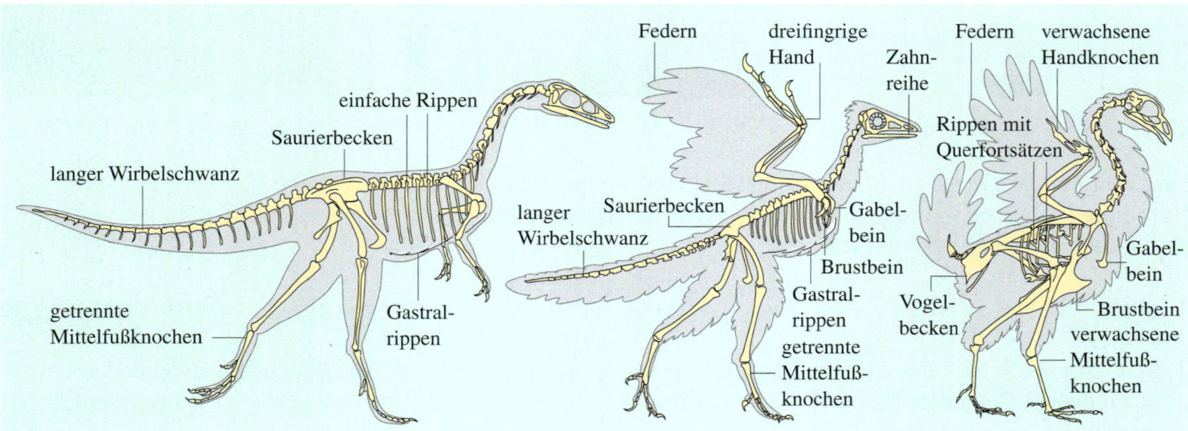

2 Skelettvergleich: *Maniraptor, Archaeopteryx* und moderner Vogel

GRUNDLAGEN: Belege der Evolution

Homologien Organe, die einen gleichen Grundaufbau und Ursprung besitzen, sich in Anpassung an die spezifischen Umweltverhältnisse aber in ihrer Funktion unterscheiden, bezeichnet man als homologe Organe. Homologien zeigen verwandtschaftliche Beziehungen an. Beispiele sind u. a. die Vordergliedmaßen der Wirbeltiere ↑3 oder auch die Mundwerkzeuge ↑4 und die Beine der Insekten. ↑5 Wie man in Bild ↑3 erkennen kann, zeigen die Vordergliedmaßenskelette der Wirbeltiere in ihrer Anordnung große Übereinstimmungen. So bestehen sie aus einem Oberarmknochen und zwei Unterarmknochen. Das Handskelett besteht aus Handwurzel-, Mittelhand- und Fingerknochen. Die Gliedmaßen erfüllen aber unterschiedliche Funktionen. Sie werden zum Greifen, Graben, Schwimmen und Fliegen genutzt. Vergleicht man die Mundwerkzeuge der Insekten bzw. die Insektenbeine untereinander, so sehen sie auf den ersten Blick sehr verschieden aus. Betrachtet man sie aber genauer, so sieht man, dass sie sich im Grundaufbau gleichen. In Anpassung an ihre Lebensweise entstanden so u. a. Lauf-, Fang- und Sammelbeine. Die Mundwerkzeuge haben sich an die Ernährungsweise ebenfalls angepasst. Es lassen sich beispielsweise beißende Mundwerkzeuge und Saugrüssel unterscheiden. Homologe Organe sind ein Beleg für nähere stammesgeschichtliche Verwandtschaft zwischen den verglichenen Lebewesen.

Übergangsformen Organismen, die Merkmale verschiedener systematischer Formengruppen in sich vereinen, bezeichnet man als Übergangsformen oder Brückenlebewesen. Bekannte Beispiele sind der Urvogel, ↑2 der Quastenflosser und das Schnabeltier. Das Schnabeltier stellt eine Zwischenform zwischen Reptilien und Säugetieren dar. Es besitzt ein Haar-

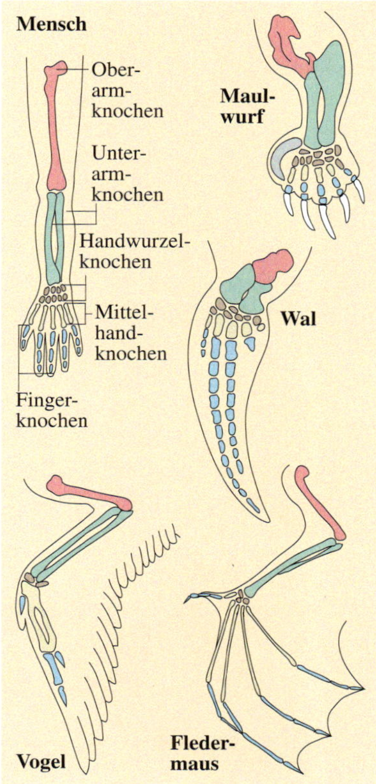

3 Homologie bei den Vordergliedmaßen der Wirbeltiere

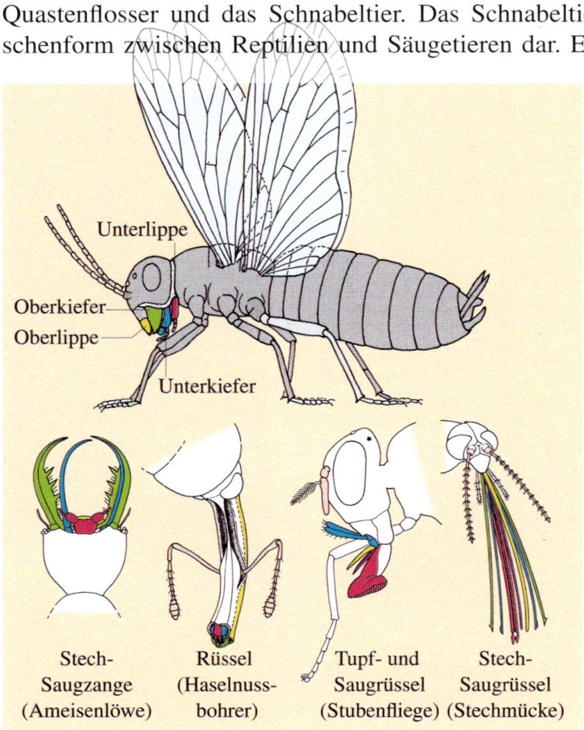

4 Mundwerkzeuge: Grundbau und Abwandlungen

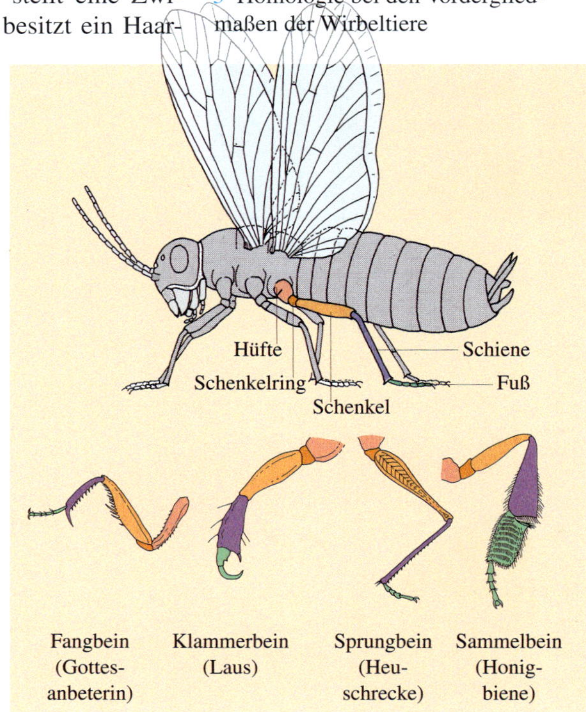

5 Insektenbein: Grundbau und Abwandlungen

Schon gewusst?

Analogien
Die Grabschaufeln der Maulwurfsgrille (Insekt) und des Maulwurfs (Säuger) haben die gleiche Funktion, sie dienen dem Graben von unterirdischen Gängen. ↑1 Während die Maulwurfsgrille ein Außenskelett aus Chitin besitzt, hat der Maulwurf ein knöchernes Innenskelkett. Organe, die die gleiche Funktion ausüben, aber einen unterschiedlichen Grundbauplan haben, nennt man analoge Organe (Analogien). Analoge Organe sind kein Beleg für Verwandtschaft.

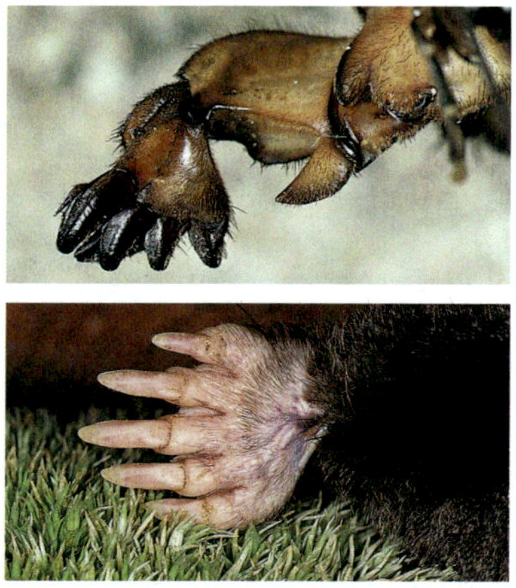

1 Grabschaufel: Maulwurfsgrille (oben), Maulwurf (unten)

kleid und die Jungen werden gesäugt. Dies sind Säugermerkmale. Andererseits legt es Eier und besitzt eine Kloake, die zur Abgabe von Kot, Harn und Geschlechtszellen dient. Diese Merkmale kommen auch bei Reptilien vor. Auch der Urvogel *Archaeopteryx* weist Merkmale von Reptilien und Vögeln auf. Übergangsformen zeigen die verwandtschaftlichen Beziehungen zwischen bestimmten Organismengruppen an. Die Erkenntnisse aus den Vergleichen des Körperbaus und dem Einsatz moderne Erbgutuntersuchungen lassen genaue Rückschlüsse über die Verwandtschaft zu. Je mehr Übereinstimmungen es gibt, desto enger ist die Verwandtschaft.

Rudimente Darunter versteht man Organe, die im Laufe der Entwicklung ihre Funktion verloren haben und deshalb gar nicht oder nur teilweise ausgebildet werden. Ein bekanntes Beispiel ist die Rückbildung der Hintergliedmaßen beim Wal. ↑7 Hier sind nur noch Reste des Beckengürtels vorhanden. Auch bei Riesenschlangen lassen sich noch Reste des Beckengürtels im Röntgenbild sichtbar machen. ↑3 Eck- und Weisheitszähne beim Menschen sind ebenfalls Rudimente. Auch die Körperbehaarung hat sich bis auf wenige Reste zurückgebildet und die Ohrmuskeln haben keine Bedeutung mehr. ↑2

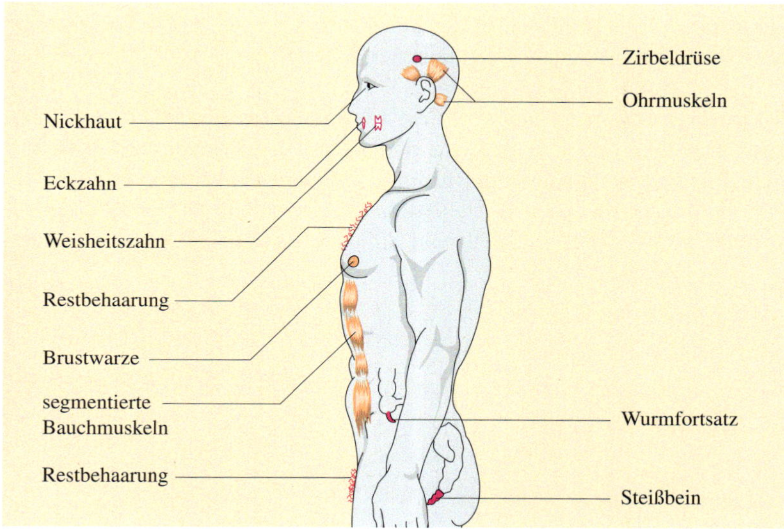

2 Rudimente beim Mann

Kurz und knapp **Wirbeltierskelette sind von einem gemeinsamen Grundbauplan abgeleitet, der auf gemeinsame Vorfahren hindeutet. Fossile Funde des *Archaeopteryx* als Übergangsform zwischen Reptil und Vogel belegen, dass sich heutige Wirbeltierarten aus gemeinsamen Vorfahren entwickelt haben.**

Arbeitsaufträge

1 Ordne den Vordergliedmaßen der Wirbeltiere unterschiedliche Funktionen zu. ↑3, S. 156

2 Vergleiche das Skelett von *Archaeopteryx* mit einem Vogel- und Reptilienskelett.

3 Schnabeltier und Quastenflosser sind Beispiele für Übergangsformen bzw. Brückentiere. Nenne typische Merkmale und ordne sie den jeweiligen systematischen Gruppen zu.

Nachgehakt Rückbildung als Evolutionstendenz

3 Skink (Italienische Erzschleiche)

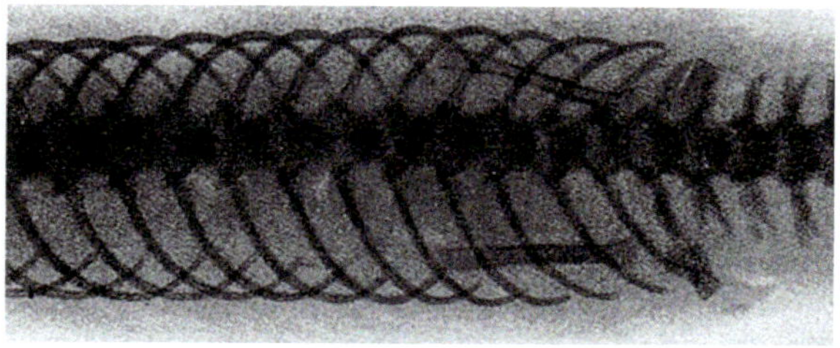

4 Pythonschlange mit rudimentärem Beinskelett (Röntgenaufnahme)

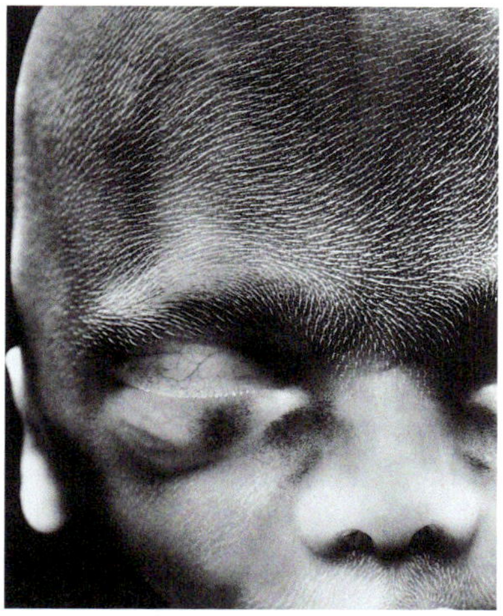

5 Lanugo-Behaarung

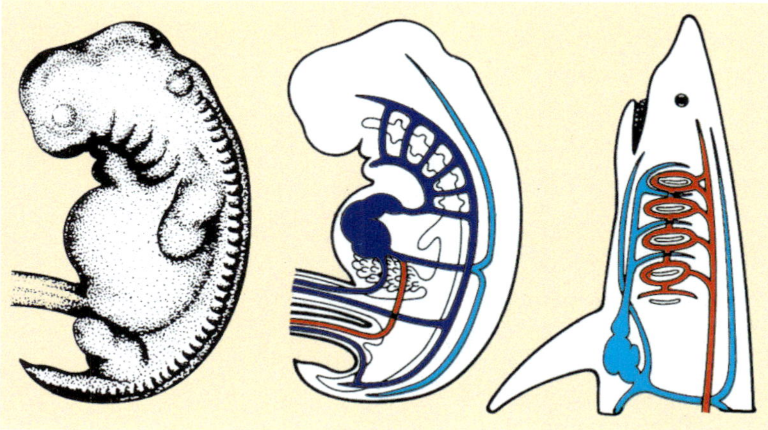

6 Kreislauf beim 5 Wochen alten menschlichen Embryo (links) und Hai (rechts)

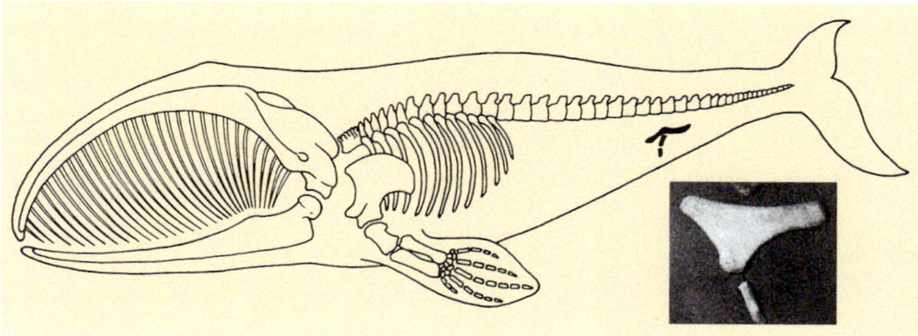

7 Rudimente von Becken und Beinskelett beim Grönlandwal

Keimesentwicklung
Die Embryonen aller Wirbeltiere zeigen Strukturen, die an Kiemenspalten erinnern. In diesem Stadium haben sie einen Blutkreislauf, der dem der Fische sehr ähnelt. Auch der Mensch macht keine Ausnahme. Er entwickelt zudem im 5. Monat für kurze Zeit ein dichtes Haarkleid (Lanugo-Behaarung). ↑5 Vorübergehend hat er auch eine Schwanzanlage. Auch diese Übereinstimmungen lassen darauf schließen, dass die Wirbeltiere sich stammesgeschichtlich aus gemeinsamen Vorfahren entwickelt haben.

Rudimentäre Organe
Beim Grönlandwal findet man im Körper winzige Reste des Beckens sowie der Ober- und Unterschenkelknochen. ↑7 Auch solche rudimentären (zurückgebildeten) Organe sind ein Hinweis auf Verwandtschaft.
Unter den Glattechsen gibt es die Gruppe der Skinke mit vielen Arten. Einige haben verkürzte Beine. ↑3 Der Blindschleiche fehlen die Beine. Sie hat aber einen Schultergürtel und Reste des Beckengürtels.
Bei der Pythonschlange zeigt das Röntgenbild, dass im Körper Skelettreste einer Hinterextremität liegen. ↑4 Der Gedanke liegt nahe, dass Vorläufer der genannten Tiere voll ausgebildete Gliedmaßen hatten. Beim Wal könnten diese funktionslos geworden sein, als seine Vorfahren vom Land- zum Wasserleben übergingen.

Ordnung durch Stammbäume

Vor etwa 25 Millionen Jahren veränderte sich infolge eines Klimawandels der Lebensraum der Vorfahren unserer heutigen Pferde. Aus Laubwald wurden Grasland und Steppe. Es überlebten nur die Pferdeartigen, die an das Leben im Grasland besser angepasst waren. Bei den Pferden lässt sich diese Entwicklung anhand fossiler Funde nachvollziehen und ein Stammbaum kann erstellt werden.
Wie gelingt es, solch einen Stammbaum zu erstellen?

1 Das Urpferdchen war 30 cm groß und hatte Zehen.

Beobachten Untersuchen Experimentieren

Entwicklungsgeschichte der Pferde
Durch fossile Funde ist es möglich geworden, eine Entwicklungsgeschichte der Pferdeartigen zu rekonstruieren. So kann ein Stammbaum erstellt werden, der beim Urpferdchen beginnt und bei den heutigen Pferden und ihren Verwandten endet. Eine wichtige Methode ist dabei der Vergleich von Schädeln und Gliedmaßen.

1 Informiere dich über die Lebensbedingungen der Lebensräume Laubwald und Graslandsteppe.
a Stelle sie in einer Tabelle zusammen.
b Nenne Unterschiede der Lebensräume, die für pflanzenfressende Tiere von Bedeutung sind.

2 Ordne die Vordergliedmaßen passenden Schädeln und Zahnfunden zu. ↑2 Gehe dabei davon aus, dass sich die Entwicklung von einem blätterfressenden Laubwaldbewohner, der auf weichem Waldboden lief, zu einem grasfressenden Steppenbewohner vollzogen hat.

3 Ordne deine Ergebnisse dem Stammbaum auf der Seite gegenüber zu. ↑4 Was fällt dir auf?

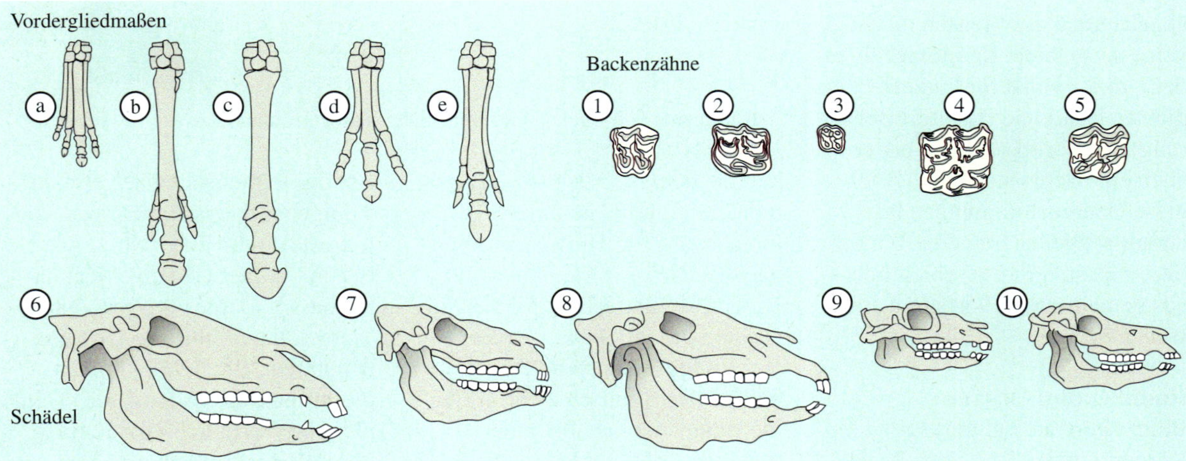

2 Ungeordnete Sammlung von Pferdefossilien (die Größenverhältnisse entsprechen den echten Funden)

GRUNDLAGEN: Vom Urpferdchen zum heutigen Pferd

Stammbäume Zeichnerische Darstellungen der stammesgeschichtlichen Entwicklung von Lebewesen nennt man Stammbäume. Sie beginnen mit dem „Urahnen“ und reichen bis in unsere Zeit. Eine Verzweigung wird dort eingezeichnet, wo neue Merkmale hinzugekommen sind, die gemeinsame Vorfahren noch nicht besessen haben. Mithilfe von Stammbäumen versuchen Wissenschaftler zu verstehen, welche Veränderungen im Laufe der Evolution an den Lebewesen erfolgten. ↑4 Sie ergründen, welche neuen Arten bei diesem Prozess entstanden sind, welche sich nicht verändert haben und welche ausgestorben sind. Dabei geht man von den Eigenschaften der heutigen Lebewesen aus. Im Fall der Pferdeartigen sind das neben den Zuchtformen auch die Wildform des Przewalski-Pferds ↑3, das Zebra und der Esel. Durch Vergleich der Fossilfunde kann dargestellt werden, wie diese miteinander verwandt sind. Die Vertreter, deren Merkmale geringer voneinander abweichen, werden im Stammbaum eng zueinandergestellt. Wichtig für die Erstellung des Stammbaums ist auch, das Alter der Fossilien möglichst genau zu kennen. Mit modernen Methoden kann man heute darüber hinaus die Erbinformation der Lebewesen vergleichen, sofern sich die Erbsubstanz der fossilen Arten noch isolieren lässt.

3 Das eurasische „Wildpferd“: Przewalski-Pferd

4 Stammbaum der Pferdeartigen

Kurz und knapp **Stammbäume helfen, Abläufe der Evolution deutlich zu machen. Der Stammbaum der Pferdeartigen ist durch viele fossile Funde vergleichsweise gut belegt. Nur das Pferd in seinen heutigen Zuchtformen und die Verwandten Zebra und Esel haben überlebt.**

Arbeitsaufträge

1 Stelle die Veränderungen, die sich im Lauf der Evolution der Pferdeartigen ergeben haben, zusammen.

2 Informiere dich über das Griffelbein beim Pferd. Wofür kann es als Hinweis gelten?

3 Beschreibe, welche Folgen für wild lebende Pferde eine allmähliche Veränderung des Lebensraums vom Grasland zum Laubwald deiner Meinung nach hätte. Begründe deine Ansicht.

4 Wäre es möglich, dass die Pferdeartigen in 55 Millionen Jahren wieder exakt genauso aussehen wie das Urpferdchen? Begründe.

GRUNDLAGEN: Eine kurze Geschichte der Wirbeltiere

1 Heute lebende Quastenflosser haben sehr urtümliche Merkmale.

Stammbaum der Wirbeltiere Das Bild zeigt, wie man sich die Stammesgeschichte der Wirbeltiere vorstellen kann. ↑2 Die verwandtschaftlichen Zusammenhänge der Wirbeltierklassen ergeben einen Stammbaum. Im Stammbaum ist von unten nach oben die zeitliche Abfolge eingetragen.

Fische machen den Anfang Vor rund 500 Millionen Jahren lebten in den Meeren bereits fischähnliche Tiere. Ihr Körper wurde von einem knorpeligen Stab im Körperinnern gestützt. Doch erst 60 Millionen Jahre später bewegten sich schuppenbedeckte Fische mithilfe von Flossen durchs Wasser. Mit ihren zahnbesetzten Kiefern konnten sie größere Beutetiere verfolgen und festhalten. In dieser Zeit entwickelten sich die ersten Knorpelfische und urtümliche Knochenfische. Aus einem Seitenzweig der ersten Knochenfische entwickelten sich in flachen und sauerstoffarmen Gewässern Lungenfische und Quastenflosser. ↑1

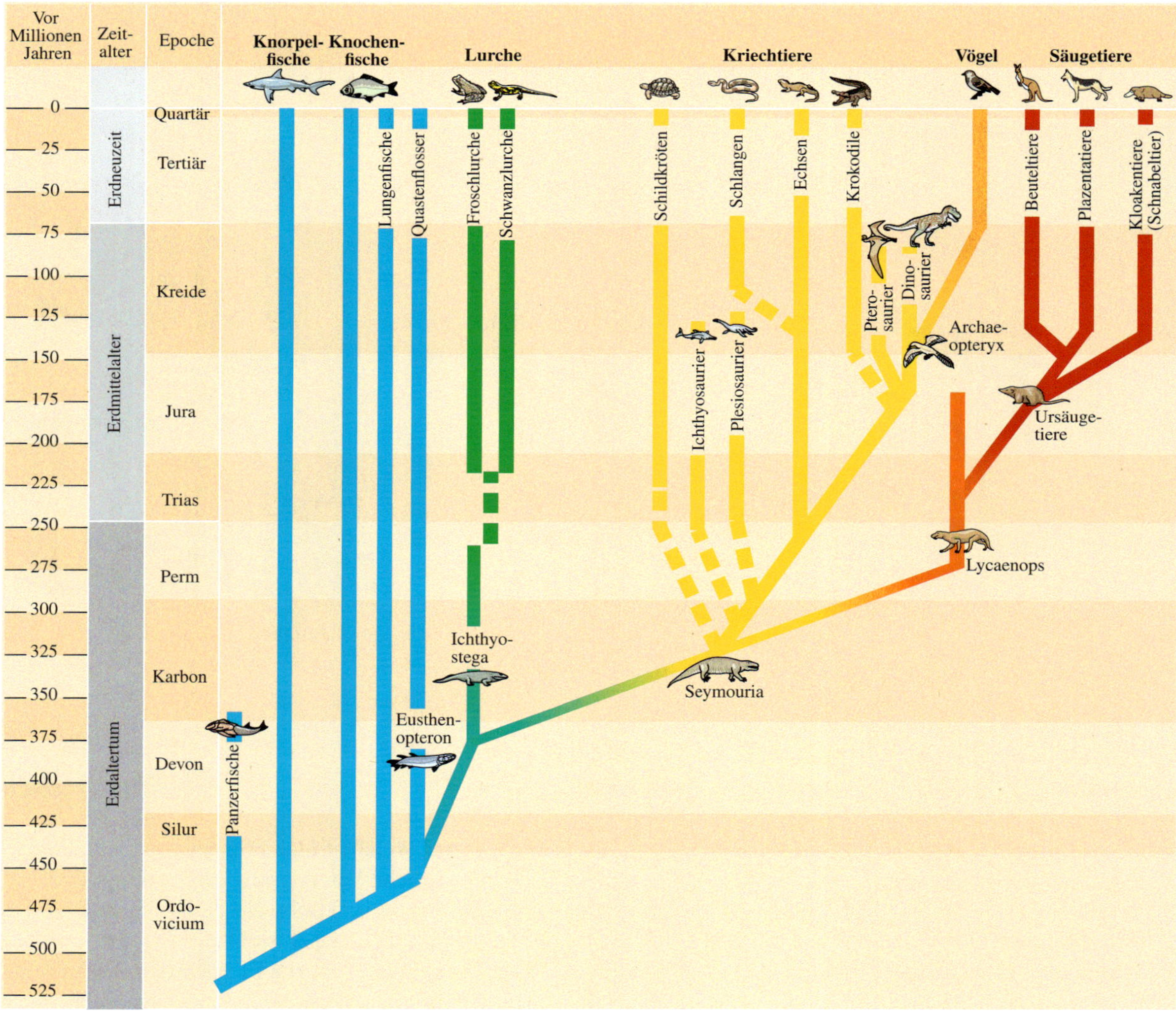

2 Vereinfachter Stammbaum der Wirbeltiere. Die Entwicklungslinien im Stammbaum enden bei den heute lebenden Arten.

Lurche nutzen das Land Längst hatten Insekten und Pflanzen das Land besiedelt. In ausgedehnten tropischen Sümpfen wucherten Baumfarne, Nadelbäume und andere Pflanzen. Die Nachkommen der Quastenflosser fanden also auf dem Land günstige Lebensbedingungen vor. Viele Millionen Jahre dauerte der „Umbau" vom wasserlebenden Fisch zum Landtier. *Ichthyostega* steht mit seiner langen, beschuppten Schwanzflosse, aber vier kräftigen Gliedmaßen noch zwischen den Fischen und Lurchen.

Kriechtiere beherrschen das Land Später gab es aber nicht nur Fische und Lurche, sondern bereits erste Kriechtiere. Sie hatten sich aus Lurchen entwickelt und waren noch besser an die Verhältnisse an Land angepasst. Hornschuppen verminderten die Gefahr der Austrocknung. Durch die Bildung von Eihäuten und die innere Befruchtung wurde die Fortpflanzung auf dem Land möglich. Als das Klima trockener wurde, bedeutete dies das Ende für viele Lurcharten. Die Kriechtiere aber wurden für lange Zeit zur vorherrschenden Tiergruppe auf der Erde. Die größte Gruppe der Urkriechtiere bildeten die Saurier mit schwimmenden und fliegenden Arten, gefährlichen Jägern und riesigen Pflanzenfressern.

Vögel erobern den Luftraum Aus einer Gruppe von Dinosauriern gingen vor etwa 150 Millionen Jahren die ersten Vögel hervor. Im Unterschied zu Kriechtieren sind Vögel gleichwarme Tiere, was mit ihrem isolierenden Federkleid zusammenhängt. Weitere Unterschiede entstanden vor allem durch immer bessere Anpassung an die fliegende Lebensweise. Der Urvogel *Archaeopteryx* ist ein Beispiel dafür, dass dieser „Umbau" schrittweise erfolgte. ↑3

Säugetiere lösen die Kriechtiere ab Lange bevor gleichwarme Vögel den Luftraum eroberten, hatte sich aus kleinen Urkriechtieren eine Gruppe abgezweigt, die sich in ihrem Bau etwas von den anderen Kriechtieren unterschied. Sie besaßen unterschiedlich geformte Zähne, hatten zum Teil unter den Körper gestellte Laufbeine und lebten als Pflanzenfresser und Beutegreifer neben den großen anderen Kriechtieren. Aus einem Seitenzweig dieser Gruppe haben sich die ersten echten Säugetiere entwickelt. Diese kleinen, behaarten, spitzmausartigen Tiere waren gleichwarm und besaßen kräftige Kiefer.

Die Vielfalt der Säugetiere entsteht Nach dem Aussterben der Dinosaurier dauerte es viele Millionen Jahre, bis alle ihre Lebensräume von Säugetieren genutzt wurden. Das Schnabeltier gehört noch zu einer sehr urtümlichen Säugetiergruppe. ↑4 Eine andere Linie zweigte sich in die Beuteltiere und die Plazentatiere auf, bei denen sich die Jungen, wie bei der Katze und dem Menschen, länger in der Gebärmutter entwickeln.

Schon gewusst?

Nahe Verwandte
Alle Wirbeltiere sind miteinander verwandt, denn sie haben gemeinsame Vorfahren. Das erkennt man daran, dass sie in bestimmten Merkmalen übereinstimmen. Bei allen Vögeln beispielsweise sind die Vorderbeine zu Flügeln umgebildet. Dieses Merkmal hat sich im Lauf von mehreren Hunderttausend Jahren entwickelt. Ähnlichkeit und Vielfalt der Wirbeltiere sind daher das Ergebnis ihrer Stammesgeschichte.

3 Brückentier zwischen Kriechtieren und Vögeln: Fossilfund eines *Archaeopteryx*

Arbeitsaufträge

1 Im Stammbaum links ist manches noch ungeklärt (gestrichelte Linien). Überlege, woran das liegen könnte. Schreibe dazu einen kurzen Text auf und stelle ihn der Klasse zur Diskussion vor.

2 Europäische Biologen hielten die ersten ausgestopften Exemplare des Schnabeltiers für Fälschungen. Finde den Grund mithilfe eines Lexikons oder des Internets heraus.

Evolution des Menschen

DARWIN schrieb: „Wir müssen ... anerkennen, dass der Mensch mit all seinen edlen Eigenschaften ... in seinem Körper noch den unauslöschlichen Stempel eines niederen Ursprungs trägt“ (aus: „The Descent of Man“, 1871). Unter welchen Umständen wurde aus diesem „niederen“ Ursprung ein denkender, sprechender, moralisch handelnder Mensch?

1 Zeitgenössische Karikatur über CHARLES DARWIN

Beobachten Untersuchen Experimentieren

Fragen zur Menschheitsgeschichte

Ein Interview mit einem Fachmann kann helfen, sich in ein neues Thema einzuarbeiten. Fragen formulieren hilft, einen neuen Stoff zu strukturieren und ihn aus eigener Sicht zu bewerten: Was kenne ich, was verstehe ich, was ist neu für mich?

1 Finde ein deutsches Wort für Paläoanthropologe.

2 Überlegt euch drei weitere Fragen zur Menschheitsgeschichte, die ihr FRIEDEMANN SCHRENK oder einem anderen Paläoanthropologen gerne stellen würdet.

3 Übersetze den Titel von DARWINS Werk „The Descent of Man“ ins Deutsche.

4 Recherchiere im Internet, was man unter Kreationismus und Intelligent Design (ID) versteht. Finde Argumente, warum diese Theorien keine Wissenschaft sind.

5 Bilde Hypothesen, warum der Neandertaler aussterben musste.

Interview mit einem Paläoanthropologen

2 FRIEDEMANN SCHRENK, Paläoanthropologe in Frankfurt

Herr Schrenk, mit welchen Methoden wollen Paläoanthropologen das Rätsel unserer Herkunft lösen?

Im Grunde mit denselben Methoden, die man auch beim Erforschen der Stammesgeschichte z. B. des Pferdes angewendet hat – man braucht Spuren aus der Vergangenheit, also vor allem Fossilien. Wichtig ist die Altersbestimmung dieser Spuren. So wurde das erste, 1856 in der Nähe von Düsseldorf gefundene Neandertalerskelett von den damaligen Zeitgenossen sehr unterschiedlich interpretiert: Der berühmte Anatom RUDOLF VIRCHOW war der Meinung, es handle sich um einen an Rachitis erkrankten Kosaken, dessen Knochen höchstens einige Hundert Jahre in der Kalkhöhle gelegen hätten. Der Naturforscher CARL FUHLROTT dagegen, der die Bergung der 16 berühmten Knochenteile organisiert hatte, glaubte,

einen eiszeitlichen Menschen „aus der vorhistorischen Zeit“ entdeckt zu haben. Heute wissen wir, dass die Knochen zwischen 40 000 und 50 000 Jahre alt sind.
Schließlich muss man die Anatomie der Knochenfragmente untersuchen und Vergleiche ziehen.
Worin besteht der Unterschied zwischen Affen und Menschen?
Menschenaffen haben große anatomische und genetische Ähnlichkeit mit dem Menschen. Der springende Punkt ist wohl nicht allein der aufrechte Gang, das große Gehirnvolumen und das Sozialverhalten, sondern die Entwicklung von Kultur, Technik und Kunst.
Vor 2,5 Millionen Jahren gab es einen höchst spannenden Punkt in der Entwicklungsgeschichte des Menschen: Erstmals wurden Steine bearbeitet, um damit Nahrung zu zermahlen. Ein Prozess, der vorher innerhalb des Körpers, im Mund, stattfand, wurde nach außen verlagert. Ich denke, wenn es einen Beginn der Menschheit gab, war es dieser Moment.
Wie glaubhaft sind die Darstellungen der heutigen Anthropologen zu unserer Abstammung?

3 Geröllwerkzeuge

4 Nicht gerade Erfolg versprechend

Die Details unseres Stammbaums werden sehr unterschiedlich beurteilt, manche Paläoanthropologen sind uneins, ja sogar zerstritten. Das ist verständlich, weil die Beweislage leider ziemlich mager ist – wir haben einfach zu wenige Funde. Weltweit sind es an die 3 000 Fundstücke, aus denen man eine Millionen Jahre dauernde Entwicklung ablesen will – das ist fast so, als wolle man aus einem Schuh von KARL DEM GROSSEN und einer Coladose die Geschichte Europas erklären.
Welche Rolle spielt der Neandertaler?
Er scheint nicht unser direkter Vorfahre zu sein, allerdings lebte er lange Zeit in Europa und im nahen Osten. Da es relativ viele Fossilien von ihm gibt, wissen wir über ihn eine ganze Menge. Er lebte in einer tundrenartigen Landschaft, vermutlich von der Jagd. Er war sehr gut an die Klimabedingungen der Eiszeit angepasst. Über einen längeren Zeitraum scheint er sich den Lebensraum mit unserem direkten Vorfahren, dem Homo sapiens, geteilt zu haben. Warum er vor 30 000 Jahren verschwand, ist ungeklärt.

Wie geht es Ihrer Meinung nach mit der Menschheit weiter?
Unser Körper ist in vielen Punkten nicht perfekt, die Unvollkommenheit ist gewissermaßen „Programm“ der Evolution. Ich ärgere mich über Kreationisten, die behaupten, wir wären von einem intelligenten Designer in die Welt gebeamt worden. Viele Entwicklungen sind in vollem Gange wie die Rückentwicklung des Gesichtsschädels mit entsprechenden Platzproblemen für die Zähne. ↑5
Toll wäre es, wenn unsere Nachkommen nicht immer wieder alles von Neuem lernen müssten. Eine Vererbung von Erfahrungen wäre super.

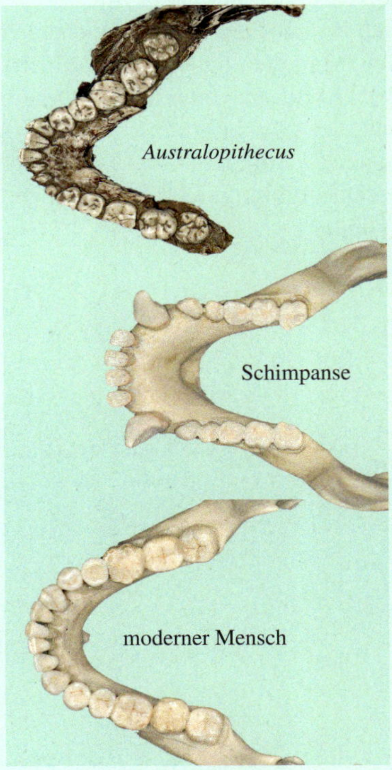

5 Die Anordnung der Zähne beim modernen Menschen, *Australopithecus* (Vorfahre des Menschen) und Schimpansen

Evolution der Menschenartigen – von Fuß bis Kopf

Vor ca. 10 Millionen Jahren war das tropische Afrika wohl von vielen Affenarten besiedelt, die in den Baumkronen der Urwälder lebten. 4 Millionen Jahre alte fossile Knochen stellten sich als Überreste aufrecht gehender, affenartiger Lebewesen heraus. Stammt der Mensch von aufrecht gehenden Affen ab?

1 Unsere hangelnden Vorfahren

Beobachten Untersuchen Experimentieren

Das Gehirnvolumen eines fossilen Schädels messen
Das Volumen der menschlichen Gehirne vergrößerte sich im Lauf der Menschheitsgeschichte kontinuierlich. Man geht davon aus, dass sich in der zunehmenden Größe auch eine Leistungssteigerung widerspiegelt.
Material: Abgüsse von fossilen Schädeln aus der Schulsammlung, Klebestreifen, 2 kg Hirse, Messzylinder
Durchführung: Klebe die Durchtrittsstellen der Nerven (Löcher) im Schädel zu, fülle die Hirse durch das Hinterhauptsloch ein. Wenn der Schädel voll ist, füllst du die Hirse um in einen passenden Messzylinder und liest das Volumen ab.
Auswertung: Vergleiche deine Werte mit den Durchschnittsvolumina, die in der Literatur für den entsprechenden Schädeltyp angegeben sind.

GRUNDLAGEN: Entwicklungstendenzen zum modernen Menschen

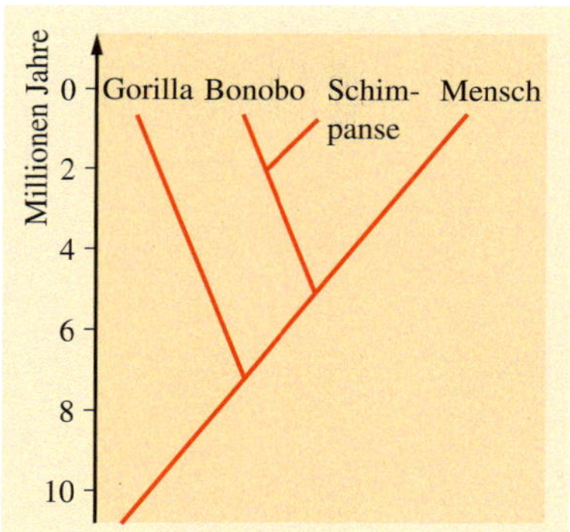

2 Stammbaumabzweigungen

Afrikanischer Ursprung Die stammesgeschichtlichen Vorfahren des Menschen waren baumbewohnende Menschenaffen, die vor etwa 20–30 Millionen Jahren in den Wäldern Afrikas lebten. Sie waren etwa so groß wie Schimpansen und konnten sich zumindest zeitweise vierfüßig auch auf dem Boden bewegen. Letzte gemeinsame Vorfahren von Menschen und Menschenaffen lebten wahrscheinlich vor 10 Millionen Jahren.
Größere Klimaveränderungen führten dazu, dass der Wald des südlichen Afrika verschwand und Steppen und Savannen an seine Stelle traten. Unter diesen neuen Umweltbedingungen entwickelten sich aus baumbewohnenden Vorfahren vor etwa drei bis vier Millionen Jahren die aufrecht gehenden Australopithecinen („Südaffen“), von denen es mehrere Arten gab. In den weiter nördlich verbliebenen Wäldern entstanden aus den gleichen Vorfahren die heutigen Menschenaffen (Schimpansen, Gorillas). ↑2–4

Australopithecinen 1974 wurde in Äthiopien ein 3,2 Millionen Jahre altes weibliches Skelett entdeckt. Es bekam neben einer wissenschaftlichen Katalognummer den Namen Lucy und wird zur Gattung *Australopithecus*

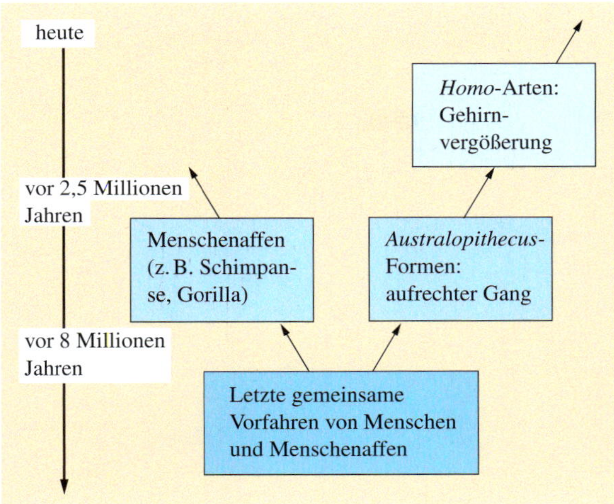

3 Die Menschwerdung begann in Afrika.

4 Fossiler baumbewohnender Menschenaffe *(Dryopithecus)*

gezählt, was so viel bedeutet wie Südaffe. Lucy misst nur 105 cm. Das Besondere ist, dass sie mit großer Sicherheit bereits aufrecht ging. Dafür sprechen ihre breiten, schalenförmigen Hüftknochen, die beim aufrechten Gang den inneren Organen Halt geben. ↑6, 7

Die Fußspur von Laetoli Es war eine Sensation, als die Paläoanthropologin Mary Leaky eine versteinerte Fußspur fand, die trotz ihres Alters von 3,6 Millionen Jahren so aussah, als wäre ein heutiger Erwachsener mit einem Kind neben sich durch feuchten Sand gegangen. ↑5 Man vermutet, dass die beiden Spuren von derselben *Australopithecus*-Art stammen, zu der auch Lucy gehörte. Es wurden aber weder Werkzeuge noch andere Spuren menschlicher Kultur gefunden. Der Biologe Stephen Jay Gould (1941 – 2002) fasste diese Erkenntnisse salopp zu einer Hypothese zusammen: „Die Menschheit stand zuerst auf und wurde erst später klug.“

5 Fußspur von Laetoli

6 So könnten Australopithecinen ausgesehen haben.

7 Fundgebiet von *Australopithecus*-Fossilien in Äthiopien

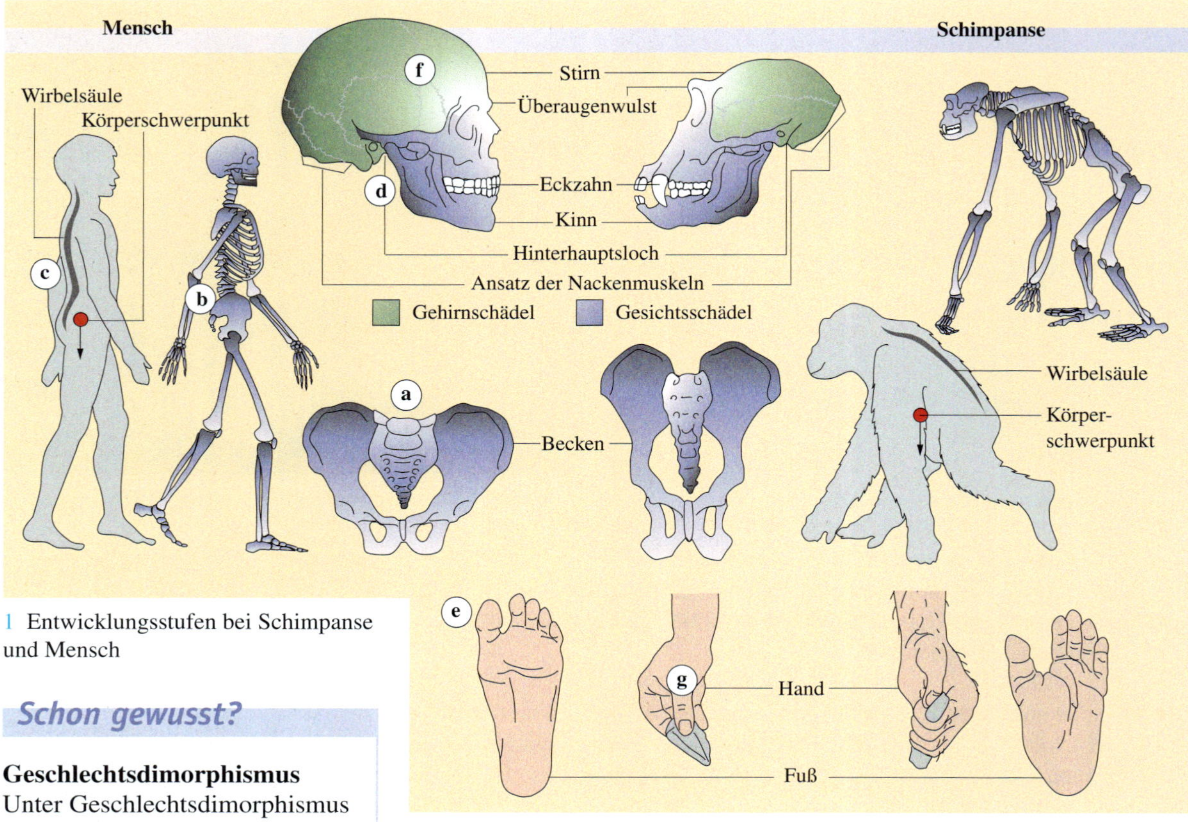

1 Entwicklungsstufen bei Schimpanse und Mensch

Schon gewusst?

Geschlechtsdimorphismus
Unter Geschlechtsdimorphismus versteht man die Unterschiede zwischen Männchen und Weibchen derselben Art. Dabei kann es sich um Unterschiede im Erscheinungsbild, im Verhalten oder im Körperbau handeln, wobei nicht die Geschlechtsorgane selbst gemeint sind. Bei Australopithecinen war dieser Unterschied sehr ausgeprägt. Weibchen waren nur wenig über 1 m groß und wogen 30 kg. Männchen wogen mit einer Körpergröße von 1,50 m mehr als doppelt so viel. Bei heutigen Gorillas beobachtet man, dass dieser Geschlechtsdimorphismus mit einem bestimmten Sozialverhalten gekoppelt ist, bei dem Männchen untereinander um einen Harem an Weibchen konkurrieren. Bei den monogamen asiatischen Gibbons sind Männchen und Weibchen dagegen kaum zu unterscheiden.

Auf dem Weg zum Menschen Die Entwicklungstendenzen zum aufrechten Gang zeigen sich beim Vergleich von Mensch und Schimpanse am breiter werdenden Becken (a), an den großen Lendenwirbeln, die die Hauptlast tragen (b), an der Doppel-S-Form der Wirbelsäule (c), an dem nach vorne verlagerten Hinterhauptsloch (d) und an der Verlagerung des großen Zehs (e). Die Größenzunahme des Gehirnschädels gegenüber dem Gesichtsschädel (f) und die Fähigkeit des Daumens zum Pinzettengriff (g) sind Hinweise auf die Hirnentwicklung. ↑1
Obwohl Mensch und Menschenaffen sich doch offensichtlich sehr unterscheiden, haben Proteinanalysen Erstaunliches gezeigt. 85 % der Proteine im Blutplasma von Schimpanse und Mensch sind identisch. Zwischen Gorilla und Mensch wurden 64 %, zwischen Orang-Utan und Mensch 42 % Übereinstimmung im Aufbau dieser Proteine ermittelt.

Verhalten Menschenaffen (z. B. Schimpansen) benutzen nicht nur Geräte, sie stellen auch selbst welche her. ↑2, 3 Beispielsweise fressen Schimpansen gern Termiten und Ameisen. Um sie zu fangen, stellen sie sich „Angeln“ her, indem sie Zweige abbrechen und entblättern. Dann führen sie die Angel in die Öffnungen des Termiten- oder Ameisenbaus ein. Die Termiten oder die Ameisen beißen sich daran fest. Nun ziehen die Schimpansen den Zweig mit den anhängenden Insekten heraus und verzehren ihre Beute.

2 Eine Schimpansin hat mit einem „Holzhammer“ Nüsse geknackt und teilt sie mit ihrem kleinen Sohn, der später die Nussknackertechnik von ihr übernimmt.

3 Termitenangeln

Schimpansenkinder schauen ihren Müttern zu, wenn diese Termiten angeln oder mit Holzkeulen Nüsse knacken, die sie mit den Jungen teilen. So werden Techniken des Nahrungserwerbs in manchen Populationen durch Nachahmung von Generation zu Generation weitergegeben.
Menschenaffen sind in allen Lebensbereichen außerordentlich lernfähig, im Nahrungsverhalten ebenso wie in ihren sozialen Beziehungen. ↑4 Sie leben – mit Ausnahme des Orang-Utans – in dauerhaften Gemeinschaften mit Rangordnungen. Zwischen den Mitgliedern der Gruppen bestehen individuelle Beziehungen: Jeder kennt jeden.

4 Aufmerksamer Schimpanse

Kurz und knapp **Menschen und Menschenaffen sind einander im Körperbau und im Verhalten sehr ähnlich. Sie sind stammesgeschichtlich sehr eng miteinander verwandt und haben gemeinsame Vorfahren.**

Arbeitsaufträge

1 Beschreibe Gemeinsamkeiten und Unterschiede im Körperbau von Menschenaffen und Menschen. Stelle eine Tabelle zusammen.

2 Lies im Abschnitt „Verhaltensbiologie“ über die Lernleistungen und das Sozialverhalten von Schimpansen nach und berichte in einem Kurzvortrag darüber. Vergleiche mit menschlichem Verhalten.

3 Welche Schlussfolgerungen kann man aus dem Vergleich zwischen Menschen und Menschenaffen hinsichtlich ihrer Stammesgeschichte ziehen?

4 Erläutere, welche Besonderheiten des Körperbaus den aufrechten Gang des Menschen ermöglichen.

5 Stelle aus Sachbüchern Informationen über die Lebensweise von Gorilla und Orang-Utan zusammen.

6 Erkläre, welche Erkenntnisse STEPHEN J. GOULD zu seiner Aussage berechtigen, der Mensch sei zuerst aufrecht gegangen und dann erst hätte die Gehirnentwicklung eingesetzt.

7 Überlege, was der Geschlechtsdimorphismus, d. h. der Unterschied der sekundären Geschlechtsmerkmale zwischen Mann und Frau, über die Sozialstruktur des jeweiligen Hominiden aussagen könnte. Bilde eine Hypothese über die Sozialstruktur bei *Australopithecus* und vergleiche mit dem heutigen Menschen.

Die Gattung *Homo* – Ausbreitung in der Alten Welt

Verschiedene Vertreter der Gattung *Homo*, also echte Menschen, traten schon vor ca. 4 Millionen Jahren auf den Plan. Zunächst fand man sie nur in Afrika, erst viel später auch in Europa und Asien.
Woher kamen diese Europäer? Waren sie aus Afrika ausgewandert oder hatten sie sich parallel entwickelt? Wieso gibt es heute nur noch eine einzige Menschenart, den *Homo sapiens*?

1 *Homo erectus* – über seine Herkunft wird spekuliert.

Beobachten **Untersuchen** Experimentieren

Auswertung einer Fundkarte
Die Karte zeigt Fundorte und Datierungen von Fossilien der Art Homo erectus. ↑2

1 Zeichne die Karte in dein Heft und ergänze die Wanderbewegungen dieses Menschentyps, die man aufgrund des Alters der Funde vermuten könnte.

2 Welche klimatischen Voraussetzungen könnten zu diesen Wanderungen beigetragen haben?

3 Welche besonderen Fähigkeiten brauchte eine Art, die Afrika hinter sich ließ?

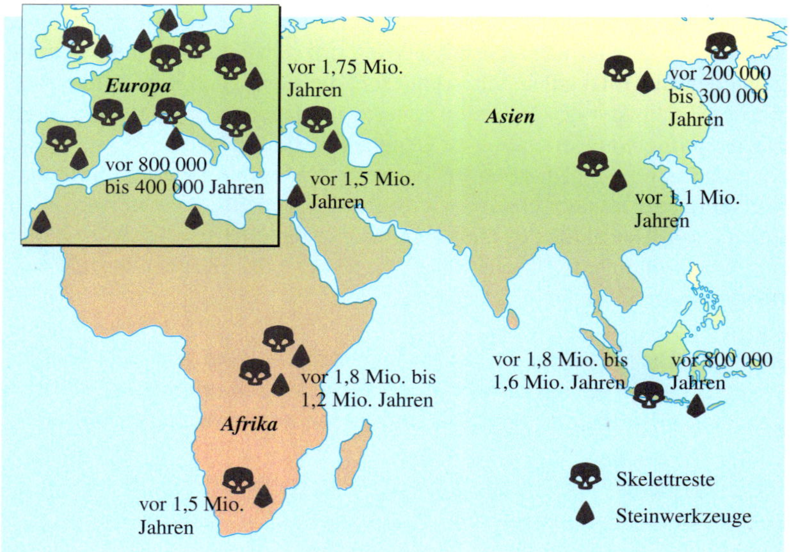

2 Wege des *Homo erectus*

GRUNDLAGEN: Die Wurzeln der Gattung *Homo*

Älteste Vertreter der Gattung *Homo* in Afrika *Homo rudolfensis* (3 – 1,8 Millionen Jahre) soll Werkzeuge wie Steinmesser und Mahlsteine nicht nur benutzt, sondern selbst hergestellt haben. Damit hätte er sich unzweifelhaft als Mensch qualifiziert. Ihren Namen verdankt diese Art dem Fundort am Rudolfsee (heute Turkanasee) in Kenia. *Homo habilis* (2,1 – 1,5 Millionen Jahre) war mit einer Körpergröße von 145 cm, einem Körpergewicht von 40 kg und einer Gehirngröße von 500 bis 700 cm^3 noch recht affenähnlich. Die Funde stammen aus der Olduvai-Schlucht im Norden Tansanias. In der Umgebung der Knochenfunde wurden auch Steinwerkzeuge sowie Tierknochen, die Spuren von Schnitten aufwiesen, gefunden. Dies lässt darauf schließen, das *Homo habilis* bereits Werzeuge benutzte.

Unzweifelhaft ein Mensch – *Homo erectus* Die frühesten Funde eines Hominiden, der wegen seiner Gehirngröße, der handwerklichen Beifunde und der Feuernutzung unzweifelhaft zu den echten Menschen gehörte, wurden 1891 in Java ausgegraben. Man fand ein Schädeldach mit einem dicken Wulst über den Augen, das flacher war als das eines heutigen Menschen. Das Gehirnvolumen von etwa $940\,cm^3$ übertraf das eines Schimpansen um mehr als das Doppelte. Als 1927 in einer Höhle bei Peking ganz ähnliche Knochen gefunden wurden, war klar, dass Javamensch und Pekingmensch zu ein und derselben Art gehörten, die von da an *Homo erectus* genannt wurde.

***Homo erectus* – mobiler Wanderer der Alten Welt** Nirgends außerhalb Afrikas hat man bisher affenartige Hominiden, also Vorfahren des *Homo erectus*, gefunden. In Nordafrika nahe des Turkanasees entdeckte man aber ein 1,6 Millionen Jahre altes Skelett eines 12-jährigen Jungen, das Ähnlichkeit mit dem *Homo erectus* aufweist. Nach dem Fund eines ersten Schädelbruchstücks im Jahr 1984 wurden in den folgenden fünf Jahren 1 500 Tonnen Sediment durchsucht. Dabei fand man rund 80, zum Teil zerbrochene Knochen, die ein gut erhalten gebliebenes Skelett ergaben. Es wurde der Gattung *Homo erectus* zugeordnet. Damit wurde klar, dass *Homo erectus* wohl aus Afrika stammend in die Alte Welt eingewandert ist.

Neandertaler und Jetztmensch Vor ca. 200 000 Jahren hat sich aus einer *Homo-erectus*-Population im Norden Afrikas der Neandertaler *Homo neanderthalensis* entwickelt. Er ist nach dem ersten Fundort, dem Neandertal bei Düsseldorf, benannt. Diese robusten und muskulösen Menschen erreichten ein Hirnvolumen von ca. $1600\,cm^3$, was dem Hirnvolumen des Jetztmenschen sehr nahekommt. Sie lebten nomadisch in Zelten aus Fellen und in Höhlen und stellten bereits Fernwaffen wie Lanzen und Speere mit Steinspitzen her. Ihre Toten bestatteten sie mit Grabbeigaben, was vermuten lässt, dass sie bereits religionsähnliche Vorstellungen vom Leben nach dem Tod hatten.
Ebenfalls aus einer afrikanischen *Homo-erectus*-Population entwickelte sich vor ca. 100 000 Jahren der eiszeitliche Jetztmensch *Homo sapiens*. Der eiszeitliche Jetztmensch ist graziler gebaut als der Neandertaler. Erstmals tritt am nicht mehr so massiven Schädel mit steiler Stirn ein Kinnvorsprung auf. Das Hirnvolumen schwankt zwischen 1100 und $2\,000\,cm^3$. Die Werkzeuge und Waffen sind vielfältig und zeugen von hohen geistigen Fähigkeiten und Handfertigkeiten. Es sind Werkzeuge aus Holz, Knochen und Stein wie Speere, Harpunen und Pfeil und Bogen, Nadel und Bohrer gefunden worden. Die zahlreichen Höhlenmalereien, Felszeichnungen und plastischen Gegenstände belegen Schönheitssinn und Kunstfertigkeit. Der eiszeitliche Jetztmensch und der Neandertaler lebten zeitgleich, bis vor ca. 30 000 Jahren der Neandertaler ausstarb. Ob Mischformen zwischen beiden auftraten, ist zurzeit noch strittig.

Schon gewusst?

***Homo erectus* in Deutschland**
In der Nähe von Heidelberg wurde 1907 in einer Sandgrube ein kinnloser Unterkiefer entdeckt, der auf 600 000 Jahre geschätzt wird. Somit ist *Homo heidelbergensis* der bislang älteste Mitteleuropäer. Vermutlich handelt es sich bei ihm um einen späten *Homo erectus*, der sich im Lauf der Jahrhunderttausende zum Neandertaler weiterentwickelte. Letzterer war in Europa und im nahen Osten bis vor 30 000 Jahren heimisch und verschwand dann plötzlich. ↑3

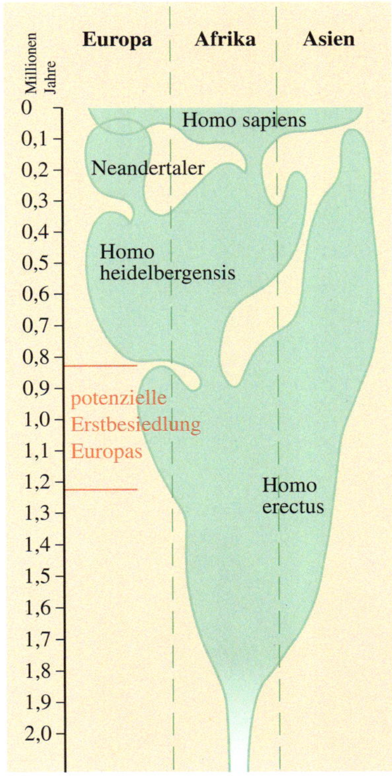

3 Verbreitung der Gattung *Homo*

Schon gewusst?

Funde in Thüringen
Bedeutende Hominidenfunde in Thüringen sind der „Eringsdorfer“, ein *Homo neanderthalensis* bei Weimar, sowie ein *Homo-erectus*-Fund aus Bilzingleben bei Erfurt. Beide sind im Museum für Ur- und Frühgeschichte in Weimar ausgestellt. ↑1

1 Rekonstruktion der Lebensweise der Neandertaler

***Homo sapiens* – Out of Africa?** Über die Herkunft des modernen Menschen wurde und wird immer noch gerätselt. Wo entstand der *Homo sapiens* mit seiner hohen Stirn und dem vorspringenden Kinn? Natürlich suchte man wieder in Afrika. 1967 fand RICHARD LEAKEY im Tal des Flusses Omo im Süden Äthopiens zwei Schädel, die der Gattung *Homo sapiens* zugeordnet wurden und die mit modernen Messmethoden auf 195 000 Jahre datiert wurden. Die Schädel weisen jedoch auch Übereinstimmungen mit Schädeln von *Homo erectus* auf, der als Urahn des *Homo sapiens* angesehen wird. Solche Unklarheiten bei der Zuordnung von sogenannten Übergangsformen sind in der Forschung keine Seltenheit.
Von dort soll *Homo sapiens* laut der Out-of-Africa-Hypothese in mehreren Wellen ausgewandert sein und alle anderen Menschenformen Europas verdrängt und letztlich ersetzt haben. Die frühen europäischen Vertreter des *Homo erectus* waren also nur Auslaufmodelle, die spätestens vor 30 000 Jahren ausstarben. Diese Idee wird von genetischen Analysen der vorhandenen Fossilien stark gestützt. ↑2

***Homo sapiens* – Ausbreitung vor Ort?** Eine ältere Hypothese, das multiregionale Modell, besagt, dass sich die modernen Menschen aus den in Afrika, Asien und Europa vorhandenen Vorfahren *(Homo erectus)* mehrmals an verschiedenen Orten entwickelt hätten; dabei sei es zwischen den lokalen Gruppen zu Vermischungen des Erbguts gekommen.

Erkenntnisse und Probleme Die Hauptetappen der Evolution der Menschheit aus baumbewohnenden afrikanischen Menschenaffen sind heute im Wesentlichen bekannt. Vor etwa vier bis drei Millionen Jahren entstand – innerhalb der Formengruppe der Australopithecinen – der aufrechte Gang. Vor etwa drei Millionen Jahren begann eine deutliche Zunahme der Größe der Gehirne und vor 2,5 Millionen Jahren wurden die ersten Steinwerkzeuge hergestellt. Vor 500 000 Jahren begann die Nutzung des Feuers und seit 100 000 Jahren werden Tote bestattet. Die ersten Zeugnisse künstlerischen Schaffens sind etwa 40 000 Jahre alt. ↑3, 4

2 Der *Homo sapiens* verbreitete sich weltweit.

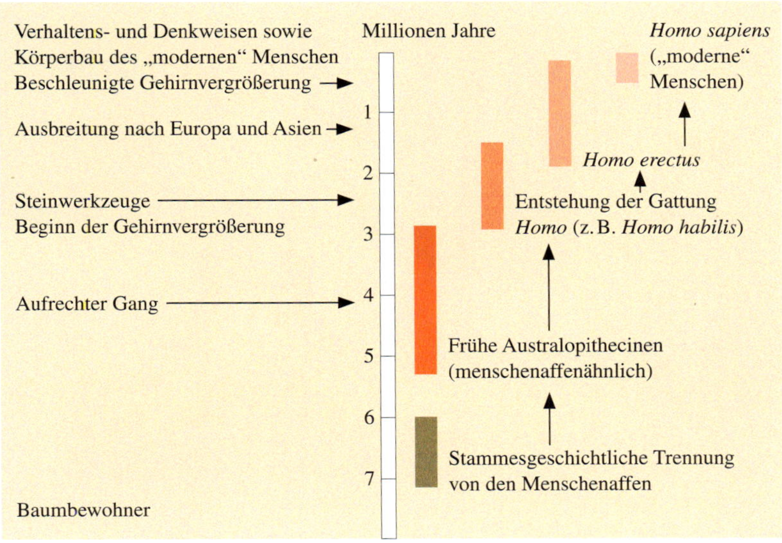

3 Zeitlicher Ablauf und wesentliche stammesgeschichtliche Veränderungen während der Menschwerdung

In der Diskussion ist vor allem die Frage, von welchem Zeitpunkt an erste Menschen als entstanden angesehen werden können. Das hängt einmal damit zusammen, dass die gefundenen Knochenreste keine sicheren Schlüsse auf das Verhalten zulassen. Auch die Methoden der Untersuchung der Funde, wie die Berechnung der Größe der Gehirne, werden verbessert. Zum anderen gibt es unterschiedliche Meinungen darüber, durch welche Merkmale die ersten Menschen gekennzeichnet waren. So glauben manche Forscher, dass der *Homo habilis* noch kein Mensch ist.
Gegenwärtig wird an mehreren Orten nach weiteren Spuren der Stammesgeschichte der Menschheit gesucht. Neue Funde werden unsere Kenntnisse vertiefen, aber auch immer neue Fragen aufwerfen.

Kurz und knapp **_Homo erectus_ war der erste „globalisierte“ Hominide (außer Amerika). Vermutlich stammt der Neandertaler von ihm ab. Eine afrikanische Variante des _Homo erectus_ war wohl der Vorfahre des modernen Menschen. Schädelfunde aus Äthopien gelten als Belege dafür, dass sich _Homo sapiens_ von Afrika aus über die ganze Welt ausgebreitet hat (Out-of-Africa-Hypothese). Der moderne Mensch wurde zum einzigen Überlebenden der Gattung _Homo_.**

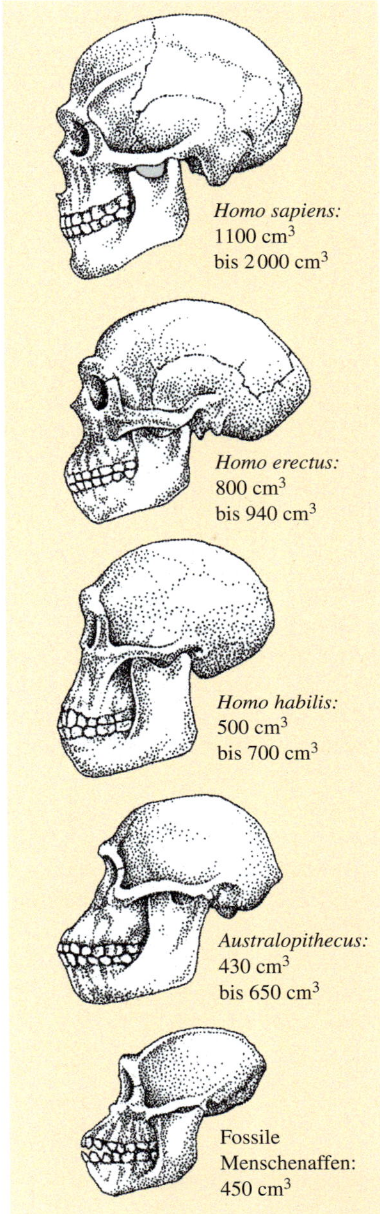

4 Schädelmerkmale und Gehirngrößen

Arbeitsaufträge

1 Stelle in einer Tabelle die Arten der Hominiden nach folgenden Punkten einander gegenüber: erstmaliges Auftreten, Körper- und Schädelmerkmale, Hirnvolumen, Kulturstufe und Werkzeuge. Benutze dazu den Text und die Bilder.

2 Die Hirnvolumenangaben im Text ↑S. 171 sowie die in Bild ↑4 weichen voneinander ab. Solche Abweichungen findet man in der wissenschaftlichen Literatur auch zu anderen Fragen der Entwicklung des Menschen. Suche nach sinnvollen Erklärungen für diese „Ungenauigkeiten“.

3 Genetische Untersuchungen belegen, dass Neandertaler als auch Jetztmenschen gleiche Gene besitzen. Wie ist das zu erklären?

Kulturelle Evolution des Menschen

Der älteste Kandidat der Gattung *Homo*, also des echten Menschen, ist mit 3,0 – 1,8 Millionen Jahren der ca. 155 cm große „Mensch vom Rudolfsee“, *Homo rudolfensis*. Sein Gehirn war mit 600–800 cm^3 deutlich größer als das der Australopithecinen, aber noch weit entfernt von unserer durchschnittlichen Gehirngröße von 1 350 cm^3. Was aber macht neben der Gehirngröße den Menschen eigentlich aus?

1 Kulturgüter des Menschen

Beobachten Untersuchen *Experimentieren*

Feuer machen wie die Steinzeitmenschen

Material: Feuersteine (Hornsteine), Stroh, Hammer, Pyrit (Katzengold) und Zunderschwamm, Salpeterlösung, z. B. ein Esslöffel Blaukorndünger in ¼ Liter Wasser aufgelöst

Durchführung: Erst musst du Zunderschwamm zu Zunder verarbeiten. Weiche das Innere des Schwamms in Salpeterlösung ein, lass es trocknen, um es anschließend mit einem Hammer flach zu klopfen. Schlage den Feuerstein und das Pyrit aneinander, bis ein Funke auf den Zunder fällt; ↑2 schnell Stroh unterlegen und vorsichtig anblasen.

Diese vermutlich uralte Art des Feuermachens erfordert etwas Übung und viel Geduld.

2 Funken schlagen mit Feuerstein (links) und Katzengold (Markasitknolle, rechts)

3 Schimpanse beim Termitenangeln

GRUNDLAGEN: Fundamente der kulturellen Entwicklung

Werkzeug und Waffen Wie Schimpansen heute dürften die Australopithecinen Geröllsteine oder Stöcke als Werkzeug genutzt haben, um z. B. Knochen von Kadavern zu zerschlagen oder um Termitenbauten aufzugraben. ↑3 *Homo rudolfensis* gelang es, scharfe Splitter von Steinen abzuschlagen und diese als Steinmesser zu nutzen. Die Gehirnentwicklung schritt seitdem rasant voran. Planvolles Denken und handwerkliche Geschicklichkeit belohnten die kreativen Hominiden wohl mit höherem Jagderfolg und zahlreicheren, besser genährten Nachkommen. *Homo habilis* konnte als einziger Hominide bei dieser Entwicklung mithalten. Welcher von beiden die Urform des *Homo erectus* hervorbrachte, bleibt bisher im Dunkeln.

Basis der menschlichen Kultur Wann die Sprache in der menschlichen Entwicklung Einzug hielt, ist letztgültig kaum nachzuweisen. Dass diese Fähigkeit aber die Entwicklung stark beschleunigt haben muss, ist unumstritten. Die Fähigkeit, 100 Laute bilden zu können, verdankt der Mensch der Anatomie seines Rachenraums. Er ist durch einen tiefer gelegten Kehlkopf doppelt so groß wie beim Schimpansen, der gerade mal 12 verschiedene Laute bilden kann. Da Sprache letztlich im Gehirn entsteht, spiegelt die Vergrößerung des Gehirns u. a. die Sprachfähigkeit wider.

Sich ein Bild machen Der Heidenheimer Heimatforscher HERMANN MOHN staunte 1931 nicht schlecht, als er im frischen Auswurf eines Dachsbaus Feuersteinstückchen entdeckte, die an dieser Stelle der Schwäbischen Alb normalerweise nichts zu suchen haben. Daraufhin begann man in der Vogelherdhöhle zu graben und fand elf aus Mammutelfenbein geschnitzte Tierplastiken, deren Alter die Fachwelt erstaunte. Aus der Eiszeit vor 32 000 Jahren kannte man bis zu diesem Zeitpunkt allenfalls Werkzeuge und Waffen aus Stein. Die Kunstwerke der Neandertaler werden allerdings von den eindrucksvollen Höhlenmalereien überstrahlt (z. B. 17 000 Jahre alte Malereien in der Höhle von Lascaux ↑4), die fast alle vom modernen Menschen *(Homo sapiens)* stammen, der nach einem Fundort in Südfrankreich auch als Cro-Magnon-Mensch bezeichnet wird.

4 Malerei in der Höhle von Lascaux, Frankreich

Kurz und knapp **Die kulturelle Entwicklung der Gattung *Homo* begann mit Werkzeuggebrauch und Feuernutzung. Die rasante Entwicklung des Gehirns und der Sprache könnten Ursachen der explosionsartigen kulturellen Entwicklung des *Homo sapiens* gewesen sein.**

Basiskonzept

Struktur und Funktion
Im Rahmen der Anpassung des Menschen an seine Umwelt als Ergebnis seiner Evolution haben sich immer wieder Strukturen und die damit zusammenhängenden Funktionen verändert.

Schon gewusst?

Sprachforschung
Einige Linguisten, die sich mit der Verwandtschaft von Sprachen beschäftigen, vermuten eine einzige Wurzel aller Sprachen (monophyletisches Sprachsystem). Durch statistische Annahmen für die Mutationshäufigkeit dieser Ursprache kommt ein amerikanischer Sprachforscher zu dem Schluss, die Ursprache müsste vor 60 000 – 100 000 Jahren gesprochen worden sein.

Arbeitsaufträge

1 Liste auf, welche Überlebensvorteile die Nutzung des Feuers den Menschen brachte.

2 Es gibt einige Tierarten, die eine symbolhafte Sprache benutzen, z. B. die Bienen. Recherchiere und beschreibe jeweils ihre Ausdrucksmöglichkeiten.

3 Wir haben zwei Hypothesen zur Wurzel der Art *Homo sapiens* kennengelernt. Welche entspricht dem monophyletischen Sprachmodell? Erkläre.

4 Beschreibe, wie der Mensch in den letzten 10 000 Jahren das Antlitz der Erde veränderte (Landwirtschaft, Rohstoffgewinnung, Energiewirtschaft, Bauwirtschaft, Wasser, Atmosphäre).

5 Mit den Knochen von Neandertaler und *Homo sapiens* wurden mehrfach auch Feuersteine ausgegraben, die nicht aus dieser Gegend stammen können. Welche Schlüsse lassen sich daraus ziehen?

Überblick

Evolution und Evolutionstheorien
1859 veröffentlichte CHARLES DARWIN Evolutionstheorien, mit denen er die Vielfalt lebender Arten durch Abstammung von gemeinsamen Vorfahren erklärte.

1 DARWIN

Variation
Kein Lebewesen gleicht dem anderen. Die Variation von Individuen ist in erster Linie das Ergebnis von Rekombination während der Meiose und von Mutationen.

Natürliche Selektion
Aufgrund ihrer genetisch bedingten Variabilität sind Lebewesen einer Population unterschiedlich gut an ihre Umwelt angepasst. Besser angepasste Individuen haben eine größere Chance, sich fortzupflanzen, können also durch Weitergabe ihrer Gene mehr Nachkommen hervorbringen als weniger gut angepasste Artgenossen. Über eine Reihe von Generationen können sich auf diese Weise die Genpools von isolierten Populationen so verändern, dass neue Arten entstehen.

Isolation
Zu einer Art zählen die Lebewesen, die miteinander fruchtbare Nachkommen haben können. Eine Art kann in zwei oder mehr Arten aufgespalten werden, wenn Populationen der Art voneinander getrennt werden (z. B. durch geografische Isolation).

Fossilien
Fossilien sind die Überreste bzw. Spuren früheren Lebens auf der Erde. Sie kommen als Versteinerungen, Inkohlungen, Abdrücke, Einschlüsse, Hartteile und Mumien vor. ↑2–4 Ihr Alter lässt sich über die Lage von Gesteinsschichten und über physikalische Messmethoden bestimmen.

Übergangsformen
Archaeopteryx ist eine Übergangsform zwischen fleischfressenden Dinosauriern und Vögeln. Die Existenz von Übergangsformen ist ein Beleg für die Evolution von Arten aus anderen Arten (z. B. Abstammung der Vögel von ursprünglichen Kriechtieren).

2 Versteinerung eines Trilobiten aus dem Kambrium

3 Inkohlung

Evolution des Menschen
Menschen und Menschenaffen sind stammesgeschichtlich sehr eng miteinander verwandt. Die Menschwerdung begann in Afrika. Letzte gemeinsame Vorfahren von Menschen und Menschenaffen lebten wahrscheinlich vor 10 Millionen Jahren. Aus *Homo-erectus*-Populationen entwickelten sich die später ausgestorbenen Neandertaler und der „moderne“ Mensch *(Homo sapiens)*. Vor allem sein hoch entwickeltes Gehirn ermöglichte dem Menschen seine einmalige kulturelle Evolution mithilfe der Sprache.

Kulturelle Evolution
Durch das Denken, die Sprache und die Weitergabe von Erfahrungen konnte sich eine nie dagewesene Kultur entwickeln. Sie begann mit der Nutzung des Feuers und dem Gebrauch von Werkzeugen und prägt seit einigen Jahrhunderten das Antlitz der Erde.

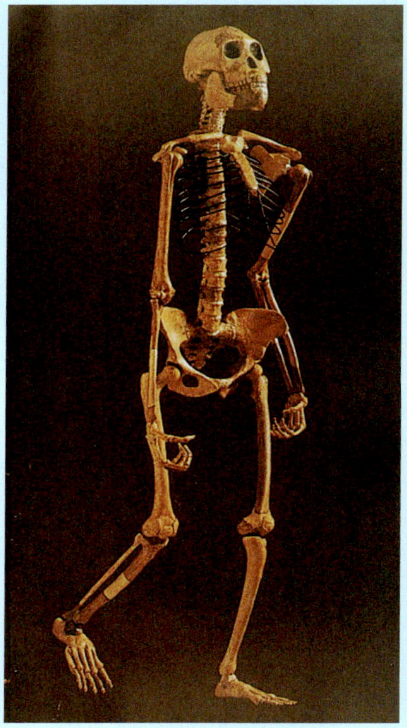

4 Lucy (Rekonstruktion)

Alles klar?

1 Entstehung des Lebens

a Nenne die Voraussetzungen für die Entstehung des Lebens auf der Erde.

b Erläutere in diesem Zusammenhang die Bedeutung des MILLER-Experiments.

2 Belege der Evolution

a Nenne Fossilienformen und ordne jeweils ein Beispiel zu.

b Erläutere, wie man das Alter von Fossilien bestimmen kann.

c *Archaeopteryx* wird als ein Bindeglied zwischen den Reptilien und den Vögeln angesehen. ↑6 Begründe.

d Was verstehst du unter lebenden Fossilien? Nenne Beispiele.

e Der in dunklen Höhlen in Mexiko lebende blinde Höhlensalmler ↑5 ist ebenfalls ein Beleg für die Evolution. Erkläre diesen Sachverhalt unter Nutzung von Fachbegriffen.

5 Blinder Höhlensalmler

3 Nenne die Grundaussagen von CHARLES DARWIN zur Entstehung der Arten.

4 Giraffen leben in den mit Bäumen bestandenen Grasländern (Savannen) Ostafrikas. Mit ihrem langen Hals können sie auch in der Trockenzeit, wenn das Gras am Boden längst verdorrt ist, noch an frisches Laub hoher Bäume gelangen. Das kurzhalsige Okapi ist mit der Giraffe verwandt. Okapis leben im Regenwald. Daher nennt man sie auch Waldgiraffen. ↑7 Erläutere die Entstehung der Savannengiraffe aus einem dem Okapi ähnlichen Vorfahren mit DARWINS Theorien zur Evolution. Verwende folgende Begriffe: Selektion, Variabilität, Überproduktion von Nachkommen, Überleben des am besten Angepassten, Umweltbedingungen.

6 Archaeopteryx

5 Nenne drei Evolutionsforscher und ihre grundlegenden Aussagen.

6 Erläutere in Grundzügen die Entwicklung des Menschen aus tierischen Vorfahren.

7 Was verstehst du unter der „Out-of-Africa-Theorie"?

8 Vergleiche Mensch und Menschenaffe.

7 Giraffen (oben) und Okapis (unten)

Biologie verstehen mit Basiskonzepten

In der Biologie gibt es einige Prinzipien, die in vielen verschiedenen Zusammenhängen eine Rolle spielen. Diese Basiskonzepte können dabei helfen, Biologie besser zu verstehen, leichter zu lernen und Zusammenhänge herzustellen.

1 Luftzirkulation Ballungsraum – Wald

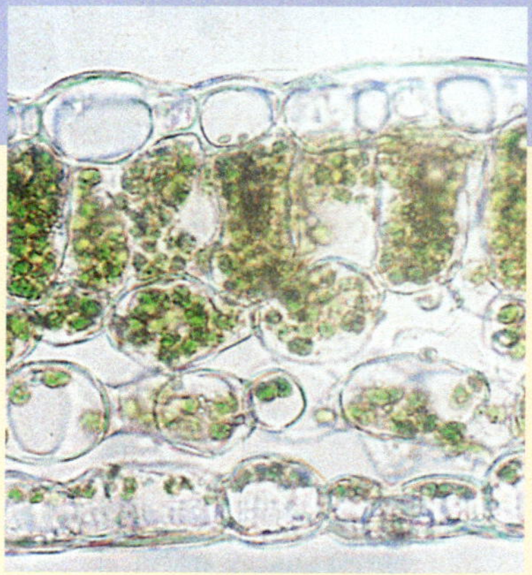

2 Blattquerschnitt im Lichtmikroskop

Basiskonzept Struktur und Funktion

Die Struktur (Aufbau, Zusammensetzung, Materialien) der DNA, von Chromosomen, Zellbestandteilen, Zellen, Lebewesen oder ganzen Ökosystemen hängt unmittelbar mit den Funktionen und Eigenschaften zusammen, die sie erfüllen müssen. Das Ökosystem Wald sorgt mit seiner Struktur für die notwendige Luftzirkulation, die für benachbarte Ballungsräume notwendig ist. ↑1

Pflanzenzellen enthalten Chloroplasten, mit denen sie Fotosynthese durchführen. ↑2

Der Aufbau der DNA aus zwei komplementären Nukleotidsträngen bestimmt die Aminosäurefolge des Proteins und damit Merkmale und Eigenschaften des Organismus. Andererseits ist dadurch die identische Replikation der DNA und damit die Weitergabe der Erbinformation bei der Fortpflanzung erst möglich. ↑3

Die Giraffen haben im Laufe der Evolution im Rahmen der Anpassung an ihre Umwelt längere Hälse gebildet, um besser an Blätter zu gelangen. ↑4

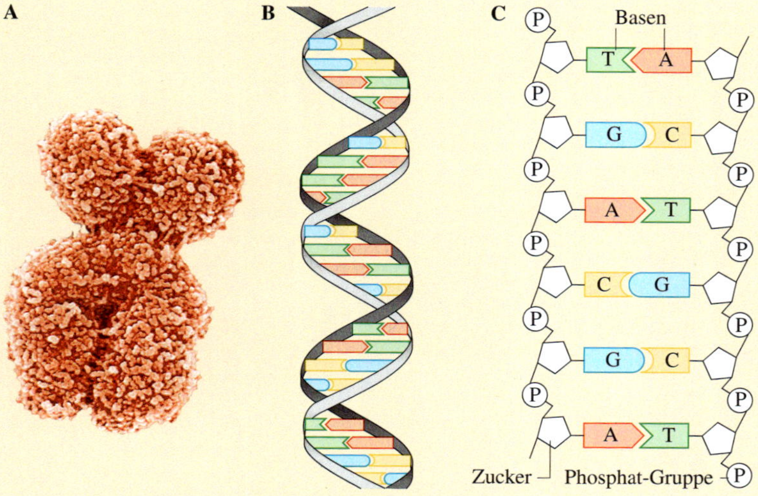

3 **A** rasterelektronenmikroskopisches Bild eines Chromosoms, **B** Modell der DNA-Doppelhelix, **C** Struktur der DNA.

4 Giraffen

5 Urvogel *Archaeopteryx*

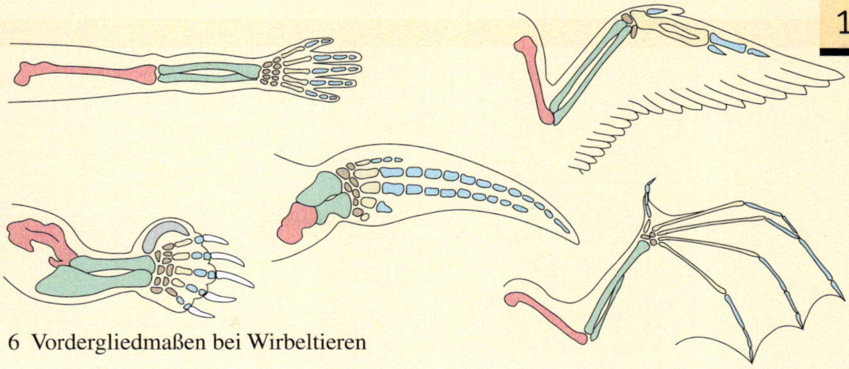

6 Vordergliedmaßen bei Wirbeltieren

Basiskonzept Entwicklung

Entwicklung ist ein zeitlicher Prozess, der sowohl die Entwicklung eines Einzellebewesens (Individualentwicklung) als auch die Entstehung des Lebens und der verschiedenen Lebensformen unserer Erde (Stammesentwicklung) umfasst. Während die Individualentwicklung durch Wachstum und Gestaltwandel des Individuums gekennzeichnet ist, beschreibt die Stammesentwicklung die Evolution der verschiedenen an ihren Lebensraum angepassten Organismenarten. Fossilien helfen, Abstammungsverhältnisse mit früheren Lebensformen zu erklären. ↑5

Durch gemeinsame Merkmale lassen sich verwandtschaftliche Beziehungen der Organismen erkennen und Abstammungsverhältnisse aufdecken. ↑6

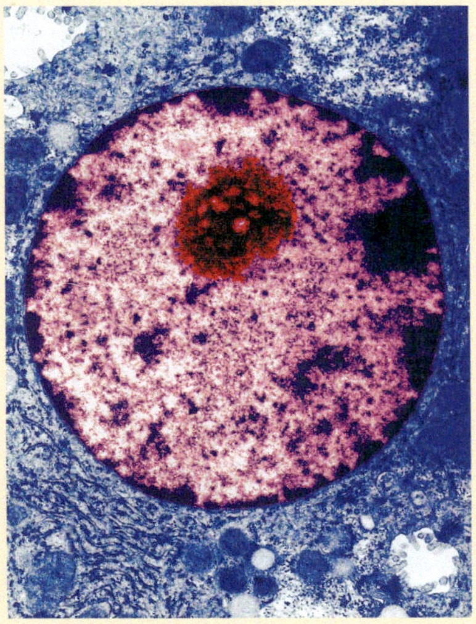

7 Zelle mit Zellkern und Erbsubstanz

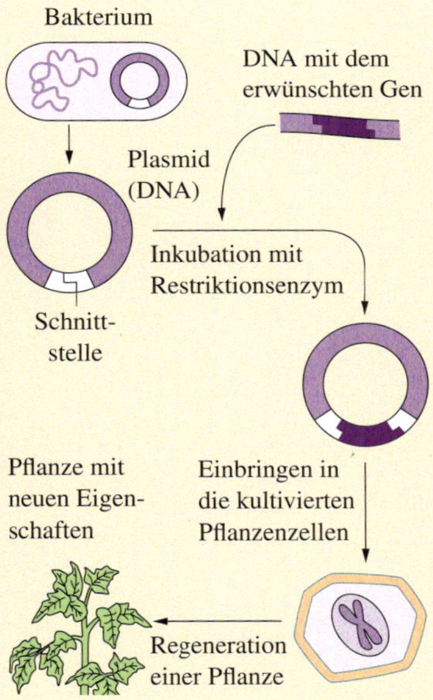

8 Übertragung artfremder DNA

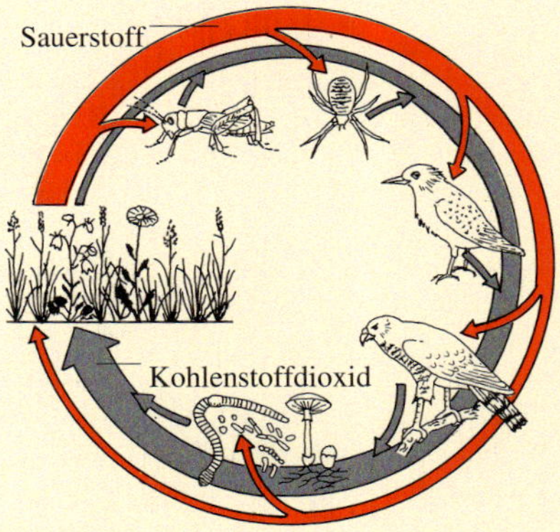

9 Stoffkreislauf

Basiskonzept System

Zellen, Organe und Organismen sind lebende Systeme (griech. *systema*: das Zusammengestellte, das Gebilde). ↑7

Systeme sind eine Zusammenstellung von Elementen, die untereinander in Wechselwirkung stehen und eine funktionelle Einheit bilden. Systeme sind unterschiedlich komplex und können auf Einflüsse dynamisch reagieren und somit durch Änderungen im System die Einflüsse kompensieren und so das System stabil halten. Moderne Methoden der Gentechnik erlauben Veränderungen bestehender Systeme, wie z. B. des Erbguts von Bakterien. ↑8

Über Nahrungsbeziehungen bilden die Populationen eines Ökosystems einen Stoffkreislauf. Dadurch bleibt das Ökosystem unter natürlichen Bedingungen stabil. ↑9

Register

f. nach der Seitenzahl bedeutet „und folgende Seite“, ff. „und folgende Seiten“.

Bildnachweis

Maywald, A.: Titelbild
Agentur Focus/eye of science: 102.3, /SPL: 39.3B, 111.4, 134.1, 151.5, /SPL/Reader: 167.5; akg-images: 138.2a, 138.2b, 139.4, 141.4, 175.4, 176.1, akg-images/Rosenthal: 80.2; Amazonen-Werke H. Dreyer GmbH: 56.2; Archiv Hoyer: 65.6; Arco Images/NPL: 155.11, /NPL: 166.1, /Wegner: 15.5b, 92.1 u.; Aus de Beer – Bildatlas der Evolution: 159.4; Bach-Kolster, Helgard: 14.1 l., 42.2; Bartussek, J., Uslar: 17.4; Behnke, C.: 160.1; Bellmann, H.: 22.3; Bilderberg/Ernsting/Rekonstruktion Schnaubelt & Kieser, Wild Life Art: 170.1; Bilderbox.com: 10.1–2, 55.3; Bio-Info/Kratz: 49.5 vorn, 49.5 hint.; Bios/Matt: 28.3.re.; Bley, A.: 28.2 re.; blickwinkel/Lenz: 16.2 re., /Luftbild Bertram: 7.4, /Woike: 30.1; Boesch, Ch.: 169.2; Brandeis University: 155.10; Bräuer, G., Institut für Humanbiologie, Universität Hamburg: 176.4; Breslawsky, H.: 87.5; Bridgemanart.com: 164.1; Bruce Coleman Collection/Ziesler: 133.6; Buff, W.: 39.3A; Caro/Oberhäuser: 23.7; Corbis/Kahn: 23.10, /Karl-Heinz Haenel: 65.5, /Photolibrary/Monsoon/Halaska: 116.1, /RF: 81.7, /Schermeister: 50.2, /Zefa: 124.1a; Cornelsen Verlag: 133.7, 135.5, 135.6, 143.4; Damschen, Dieter: 132.3; Deutsche Rockwool Mineralwoll GmbH & Co. OHG: 74.1; Digitalstock: 17.5, 21.7, 68.4, 92.1 o., Digitalstock/Fürst: 25.4, /Spies: 25.5, Türk: 26.2a, /Wajopi: 44.2; DLR: 6.1; Döring, V., Hohen Neuendorf: 6.3, 8.1, 9.3–4, 24.2, 34.2–3, 40.2–3, 41.4–8, 53.4, 57.5, 82.2, 97.2, 104.1a–b, 120.1, 154.1 o.; Enquete-Kommission, 1/97: 77.3, 79.6; epd/Traufetter: 57.6; F1online/Ziegler: 27.4; Fischer, Christian, Berlin: 165.5; Forschungsanstalt für Waldökologie und Forstwirtschaft Rheinland-Pfalz: 48.3a–d; Fotolia.com/Ars Ulrikusch: 23.9, /Axel Gutjahr: 20.3, /Beat Bieler: 58.1, /bilderstoeckchen: 23.6, /dimizu: 19.7, /Falkenauge: 53.5, /fredredhat: 18.5, 78.1, /Inga Nielsen: 26.2b, /Ingo Bartussek: 20.2, /Jürgen Fälchle: 34.1, /Kalle Kolodziej: 14.1 re., 53.6, /Krot: 56.1, /Marion Neuhauß: 7.6, /Martina Berg: 26.2d, /M.R. Swadzba: 46.1, /Rebel: 111.5a, /Rico K.: 7.5, /suzannmeer: 24.1, /Tom Thomas: 26.2c; Frances, S.: 133.5; Fujitsu Siemens Computers: 174.1d; Gambke: 12.1; Graumann, Beate, Naturpark Thüringer Schiefergebirge/Obere Saale: 23.8; Greenpeace: 70.1, /Langrock: 111.5b, /Mauthe: 73.5; Harre, W.: 147.4; Hecker, F., Panten-Hammer: 49.4, 68.2, Hecker/Sauer: 158.1 o.; Heinzel, K., Berlin: 18.4; imago/blickwinkel: 48.2, /McPHOTO: 47.5–6, /McPHOTO/Helwig: 46.3; Insititut für Mineralogie Universität Bremen: 174.2 re.; Institut f. Humangenetik u. Anthropologie, Erlangen: 86.2–3; Institut für Paläontologie, Universität Bonn: 151.6, 176.3; Institut für Paläontologie, Universität Würzburg: 176.2; iStockphoto.com/bojan fatur: 81.6, /Brasil2: 72.3, /Francisco Romero: 57.7, /Judy Wortey: 161.3, /Richard Carey: 154.5, /Villiers: 110.2; Juniors Bildarchiv: 6.2, 128.1 re., 133.4; Jura-Museum, Freunde des Jura-Museums Eichstätt e.V.: 154.2–3; Kage, M./Rudolph: 85.4, 179.7; Kleesattel, W., Schwäbisch Gmünd: 69.7, 155.8, 177.7 u., 177.7 o., 178.4; Köhler, F.: 57.4; Kraftwerk Isar GmbH: 96.1; Look-foto/Johaentges: 68.1; mauritius images: 117.3, mauritius images/age: 94.1, /Alamy: 111.7, 130.2, /Harald Frater: 29.8 li., /imagebroker/Bernd Zoller: 66.1, /imagebroker/Hollweck: 58.5, /Oxford Scientific: 67.4, /Photo Researchers: 81.5, /Phototake: 80.1, 88.1a–b, /Pott: 28.1 re., /Schmidt-Luchs: 16.1; Maywald, A.: Titelbild; Mukoviszidose e.V./Fachkliniken Wangen: 128.1; Museum für Naturkunde Berlin: 132.2, 156.1, 163.3, 179.5; Naturbildportal/de Cuveland: 81.3; Neanderthal-Museum, Mettmann: 172.1–2; Nilsson, L.: 83.3, 159.5; Okapia: 28.2 li., Okapia/Bengtsson: 126.2, /Biophoto Ass./Science Sov.: 85.5, /Birke: 135.2, /Brakefield: 71.6, /Brehm: 148.2 li., /Danegger: 15.5a, /Layer: 148.2 re., /NAS/Biophoto Associates: 81.4, 112.2A, 178.3A, /NAS/Faulkner: 154.6, /NAS/Tweedie: 144.1, /Root: 140.1 o., /Wechsler: 138.1 u.; panthermedia/Christoph Bosch: 47.7, /Grzegorz Gust: 25.3; Paradigma: 51.3; Perry, D., Branchport, N.Y.: 69.5; Peter Arnold: 138.1 o.; picture-alliance/dpa: 20.1, 62.2, 72.1, 84.1, 95.4, 110.1, 122.1, 150.1, /Okapia/Junfort: 50.1, /Okapia/Neufried: 95.3, /ZB: 27.3, 100.1, 126.1, 142.2; PIXELIO: 7.7, 174.1c, PIXELIO/Thomas Max Müller: 18.2; Podhraski, M.: 174.1b; Pohl, H.: 129.3; Premium/Colemann/Taylor: 22.1; Project Photos: 39.3, 56.3, 62.1, 63.3–4, 64.1; Reinhard Tierfoto: 11.3, 21.5, 22.2, 174.3; Remarkable Factory: 73.6; Rheinbraun: 78.2; Roselins, R.: 126.3; Rudloff: 169.4; Schatz, René, Dresden: 16.2 l.; Schauer, J.: 154.1 u., 162.1; Schleicher, S.: 48.1a–b; Schuster, R., Greifswald: 29.6 li., 29.6 re., 29.7 li., 42.1; Schütte, N., Berlin: 111.6; Silvestris: 158.1 u., /Fleetham: 132.1; Stauber/CCC, www.c5.net: 76.2; Studio-TV-Film: 165.3, 174.1a; Technische Universität Berlin/Pressestelle: 151.4; Theuerkauf, H., Gotha: 12.2, 18.3, 28.3.li., 28.4 re., 29.5 li., 29.5 re., 29.8 re., 36.3, 50 Mi., 52.1–3, 58.6, 155.9; Thompson, S. A.: 124.1b; Tri Ass/Brenneken: 127.5; ullstein bild: 112.1; Ulrich, H.: 167.7; Universität Bonn/Georg Oleschinski: 154.4, 154.7; Universität Frankfurt/M./S. Müller: 164.2; Vario images: 107.4; Vilcinskas, S.: 177.5; Visum/Steinmetz: 128.2; Vopel, Volker, Oettersdorf: 23.5, 44.1, 45.4, 46.2, 46.4, 46–47, 54.1, 143.7; Wikimedia/Howe: 17.3, /Willow: 28.4 li., /public domain: 103.4.4, 159.3; Wildlife/Bosch: 68.3, /Delpho: 23.4, 28.1 li., /Harms: 29.7 re., /Hosking: 140.1 u.; Willer, K.-H., Walldorf: 36.2, 178.2; www.sharki.de : 18.1